城市景观规划设计理论与技法

（第二版）

许　浩　丁彦芬　编著

中国建筑工业出版社

图书在版编目（CIP）数据

城市景观规划设计理论与技法 / 许浩, 丁彦芬编著 . --2 版 .
北京：中国建筑工业出版社，2018.5
ISBN 978-7-112-21746-5

Ⅰ.①城… Ⅱ.①许…②丁… Ⅲ.①城市景观-城市规
划 Ⅳ.①TU-856

中国版本图书馆CIP数据核字（2018）第003171号

责任编辑：郑淮兵　毋婷娴
责任校对：焦　乐

城市景观规划设计理论与技法（第二版）
许　浩　丁彦芬　编著
*
中国建筑工业出版社出版、发行（北京海淀三里河路9号）
各地新华书店、建筑书店经销
北京嘉泰利德公司制版
北京市密东印刷有限公司印刷
*
开本：787×1092毫米　1/16　印张：14¼　字数：334千字
2018年3月第二版　2018年3月第七次印刷
定价：45.00元
ISBN 978-7-112-21746-5
（31559）

前　言

2016年中国城镇化水平达到了57%。人们在追求生活水平提高的同时，也更加重视城市景观质量，城市景观成为社会公众的共同资产。然而，城市景观包括建筑、街道、绿地、水体、广告物等要素，影响因素复杂。20世纪后半叶开始，景观控制逐渐成为城市化进程中各国普遍面临的难题。

景观规划设计是从规划师、设计师角度对城市景观进行的主动性控制与管理。20世纪90年代以来，景观规划设计逐渐成为我国非常热门的专业。本书的目的是面向高校学生和相关领域从业人员，梳理景观规划设计的基本理论和知识点，结合具体案例讲解技法与相关规范，力图呈现给读者一部全面、综合的城市景观规划设计教材。

本书第一版于2006年由中国建筑工业出版社出版，此后多次印刷，受到高校风景园林、环境设计、建筑、城乡规划等专业师生和从业人员的欢迎和好评。经过了10年发展，中国的城市景观出现了翻天覆地地变化，规划设计领域也出现了很多新思维、新方法。本书第二版充分吸收了近年来景观设计思想、技法与规范的变化，充实了相关的知识体系。

全书共分为四章，由许浩、丁彦芬共同编著。其中，许浩负责全书的总体设计和内容组织，丁彦芬负责第三章3.2节、第四章4.2.4.5节、4.3.2.6节、4.4.3.4节、4.5.3节植物绿化部分的撰写。

城市景观规划设计涉及内容庞杂，本书编写时间仓促，水平所限，遗漏之处、失误之处在所难免，敬请广大读者谅解。

许浩　丁彦芬
2018.01.12

目录

第一章　景观的概念与内容

1.1　景观概念的变迁

景观是客观物质环境的构成要素，是环境资源，又是人类主体对环境的反应，具有主客观双重性。景观的概念早已趋向于多样化。因此，在这里有必要整理关于景观的各类概念，理清其发展变化的脉络，探求景观规划设计的实质。

1.1.1　具有审美感的风景

与景观相对应的英语为“landscape”，德语为“Landschaft”，法语为“paysage”，荷兰语为“landskip”。15 世纪荷兰首先出现该词语，指绘画作品中所描绘的自然景色。此后，“landscape”被定义于风景画，随着风景画成为独立的画种传播到其他国家地区。在风景画出现之前，风景主要是用来作为所描绘人物的背景，起衬托的作用。风景画将风景作为主要的表现题材，既是装饰品，又是艺术品。从 18 世纪开始，欧洲风景画的发展进入了高潮，不仅市场规模大，技术也达到了相当的高度。时至今日，风景画已经成为人们日常生活中必不可少的消费品。风景画的兴起标志着人类对风景审美意识的自觉，体现出人们对自然风景的向往（图 1.1-1）。可以说，具有审美感的风景是景观的原始含义，也是最常用的含义。

图 1.1-1　17 世纪欧洲风景画

1.1.2 作为区域概念

现代地理学将景观看作为区域概念。20 世纪初期奥托·施吕特尔（O.Schluter, 1872~1952）已经注意到地球表面存在各种不同的地区类别，这种差异称为“区域差异”。1906 年他在德国提出：景观是地球表面区域内可以通过感官觉察到的事物总体，而人类文化能够导致景观的变化。他还运用历史地理学方法分析景观，探索从原始景观到文化景观的变化过程。索尔（C.O.Sauer）把地理景观看作综合景象，与文化区域构成地理单位，包括物质形式和文化形式间的独特联系。

奥托·施吕特尔和索尔都超越了将景观仅仅看作客观地表物质单位的概念，而将其解释为区域内物质和非物质的现象综合。在区域边界内，景观表现出一定程度的一致性以及与区域外的差异性。景观还可以看作是区域动态变化的过程和结果，是由不同类型和系统、长期相互影响的运动过程形成的复合体，是功能或形态结构上变化的结果。如农业景观是对自然地区耕作过程的结果，城市景观是人类在自然和农业地区上工程活动的结果。大自然的地理形态结构、农业活动、人类的城市工程活动形成了城市景观。施米特许森对景观概念作了以下定义。

“景观是动态过程，是地理圈以内具有特定性质的一种事、空、时系统”。

1.1.3 作为生态概念

20 世纪在地理学的基础上演化出景观生态学说。**景观生态学将景观看作为由不同生态系统组成的、具有重复性格局的异质性地理单元和空间单元。**反映气候、地理、生物、经济、文化和社会综合特征的景观复合体称为区域。景观具有结构、功能、动态三大特征。景观生态学主要研究景观单元的类型组成、空间配置及其与生态学过程相互作用的学科（邬建国）。

景观结构指景观组成单元的类型、多样性和空间关系，受到景观中不同的生态系统和单位要素的大小、形状、数量、种类、布局以及能量、物质的分布影响。福尔曼将景观结构分解为三种基本类型：缀块、廊道和基底。其特征如下：

（1）缀块（Patch）：景观结构中最小的单元，内部均质性，与周围环境性质外貌不同。有不同的尺度，可以是城市、村落、树林、池塘、广场等。

（2）廊道（Corridor）：连续性，线性，带状结构。如道路、防风林带、河流、绿道等。

（3）基底（Matrix）：分布最广、关联性强的背景结构。如农田基底、山林基底、城市基底等。

根据起源和成因，缀块可以分为以下四种基本类型。

（1）搅乱缀块（Disturbance Patch）：因为局部干扰（比如森林火灾）引起的斑块，具有即将消失的性质，并且会导致残存缀块的减少。

（2）残存缀块（Remnant Patch）：干扰之后幸存的缀块，比如森林火灾以后幸存下来的植物群，或者城市化后的山体绿地。

（3）外来缀块（Introduced Patch）：因为人类作用或者其他因素某些动植物被引进生态系

统中，容易引起景观面貌和性质的改变。

（4）环境资源缀块（Environmental resource Patch）：因为环境条件在空间上分布不均引起的缀块。

物种多样性一般会随缀块面积增大而增加。大型缀块，比如大片的森林绿地，能够维持景观生态系统，减少物种灭绝和生态系统退化。小型缀块往往是物种传播的踏脚石，比如在景观规划中经常在两片大型绿地之间布置连续的小型绿地和生态空间，以增加生物种的流动。

廊道的功能在于提供生物空间和传输通道、汇集生物源和能量等，廊道之间交叉形成网络。廊道与基底都可以看作为特殊形状的缀块。基底实际上是占主导地位的缀块，对景观动态起支配作用（图 1.1–2，图 1.1–3）。

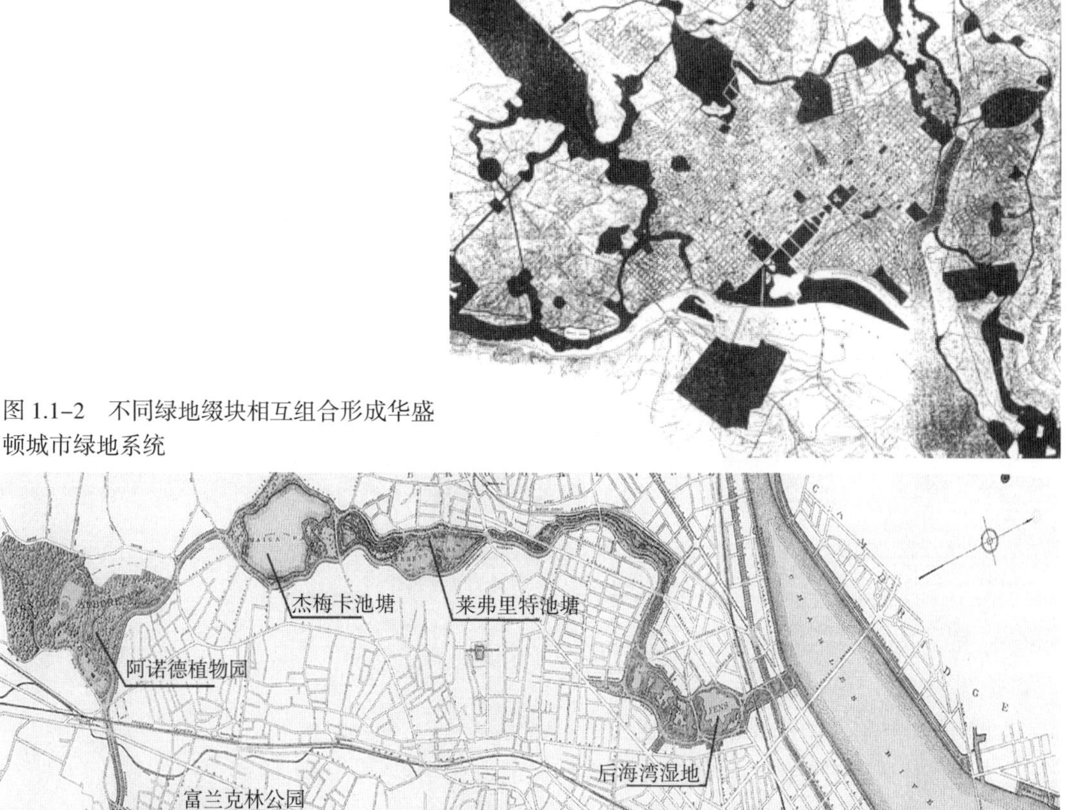

图 1.1–2　不同绿地缀块相互组合形成华盛顿城市绿地系统

图 1.1–3　波士顿“翡翠项链”中的绿道

1.1.4 基于主体认知论的景观概念

以上总结了景观在风景、地理学和生态学方面的含义。这三种含义都是将景观作为客观物质或者非物质现象的概念。“二战”后随着环境心理学的发展，刺激理论、控制理论、交互作用理论、场所论相互补充并且不断完善，景观概念又有了新的发展。人们认识到景观不仅仅是客体现象，还是人类主体的心理认知过程。也就是说，景观这一概念的成立包含了作为客体的景观对象和作为识别景观对象的主体——人。柳赖澈夫从知觉心理学角度对景观作了如下定义：

> 景观是通过以视觉为中心的知觉过程对环境进行的认知，包含了对景观的视知觉过程和行动媒介过程。

人对于景观的体验包括三个要素：景观对象、人类主体、基于人的经历和心理形成的经验。另外还受到视点和周围环境的影响。景观体验的模式基本如下：人类主体从环境接受刺激，通过五感（嗅觉、视觉、听觉、味觉、触觉）感受景观对象，其中视觉所接受的景观信息量最大。从外部获得信息后，根据自己的知识、经验等赋予其各种意义，并删除对主体无意义的信息。另外，主体自身的活动和外部信息的综合作用引起生理和心理变化，形成知觉经验。过去的知觉经验不断积累，对后来的景观体验产生影响（图 1.1–4）。影响景观体验的要素特征如下：

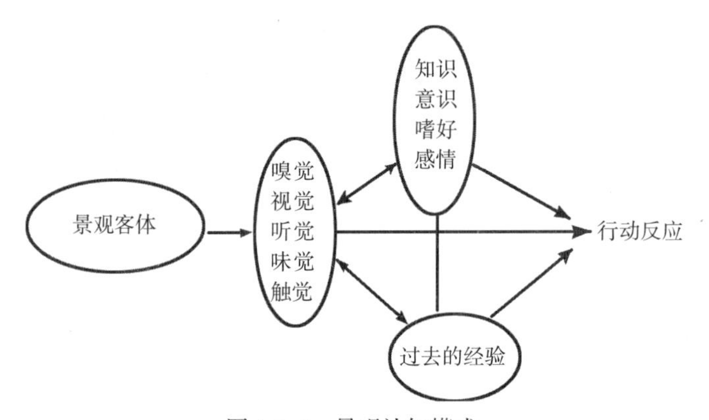

图 1.1–4 景观认知模式

（1）景观对象：某范围以内客观物质世界的集合体，视觉的对象。

（2）视点：景观对象主要通过视觉进行捕捉。视觉器官——人眼所在的位置称为视点。视点的位置、动静、移动路线以及数量对景观体验的结果产生重要影响。比如高视点和多视点容易捕捉到景观对象的总体，低视点容易产生敬畏感、威严感，视点移动时和静止状态景观体验都有所不同。

（3）周围环境：围绕景观对象的环境，其要素有声音、湿度、能见度等。这些因素在人眺望景观对象过程中对人的感觉产生影响，并且影响到景观评价结果。

（4）经验：从出生到现在长期积累的意识和（集体）潜意识的综合。

（5）知识：主体通过视觉获得大量杂乱的信息，在大脑中进行处理，根据知识与经验赋予景观信息以各种意义。

1.1.5 景观概念的总结

以上分析了景观在各个学说中的不同定义和内涵。总的来说，大致分为客体论和主体论两大类，客体论概念来源于风景美学和地理学，主体论来源于环境心理学。在这里，将以上各类概念的特点抽出。

客体论：风景、审美、系统、区域、地表、空间单元、现象综合、动态过程、生态系统

主体论：认知、知觉过程、视觉、评价、意义、经验

景观主体论概念往往成为景观规划设计和研究的方法基础以及景观法规体制建立的参照物。景观客体论概念包含的要素是主体论认知的景观对象，也是我们规划设计的对象，大致可以分为自然景观和人工景观两大类，基本内容如图 1.1–5。

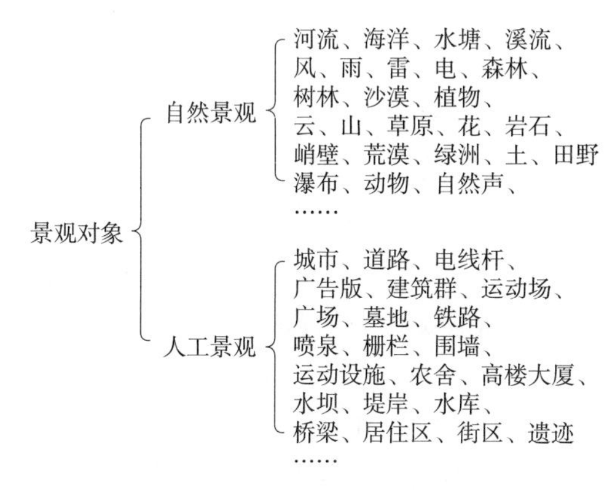

图 1.1–5　景观对象的范畴

1.2 景观规划设计的内容

1.2.1 景观规划设计的内容

景观规划设计的产生和发展有深刻的社会背景，是在城市化、工业化进程中人类为满足自身的生理心理需要而产生的，从 19 世纪中叶开始已经经历了上百年时间。今天，社会、经济和自然环境以及人类的生存状况都有了很大的改变，景观规划设计与创立之初相比面临着许多不同的课题。美国、英国、日本以及我国的学者对景观规划设计的概念已经有诸多表述，基本内涵如下：

景观规划设计是基于科学与艺术的观点与方法，探究人与自然的关系，以协调人地关系和可持续发展为根本目标进行的空间规划、设计以及管理的职业。

景观规划设计的主要内容包括城市景观风貌规划、城市设计、街区设计、居住区规划设计、公园绿地设计、绿地系统规划、防灾系统规划、风景区规划设计、国家公园规划设计、各类度假区规划设计、湿地规划、历史遗迹规划、河流景观规划设计、滨海地区规划设计、室内景观设计等。

景观规划设计包含分析、规划、设计和管理四个过程：

（1）景观分析：基于生态学、环境科学、美学等诸方面对景观对象、开发活动的环境影响进行预先分析和综合评估，明确将损失度最小化的设计方针。制作环境评价图，作为规划设计的依据。

（2）景观规划：根据社会和自然状况以及环境评价图，将规划区分成几个功能区。指定总体的各个功能区的景观建设基本方针、目标、措施。大致地反映未来空间发展的景观面貌。

（3）景观设计：对各个地区的未来空间面貌进行具体的表现，制定具体的景观建设措施、目标。在进行开敞空间、各类设施、居住区设计时，需要注意防灾网络的形成。

（4）景观管理：对创造出的景观和需要保护的景观进行长期的管理，以确保景观价值的延续性。

1.2.2 景观规划与法规体系的现状构成

尽管各个国家的城市规划和建设体制不同，但是从总体上来说，景观规划和法规体系大致包含两种存在方式，即独立型和分散相关型（西村幸夫，1999）。独立型是指有些国家存在较为独立完整的景观法规和景观规划（表 1.2–1）。比较典型的是意大利加拉索法（Legge Galasso）和日本的景观条例。加拉索法赋予地区政府制定景观规划的义务，因此形成了从宏观（国土、区域）到微观（地方行政单位）的较独立的景观规划。日本在 20 世纪 70 年代以后，基于地方自治立法权制定和实施的地方景观条例作为景观专项法规，对景观区域的指定、景观建设推进和惩罚措施等进行了规定，目前内阁已经通过全国性的《景观法》。

独立的景观法往往以维护公民在国家或者某个区域范围内，在景观方面所享有的共同利益为目的，对行政机构和公民的权利义务作出详细规定，同时确定其他的奖励和惩治措施，具有法律效力。在此之外，地区详细规划、分区管理法规、建设法规由于包含了城市物质环境的定性定量指标性规定，因此对景观形成发挥最直接的作用。美国的区划条例、日本的建筑基本法、德国的建设管理规划（Bebauungs plan，或者称为 B 规划）都属于这一类，控制的内容包括根据用地的不同功能，对建筑规定相应的容积率、日照、空地率、建筑物高度和密度、后退红线距离等。

景观规划与法规体系的构成与特点　　**表 1.2–1**

	独立型	分散相关型
景观法规	景观法、景观条例、风景区保护与管理条例等	区划法规、建设管理法规、地区详细规划法规、绿地规划与建设法规、自然保护法、历史单位保护法规等
景观规划	景观（风景）规划	详细规划、绿地规划、风景名胜区规划、风貌形象规划、历史街区保护规划等
特点	确定景观方面的权利和义务关系，调整关于景观建设和保护方面的社会关系 对景观进行范围划分、定位定性，提出建设目标、策略、事实步骤、行政措施保证等	对具有历史和自然价值的特定地区、特殊性质的建设进行管理，对一般地区的建设实行控制，达到景观整治效果

按照系统论的方法，景观规划体系由规划对象、规划目的和控制内容构成。规划对象为物质环境的空间性要素，目前各国具体采取的控制要素基本有以下几类：视觉廊道、天际线、建筑物单体或者群体形态、道路环境、历史文化环境、城市公园绿地水体等自然环境、室外广告标识物形态。控制内容分散在各类各级规划中，各个国家有很大不同，经过作者整理，主要内容如表 1.2–2 所示。

景观法规包括具有法律约束力的法律、法规、规章和诱导型措施、导则等。其中，具有法律约束力的法规中，除了独立的景观法案之外，大部分分散在地区性的建设控制法规条款中。独立的景观法案包括全国综合性法规和针对特别地区（如风景区、历史文化保护区）的单项法规。

景观控制的内容与目的 **表 1.2–2**

规划对象	目的	控制内容
视觉廊道	维持某种具有自然或历史纪念意义的物体对人的视觉通道和心理影响 加强地域认同感	选定具有地域代表性的视觉对象（建筑物或者自然环境） 确保视觉廊道通畅 限定廊道内建筑物的高度 改建或者撤去阻碍视觉的建筑物
建筑物单体与群体环境形态控制	视觉舒适和美感 安全和健康 保留历史文化价值	容积率、建筑密度、建筑高度的限定 斜线规定 色彩、表面材料的控制 建筑式样的控制
道路环境	保持通行时候人的舒适感	两侧建筑物外壁面的形态和色彩控制 两侧建筑物的距离和高度控制 道路宽度 道路绿化
历史文化环境	保护和延续历史文脉 保留地域特色加强文化多样性	建筑物高度和形态控制 建筑物临街立面样式 建筑物和道路地面的材料与色彩 电线杆、饮食店等现代生活设施的整治 绿地配置
城市内或者城市周边的绿地、山体、水体等具有自然价值的环境	休闲场地确保 陶冶情操、享受自然美 生态环境建设	维持山体、水体等自然环境天际线的整体性 容积率、建筑密度、建筑高度的限定 人工物的色彩、表面材料的控制
城市天际线	加强城市环境的整体审美感觉 提升城市外部形象的视觉冲击力和美感	维持天际线的整体性和节奏性 建筑群的高度控制
广告标识物控制	加强广告物体与环境性质的协调	广告物的地点、数量、大小、形态控制

第二章　城市景观设计基本理论思想与实践

景观的发展变化具有复杂的动因，不仅受到当地社会风俗习惯、地理气候的影响，还受到经济、政治、外来文化的影响，因此逐一地考察景观变化的过程几乎是不可能的。但是，从历史和地理的观点出发，我们可以将国内外景观营造的思想和实践划分为几个大的过程，这些过程的产生和发展是当时社会思想的某种反映，具有一定的关联性。这种方法有助于我们理清东西方在空间景观营造方面的观念差异，并且有助于我们把握景观建设的不同风格特点和基本理论思想。景观建设包括人工环境建设和自然环境建设，城市是人工环境的统一体，园林绿地是自然环境建设的主要内容，城市景观设计的基本理论思想与实践集中在城市空间与园林绿地两个方面。

2.1　城市空间规划设计

2.1.1　古代城市的形态

2.1.1.1　古代希腊与罗马的城邦

欧洲是西方文明的主要中心，是西方文明和文化孕育、发展并且向世界扩散的主要根据地。在数千年的历史长河中，欧洲国家经历了以古代希腊罗马文明、中世纪、文艺复兴、巴洛克、新古典主义为代表的不同历史时期。在不同的政治文化思想主导下，每个时期的城市形态都表现出了具有强烈风格的特征。景观营造受到宇宙观、当地的自然环境和风土人情的影响，呈现多样化、本土化的特点，极少景观同化的现象。

古代希腊的城邦由城市和周围的村镇组成。城市所在地一般是进行宗教仪式和商品交换的中心。为了抵御外敌的入侵，在这些地方修建城墙，建立军队，迁徙居民，进行政治管理。城墙与其所围合的空间成为城市。古代希腊城邦一般都具有行政、宗教、军事、商业的功能。城邦一般规模小而且分散。由于信奉多神教，城市内建造了大量的神庙用以举行宗教仪式。古代希腊的城邦实行共和制度，需要定期举行公民大会。用于召开公民大会的广场与神庙共同构成了城市的中心。神庙具有宗教象征意义，一般位于高台上，建造质量优于其他建筑物。而广场除了用于集会以外，还是商业买卖和文化活动的主要场所，一般位于城市中心交通便利的平坦空地上，实际上成为整个城市形态结构的焦点。在广场周围建设有会议场、法庭、仓库等公共设施，逐渐转变为城邦的公共活动中心。广场一般不具有规则的几何形状，周边建筑设施也缺少统一的规划（图 2.1–1，图 2.1–2）。

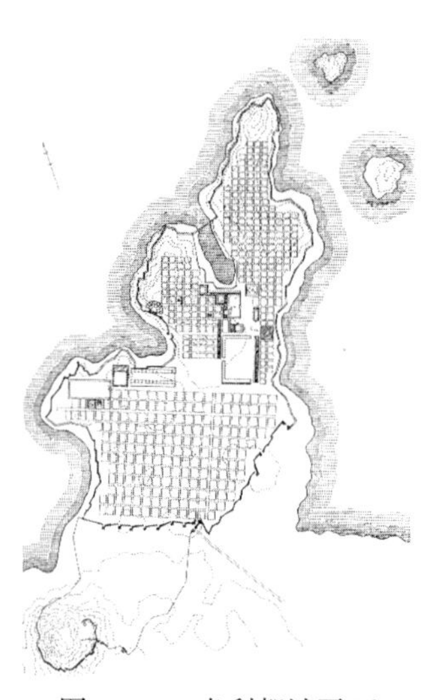
图 2.1–1　米利都城平面

图 2.1–2　帕加玛城市模型

古代罗马时期是奴隶制度发展的顶峰。这一时期在建筑与城市规划方面取得了非常大的成就。建筑技术进步和建造工程系统化，建筑类型比希腊时期具有更大的灵活性，恢复墙体的作用，发展了穹顶应用。城市规模迅速扩大，凯旋门、广场、斗兽场等举行集会、观看表演、进行娱乐活动和具有纪念意义的场所成为城市空间的焦点。

2.1.1.2　中世纪的城市形态

中世纪欧洲分裂为很多小的封建王国，由于相互之间战争频繁，城市一般都修建有具有防御功能的城墙。城墙和被城墙围合的空间共同构成城市。作为居住空间，除了保护居民的生命财产以外，城市的贵族还制定一系列的规则制度维持整个城市或者贵族阶级的利益。城市还是商业、交通的中心，人们因为商品交换、寻找雇佣机会或者希望受到城市的保护，逐渐向城市聚集，随着定居人口的逐渐增多，城市规模变大，开始不断向外扩张，修建新的城墙。现在欧洲很多的城市就是在中世纪城市的基础上经过扩张和改造发展起来的。但是，在整个中世纪，城市的扩张非常缓慢。

城市一般建造在有利于防御和生活并且交通便利的地方，自然环境非常优美。教堂建筑对中世纪城市的构造影响非常大。中世纪教会势力强大，教堂建筑一般位于城市中心，由于其体量巨大、屋顶塔尖高耸入云，成为城市天际线的焦点。教堂广场是城市内部的核心空间，是市民集会、文化交流活动的主要场所。10 世纪后一些城市成为自治城市，出现了自治厅广场与市政广场，这些广场成为城市中公共活动最为活跃的场所（图 2.1–3）。

广场与街道构成了城市交通网络。交通基本依靠步行，道路网大多数为环形和放射型，焦点一般在中心广场。这种方式既可以保护住宅的私密性，又能够使人们方便地到达广场、教堂等公共设施。

中世纪城市色彩鲜明统一、个性突出、尺度适中，具有明确的视觉格局秩序。主要建筑物与次要建筑物在体量、材质、位置、高度、色彩上有明确的差异，建筑风格统一而且富有变化。

2.1.1.3　文艺复兴时期的理想城市

文艺复兴时期，意大利成为欧洲的文化中心，这个社会崇尚古典文明。城市建设中，从建筑、广场到城市规划，充分吸收古代城市建设的优秀成果。理性的科学知识，特别是数学渗透在城市建设中，理想城市（Ideal City）成为其中的主流建筑思想。可以说，理想城市超越了中世纪宗教性世界观，体现了以现实与合理为目标的价值观念。重要的理想城市理论家

图 2.1–3　米开朗琪罗设计的圣彼得广场（图片来源：贝纳沃罗《世界城市史》）

（规划师）有阿尔伯蒂、费拉锐特、斯卡莫奇等。

阿尔伯蒂是理想城市思想的奠基人之一，主张以理性的原则进行城市建设，提倡便利和美观。他提出从地理自然环境合理选择城址，从军事角度考虑，城市的模式为多边星型，道路从中心呈放射状向四周延伸，中心点设置教堂、宫殿等重要建筑物。费拉锐特在其著述中，也提出了理想城市——斯佛达（Sforzinda）的形态。斯佛达被八角形的城墙环绕，中心为广场，广场四周配置建筑，运河网络贯穿其中。运河与道路、广场，以及高架道路构成三层立体式的城市空间，形成安全、便利的城市形态结构。

帕马诺瓦城（Palmanova）位于威尼斯的东面，是 1593 年为防卫奥斯曼土耳其帝国的入侵而修建的要塞式城市。该城市的形态反映了斯卡莫奇等人的建城理念。也就是说，为了应对火炮等新式武器的出现，以棱堡、壕沟取代中世纪时的城墙，形成城市的防御体系。整个城市的平面形状为九角形，内部放射型道路将城市中心的六角形广场和外围的防御体系连接起来。这种形式的城市是 16 世纪筑城技术发展起来的典型模式，城市实际上成为巨大政治体系的一部分。

佛拉拉（Ferrara）位于意大利波河流域平原，原来是教皇领地，14 世纪成为伊斯特家族领地后，由建筑师鲁塞蒂进行改造。城区向北扩张，使得伊斯特家族居住地成为城市的中央。宽 16~18 米、长 1.5 公里的 2 条直线道路在扩张部交叉。与以前的城市的向心结构不同，广场与教堂等重要的公共建筑没有集中配置在道路的交叉点处，而是趋向等价、均衡的结构形态（图 2.1–4~ 图 2.1–6）。

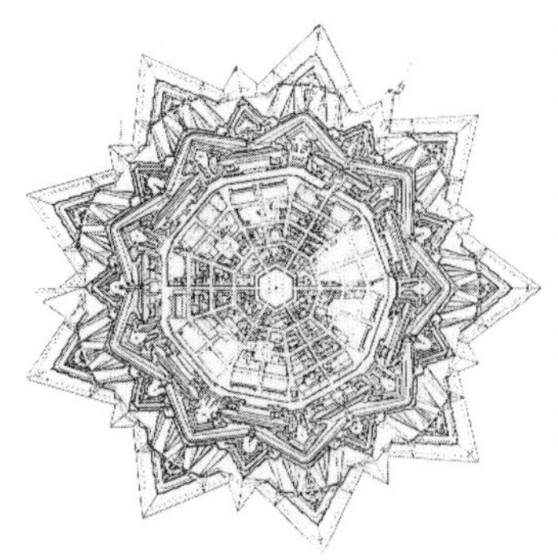

图 2.1–4　帕马诺瓦城平面

图 2.1–5　帕马诺瓦城鸟瞰

2.1.1.4　巴洛克时期的城市改造

16 世纪罗马改造中，为了体现统治者的权威，树立崇尚古典的精神和绝对的秩序，开通、拓宽直线形的道路，城市、广场的布局追求平衡和严谨，在重要场所配置纪念性建筑物等。城市营造理念中充分应用了“视觉廊道”的概念，也就是说，尽量保证人们从主要聚集场所和街道，能够直接看到重要的、具有重大意义的建筑物，如教堂、宫殿等（图 2.1–7）。

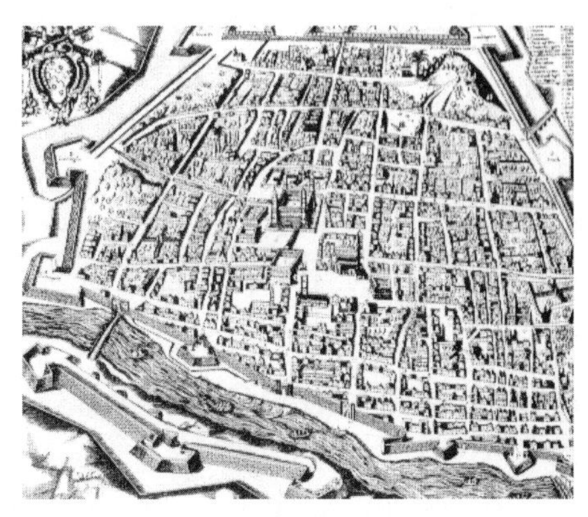

图 2.1–6　佛拉拉 16 世纪全景

这种城市营造理念和方法适应了当时欧洲社会兴起的唯理主义思潮和绝对君权的政治气氛。欧洲城市的改建中大量运用了巴洛克古典主义法则。比如法国，由于国力强盛，对原来的巴黎城区进行了大的改建，兴建了一批形状规则的公共广场、宏伟的皇家花园和街道（图 2.1–8、图 2.1–9）。

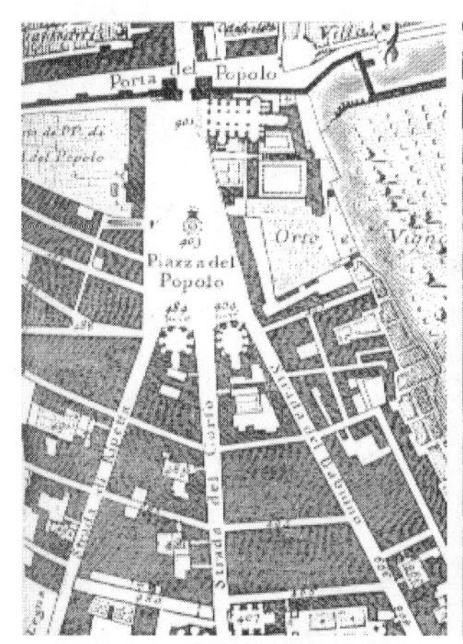

图 2.1–7　罗马改造后的波波罗广场，放射型街道的焦点

图 2.1–8　1697 年巴黎规划图

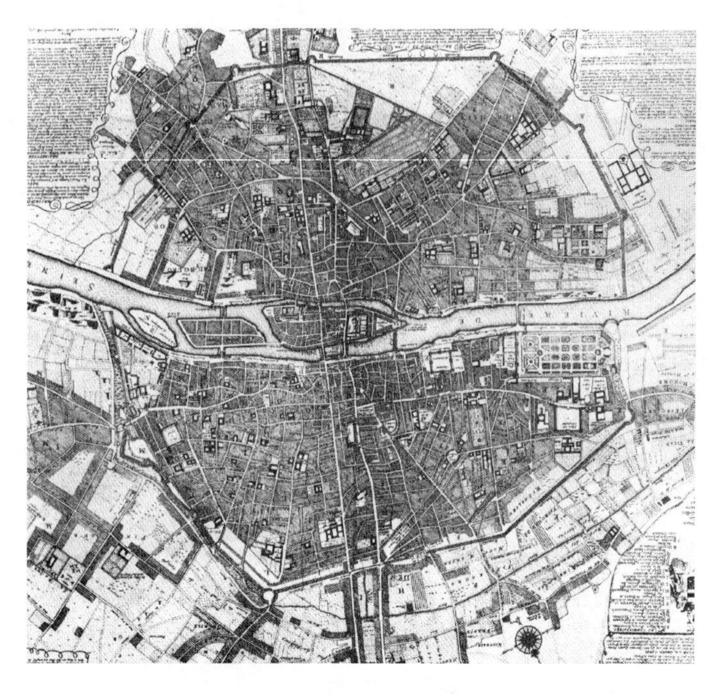

图 2.1-9　巴黎凯旋门和放射形广场

2.1.1.5　中国古代城市的空间格局

中国古代城市最早形成于夏朝和商朝，到西周时城市的营造已经有了严格的规则。经过数千年的发展，城市建设的理念几经转变，但是由于社会体制相对稳定，城市空间格局的基本特征保持了一定的连续性和独特性。除了用于军事防御、交通贸易等特殊目的的城市以外，政治制度、文化哲学观念对城市空间格局与景观风貌的形成具有最根本性的影响。

（1）周朝的城市

周朝是我国奴隶制度发展的高峰，周天子分封诸侯，在全国建立起许多城市作为政治军事统治中心。这一时期政治制度逐渐成熟，形成了比较完整的社会等级制度和宗教礼法关系，在城市形制方面也出现了相应的规定。《周礼·考工记》中记载："匠人营国，方九里，旁三门，国中九经九纬，经涂九轨，左祖右社，前朝后市，市朝一夫。"意思是说，由工匠建造的都城，每边长九里，各开三个门，都城中九条纵向道路，九条横向道路，道路宽度为车轨的九倍，城中为王宫，左右分别为祖庙和社稷坛，后面为集市。这种建设思想反映了社会等级观念和宗教祭祀、方位、数字等制度性意识，对后来的城市营建产生了深远的影响（图 2.1-10）。

（2）唐朝长安城

周朝以后，长安城（现在的西安市）附近成为我国重要的政治军事统治中心。隋朝（公元 582 年）开始建造长安城，到唐朝时，长安城人口达到近百万，成为当时世界上最大的城市。唐朝长安城的格局是我国古代城市的典范。

唐朝长安城继承并且集中体现了《周礼·考工记》中提出的城市营造理念，采取中轴对称格局。城市由宫城、皇城和外郭城组成。宫城与皇城是皇帝居住和处理政治事务、国家统治机构和禁卫部队的驻地。宫城位于城市的北部正中，其南面为皇城，呈方形，共同构成城市核心区域。南北方向的朱雀大街北接皇城，与天街构成中心轴线，将城市分为东西两部分。

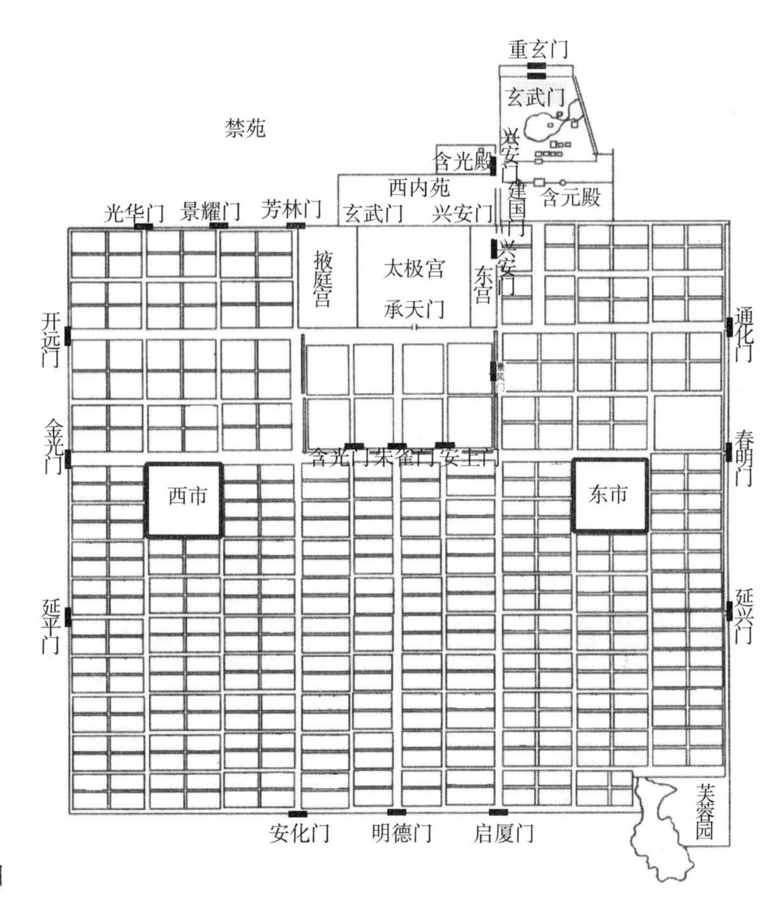

图 2.1-10　周朝都城平面示意图

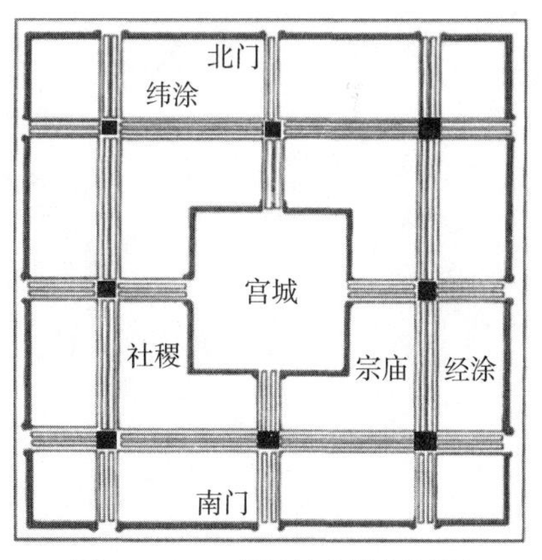

图 2.1-11　唐朝长安城复原图

外郭城是官僚和居民的住宅区，也是城市商业活动所在地，采用规整的方格路网。居住采用坊里制，11 条南北向大街和 14 条东西方向的大街将城市居住区分为 109 坊。朱雀大街以东为 54 坊，以西为 55 坊，东西各设置一个市肆，用于商业交换活动（图 2.1-11）。

（3）明清北京城

明清时期的北京城是在元大都的基础上扩建的，继承了中国传统的城市营造理念，由于建筑技术的不断成熟，北京城成为我国古代都城规划和建设的杰出代表。

北京城依旧采取中轴对称的方格子状布局形式，由内向外依次为宫城、皇城、内城和外城。宫城又称为紫禁城，是国家政治中心，位居中央。中轴线全长 8 公里，贯穿永定门、天坛、正阳门、大明门、承天门、端门、午门、皇家宫殿群，最北到达钟楼和鼓楼，沿轴线布置牌坊、华表、广场，气势恢弘、庄严雄伟，充分显示帝王至高无上的权威和天人合一思想。“左祖右社”的礼制思想在空间布局中依然起重要作用。皇城前面两侧分别为太庙和社稷，内城外分别建设了日、月、天、地四坛，供皇帝进行宗教祭祀活动。古代工匠还注重将自然山水融入城市，开挖护城河、堆砌景山，形成全城制高点。恢弘壮观的皇家园林对全城的景观风貌起重要的影响（图 2.1–12~ 图 2.1–15）。

（4）政治影响因素

中国古代城市的空间格局和景观风貌受到封建政治制度和思想的深刻影响。为了阶级统治的需要，在长期封建社会的发展过程中，形成了以皇权为核心，讲究君臣、长幼、尊卑的等级秩序。城市被认为是政治军事统治的载体，城市的营造需要从空间的秩序中体现社会等级秩序的内涵。因此，我国古代城市往往是皇城或者行政中心所在地占据城市的中心位置，道路的布局和街坊的设置追求符合封建礼制的要求，表现为对称、中轴、平衡、层次、向心，在数字方面具有很强的象征意义。

（5）文化哲学影响因素

“天人感应・天圆地方说”“阴阳・五行・易学”“相土・形胜・风水”是中国传统文化中的核心，对中国古代城市的空间景观具有重要影响。在周朝出现了天人合一哲学思想，本来是古人政治伦理主张的表达。孟子将其进一步发挥，比喻天道与人性合而为一，实际上把封建社会制度的社会等级规范和纲常伦理比喻成天的法则。秦汉时，以易经为标志的早期阴阳理论与五行学派结合起来，天人合一衍生出天人感应说。董仲舒认为，天和人同类相通，相互感应，天能干预人事，人亦能感应上天。“与天同者大治，与天异者大乱”。在城市的空间格局上，将建设形态与宇宙现象之间建立对应关系。建筑物的方位、朝向、色彩、名称等具有强烈的象征意义。

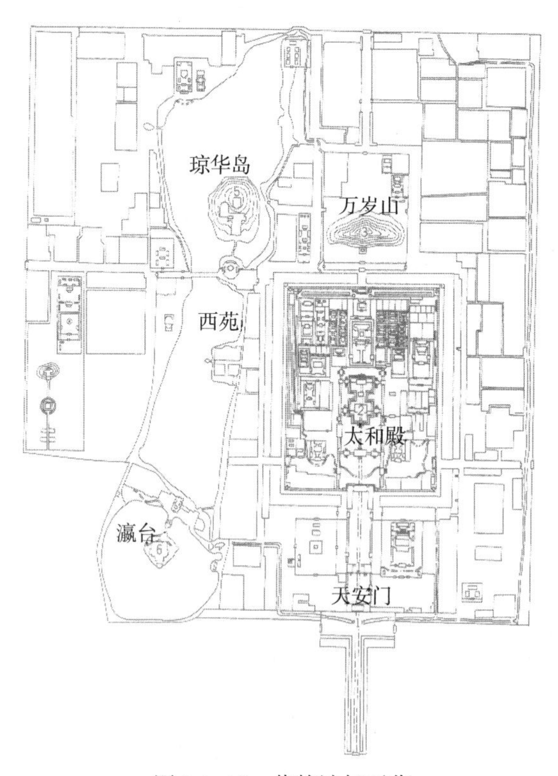

图 2.1–12　紫禁城与西苑

图 2.1–13　紫禁城角楼（作者摄）

图 2.1–14　北京　天坛（作者摄）

图 2.1–15　北京　景山（作者摄）

“天圆地方说”又称为“盖天说”，是中国古代社会对宇宙起源和宇宙结构的特有认识。该学说认为天是圆的，如同张开的伞覆盖在地面上，地是方的，如同棋盘。天圆地方说是中国传统的居住空间形态感知模式，也是古代方形城市建设的哲学思想基础，对古代城市景观风貌的形成有重要的影响。

“阴阳说”早在夏朝就已形成，它认为阴阳是天地万物形成的泉源。阴阳相合，万物生长，实际上是揭示万物运动的本质性矛盾。五行学说认为金、木、水、火、土元素是构成宇宙万物及各种自然现象变化的基础。“易学说”则是在阴阳五行的基础上进一步发展形成的归纳解释宇宙和人类社会现象的理论。反映在建筑与城市的空间形态上，则形成了“象天法地”思想。如讲究对称、折中、轴线，以及数目多采取能够代表成熟、丰裕、圆满的六、九等数字。

相土、形胜、风水是中国古代建筑行为中，根据周围的山川环境特点决定建筑与城市的选址和布局的思想方法。相土是对基本环境进行考察和比较，形胜是对大的山川环境进行考察，重在挖掘意境。比如宋朝理学大师朱熹描述北京“……前面黄河环绕……泰山耸左为龙、华山耸右为虎……”三国时期诸葛亮评论南京“钟阜龙蟠，石头虎踞，真乃帝王之宅”，都是相土和形胜的具体表现。风水学说吸收了相土和形胜的特点，进一步发展出了完整的概念体系，对中国古代的建设行为影响最为深远。

图 2.1–16　太极八卦图

中国传统风水学说包括阳宅风水和阴宅风水，主要指考察山脉走向、地形地势、水文地质、植被、交通及气象等，依此来确定城镇、住宅、墓穴的建设布局、朝向等。对住宅环境一般要求地基宽平、背山依水、交通方便、景色优美（高友谦，2004）。城市建设中除了要求仔细考察环境外，还主张通过积极的布局改变风水条件不好的环境。如重要的建筑物布置在中心轴线上，中轴线往往要对着某些山峰。明清北京城的中轴线正对景山，洛阳城的中轴线直指邙山，都是为了符合风水的要求（图 2.1–16~ 图 2.1–19）。

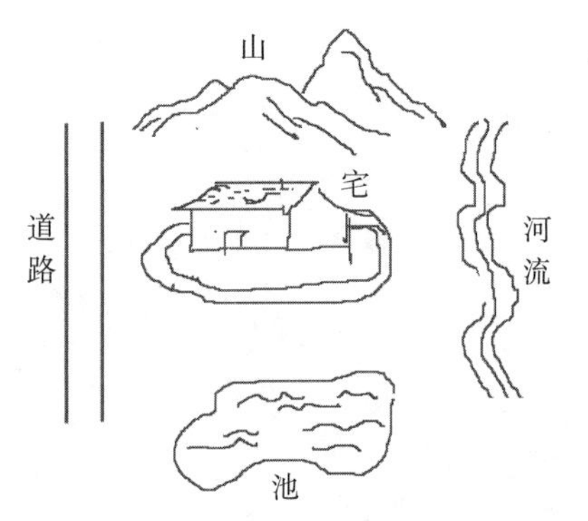

图 2.1–17　风水理论中的居住环境模式

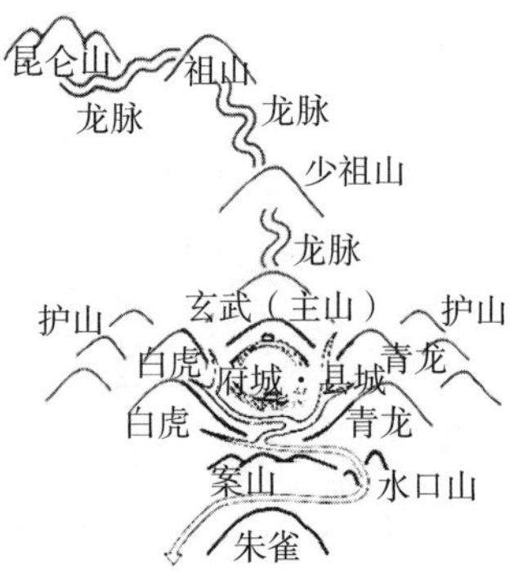

图 2.1–18　风水形式图

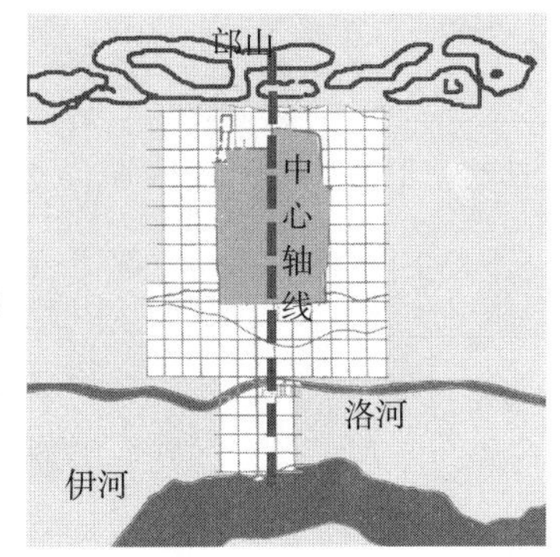

图 2.1–19　洛阳古城格局

2.1.2 现代城市空间规划设计思想

2.1.2.1 产业革命与城市问题

18 世纪在英国实现的工业革命对城市与农村生活环境产生了重大的影响，导致一系列的城市问题产生。由于生产方式的改进，科学技术水平提高，人口不断向城市集中。城镇人口死亡率降低，出生率显著提高。农村生产体系和土地所有形式有了很大的变化，大量破产农民涌入城市。这样，导致各地的城镇人口呈现爆炸式的增长。

人口增长引起了严重的城市问题发生。其中，最主要的城市问题是居住环境问题。城镇居住基础设施严重不足，无法适应人口的增长速度。为了容纳新增就业人口，生产点附近兴建了大量廉价的集合住宅，原来的居住区沦为贫民窟，由于当时的城市政府不重视改善工人的生活条件，工厂主漠视工人的基本福利，大量的居住区和贫民窟人口密度高、通风不良、卫生设施年久失修，最终导致 19 世纪上半期英国和欧洲大陆出现了霍乱大流行。霍乱大流行引起政府和社会的恐慌，社会各个阶层开始关注城市居住环境的改善，在关于城市未来如何发展的大讨论中，出现了各种城市空间营造和规划的新理论、新思想。

2.1.2.2 现代城市空间规划设计思想

（1）霍华德的田园城市

1898 年，霍华德（Sir Ebenezer Howard）出版了《明天：通往真正改革的和平之路》（1902 年第二版时更名为《明日的田园城市》），提出了他的田园城市理论。霍华德清楚地看到当时英国大城市的种种弊端，他认为城市与乡村的二元对立是造成城市畸形发展和乡村衰落的根本原因，提出通过建设城乡一体化的田园城市来解决城市问题。按照霍华德的构想，田园城市是为居民提供居住场所和就业机会的城市，它的规模适中，四周有永久性的农业地带环绕以控制城区无限发展，土地公有，由管理委员会管理，具有自给自足的社会性质。

根据霍华德的设想，田园城市占地 6000 英亩，其中城市用地 1000 英亩，农村用地 5000 英亩，人口 32000 人。城市位于农村的中心，从城市中心到城区边缘距离为 0.75 英里。城市的中心为 5.5 英亩的中心花园，花园四周布置大型公共建筑，如展览馆、画廊、图书馆、剧院、市政厅等。再往外则是面积为 145 英亩的中央公园。中央公园面向全市开放，任何人都可以方便地使用。宽敞的玻璃连拱廊——“水晶宫（Crystal Palace）”环绕中央公园，水晶宫可作为中心商业区和展览中心。城区内任何一处到达水晶宫和中央公园均不会超过 600 米的距离。

六条放射状的林荫大道（Boulevard）将中心花园与郊区连接起来，并且将城区划分为六个面积相等的分区。五条环形大街（Avenue）和放射状林荫道构成主要交通框架。住宅和住宅区大多数面向道路布置，沿街的建筑适当退后道路线。环形大街的宽度一般在 120 英尺左右，其中第三条环形大街叫作“宏伟大街（Grand Avenue）”，宽度达到 420 英尺。宏伟大街的两侧配置六所公立学校，每所占地 4 英亩，附带有花园和游戏场。城区最外侧是环形铁路，并且与通过城市的铁路干线相连。铁路附近配置有工厂、仓库、木材场等生产性企业，可以使物资的运输尽可能地不通过城区，从而减轻城市道路的交通压力。

城区周围的农业用地分别属于农场、牛奶场、自留地等单位。这些农业用地是城市美丽和健康的条件，应永久保留，以防止城市用地规模的扩大。

霍华德认为，当一个田园城市人口持续增加，并且达到它的最大限度 3.2 万人时，为了保持城市规模，应该在离乡村地带不远的地方另外建设新城。新城也是一个田园城市。这样，随着时间推移会形成城镇群。

霍华德的城镇群由中心城市和若干个围绕中心城市的田园城市组成。中心城市面积 1.2 万英亩、人口 5.8 万人，周围的每一个田园城市人口 3.2 万人、面积 6000 英亩。中心城市与田园城市相距 2 英里左右。放射状的道路（双层，下层为地下铁道）和环形的市际运河与市际铁路将各个城市连接起来。城市之间是永久性的农业用地，在农业用地上分布着森林、农场、水库、瀑布、疗养院、墓地等设施。

霍华德 1899 年在英国成立了田园城市协会（Garden City Association），1903 年组织了田园城市有限公司，在伦敦东北处建立了第一座田园城市莱彻沃斯（Letchworth），后来又建设了第二座田园城市韦林（Welwyn）（图 2.1–20~ 图 2.1–23）。

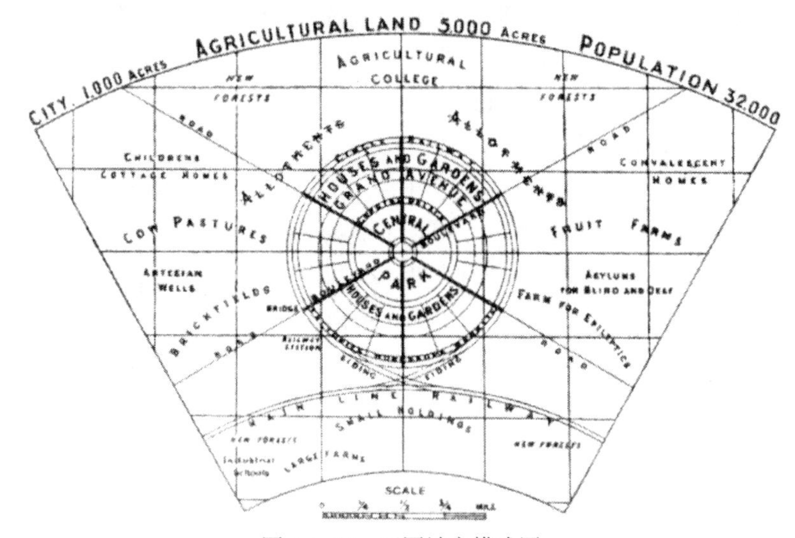

图 2.1–20　田园城市模式图

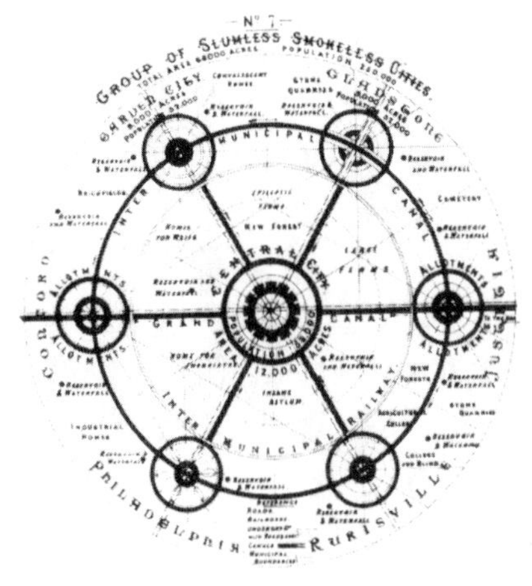

图 2.1–21　数个田园城市构成城市群

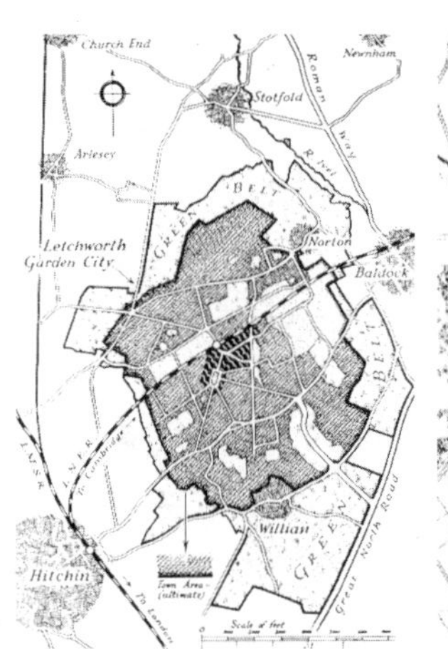

图 2.1–22　莱彻沃斯平面图

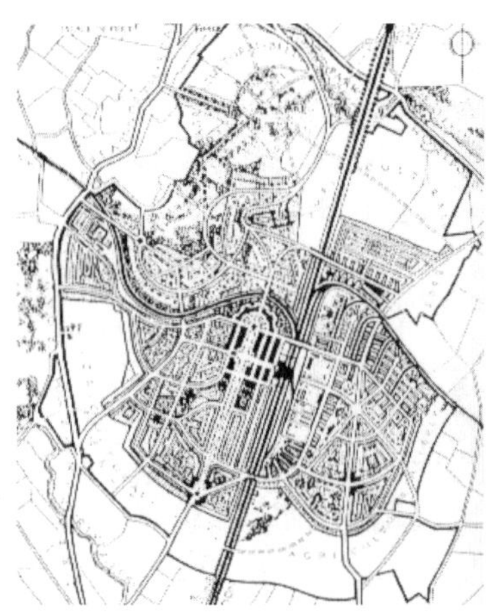

图 2.1–23　韦林平面图

（2）柯布西耶的城市构想

柯布西耶是现代建筑运动的奠基人之一，也是重要的现代城市规划理论家。与霍华德希望通过田园城市解决城市问题的思路不同，柯布西耶主张对城市内部进行大刀阔斧的改造，形成适应现代生活特点的物理空间结构。

1922 年柯布西耶发表了“明日城市”（The City of Tomorrow）方案，提出以功能、效率为出发点组织城市结构。该方案设想了人口为 300 万的城市，中央为商务区，有 40 万居民住在 24 座高达 60 层的摩天大楼中，大楼周边为大片绿地，再外围是环形居住带，多层连续的板式住宅可以容纳 60 万人居住。最外围是供 200 万人居住的花园住宅。城市平面为充满现代性的几何式构图。为了提高大城市的交通效率，道路基本为直线，道路网由矩形与对角线交织组成。中心商务区地下为铁路车站，地上为飞机场，形成多种交通方式并存。车辆采取分流措施，特别是在中心城区，地下通行重型车辆、地面与高架分别承担市内交通和快速交通的三层立体道路系统极大地提高了交通效率。

1931 年，柯布西耶发表了“光辉城市”（Radiant City）方案，进一步发展了在明日城市中提出的现代城市概念。光辉城市的形态以直线为主，从北往南分为三个部分：商务区、居住区和工业区。南北向的中心轴线贯穿其中，将城区一分为二。商务区以摩天大楼为主体，保持低建筑密度，在居住区与工业区之间配置带形公园。交通依旧采用立体道路系统。摩天大楼楼顶为飞机升降场，铁路枢纽配置在商务区与居住区之间。

柯布西耶对城市的中心思想是分散中心区，改善交通，提供充足的绿地、阳光和空间，提高功能效率。他提出的功能主义原则反映在 1933 年由其撰写的《雅典宪章》中，对 20 世纪城市的建设和发展产生了深远的影响（图 2.1–24~ 图 2.1–28）。

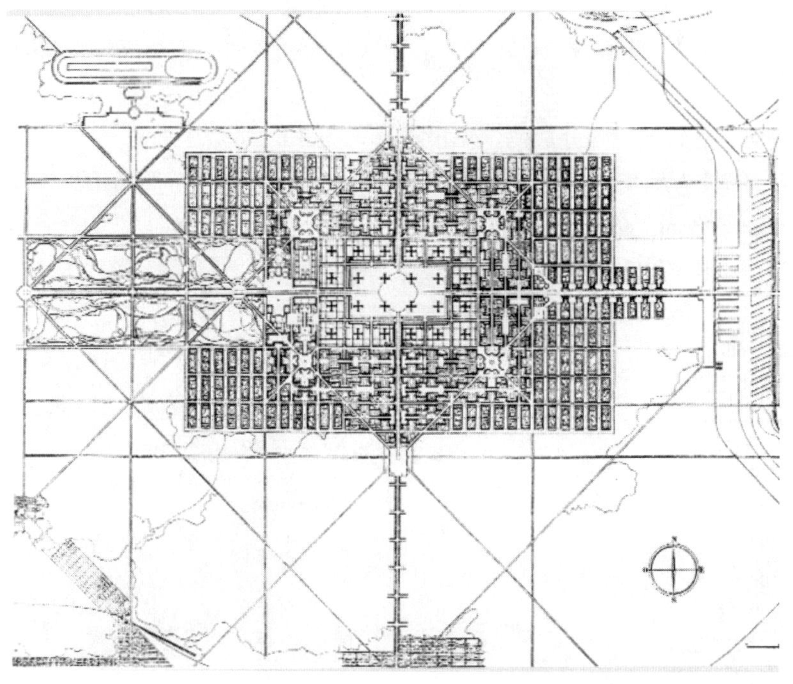

图 2.1–24 “明日城市”平面图

图 2.1–25 “明日城市”车站广场景观

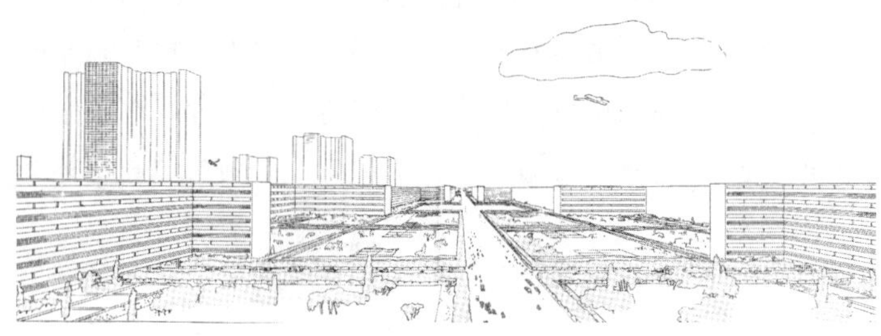

图 2.1–26 “明日城市”透视图

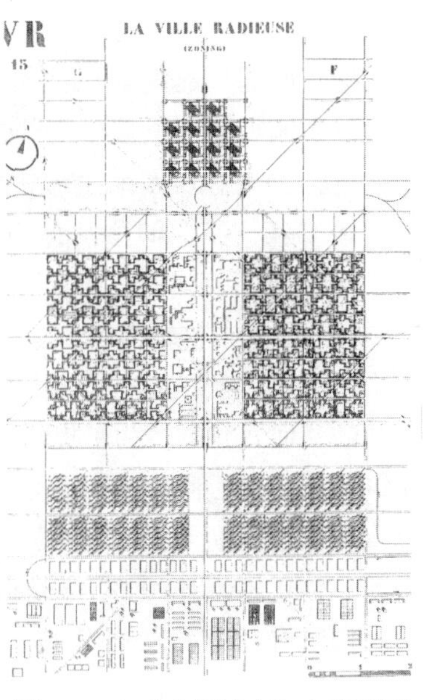

图 2.1–27 “光辉城市”方案平面

（3）戈涅的工业城市

“工业城市”是法国建筑师戈涅（Tony Garnier）在 20 世纪初期提出的方案，是以工业生产为目的、以生产为原则组织空间结构的城市设想。在戈涅的构思中，工业城市人口为 35000 人，位于河岸斜坡上，靠近原材料产地或者矿产基地，河流有利于交通运输。城市中根据功能划分为几个区域。城市中央为中心区，有大量的公共建筑，包括图书馆、办公楼、集会厅、博物馆、展览馆、医疗中心、运动场地、剧院等。生活居住区分布在市中心两侧，划分为几个片区，每个片区配置一个小学。工业区包括一系列的工业部门，如机械厂、炼钢厂、造船厂、汽车厂等，布置在河口附近，利用河流进行工业产品和原材料的运输。各个功能区之间有绿带隔离，建筑地段是开放的，不设围墙（图 2.1–29）。

“工业城市”较为系统全面地考虑到工业区各部门之间的生产联系，同时注重根据各个功能区的特点，结合周围的环境条件进行布局。市内建筑使用当时先进的钢筋混凝土结构，形式新颖简洁。居住区内的建筑考虑到了日照和通风问题，并且留有大量的空地进行绿地建

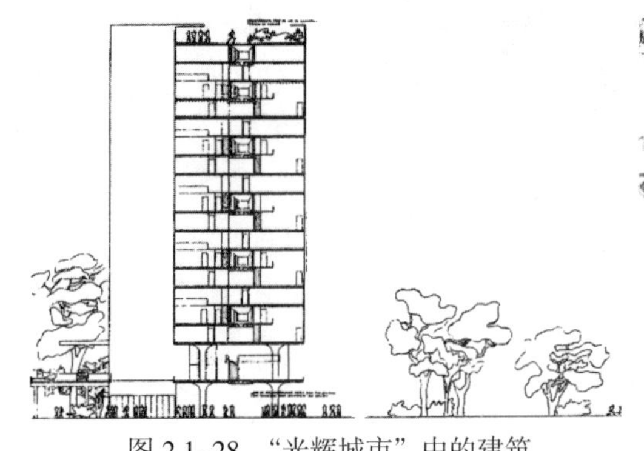

图 2.1–28 “光辉城市”中的建筑

图 2.1–29 戈涅的工业城市

设。根据用地功能进行集中布局和相互隔离的思想演化为《雅典宪章》中提出的功能分区思想，对于解决城市混乱的建设问题具有重要意义。

（4）带形城市

带形城市（Linear City）是西班牙索里亚·玛塔（Arturo Soria Y Mata）于1882年提出的。当时，交通技术的进步加强了城市内部和城市之间的联系，对城市发展的作用日益增强。玛塔认为原来城市从核心向外扩展的形态已经过时，在交通方式的影响下，城市沿交通运输线成带状扩张。这样，就形成了线形城市——新的长条形的建筑地带。交通运输线将城市联结起来，形成城市网络。玛塔认为带状的城市形态能够避免传统城市拥挤、卫生环境恶化的弊端。

贯穿带形城市的交通线路为当时先进的电气铁路，下面铺设各类工程管线，建筑物沿道路两侧进行建设，城市宽度控制在500米，长度无限制（图2.1–30）。

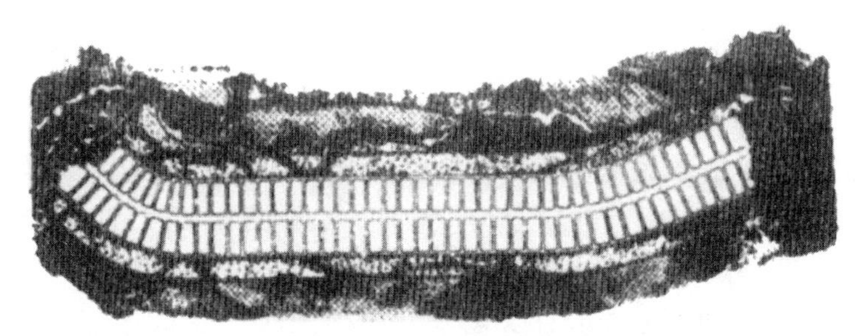

图2.1–30　玛塔的带形城市

（5）有机疏散理论

城市密度过大、功能过于集中容易产生很多弊端。针对这种状况，1918年芬兰建筑师沙里宁（Eliel Saarinen）提出有机疏散理论（Organic Decentralization），希望通过合理的分散解决城市问题。

沙里宁认为城市是有机的集合体，具有生物的特点，城市的发展与生物的成长演化具有一致性。大自然的基本规律是有机秩序，城市的建设也应该遵循有机秩序原则，不能够放任城市自由地聚集在一起。对于现代城市的衰落，沙里宁提出改造的方法，具体的建议是把城市中衰败地区的人口、功能、各种工作分散到适合这些活动发展的地方，腾出来的地方改为最合理的用途，同时保护老的和新的使用价值。对个人日常的工作生活，作集中的布置，集中的功能点作分散的布置。这样，不仅可以达到城市整体秩序的合理性，还可以保证生活工作的便利性和效率性。有机疏散的根本意义是将集中的城市分散为几个不同的地区发展，几个地区形成功能集中点，在活动上具有相互关联性，从而使城市恢复到合理的有机的秩序中。

根据有机疏散理论，沙里宁在1918年制定了大赫尔辛基规划，主张在赫尔辛基周围建立新的城镇，分散主城的功能，控制城市的过度集中（图2.1–31）。

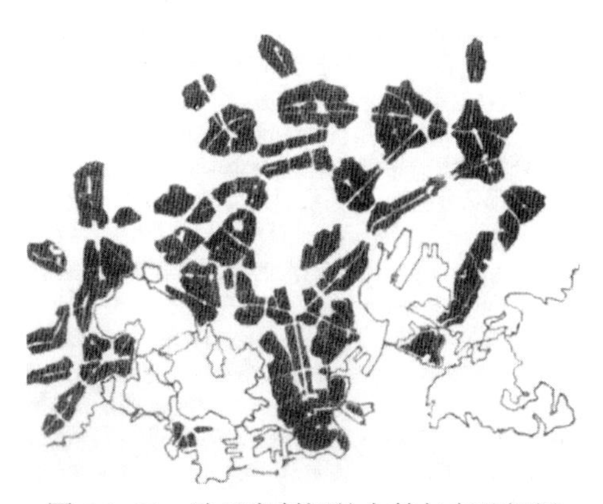

图2.1–31　沙里宁制订的大赫尔辛基规划

（6）广亩城

田园城市、有机疏散理论都是希望通过分散的方法解决大城市出现的种种弊端，达到人与自然的和谐相处。1932 年美国建筑师赖特提出广亩城（Broadacre City）设想，将这种思想发展到新的极点。

赖特认为城市的发展已经脱离了人类的基本愿望，他非常不满现代城市丑陋的环境面貌，而是怀念、向往工业化社会之前人与环境的和谐状态。广亩城提供的实际上是非城市的生活方式，是对城市特别是大城市的否定。所谓的广亩城是低密度的、完全分散的城市，具有田园景观的城市，每户周围有 1 英亩的土地，可以进行粮食蔬菜生产活动，居住区之间通过高速公路连接，沿公路布置加油站、公用设施。赖特认为电力的廉价和普及，以及人们开始广泛使用汽车，客观上使得城市分散到乡村成为可能。尽管广亩城的思想有些极端化，但是在大城市郊区化发展和田园景观的追求中体现出了它的现实意义。

（7）社区运动与邻里单位

20 世纪初，田园城市理论从欧洲传播到美国，唤起了美国人建设花园式居住区的热情。

居住区逐渐从单纯的居住地发展成为社会的组织单位——社区。美国社会学家佩里（Clerance Perry）在纽约区域规划开始以后，参加了社区问题的研究。在 1929 年，他发表了题为“第七号调查报告书——邻里单位和社区规划”的报告，提出了社区规划的原则——邻里单位的理论。佩里的邻里单位主要有以下六个基本原则：

· 人口规模以一个小学的服务半径内所承受的人口规模为基准。

· 每个邻里单位以城市道路为界线，城市道路不穿越邻里单位内部。

· 邻里单位内部具备特别的交通道路网，促进交通循环，限制外部车辆通过。

· 邻里单位的中心应配置学校等公共设施。

· 在人流量大的交通结合点和社区相互接壤的地方配置商店。

· 根据需要配置小公园和休闲空间系统。

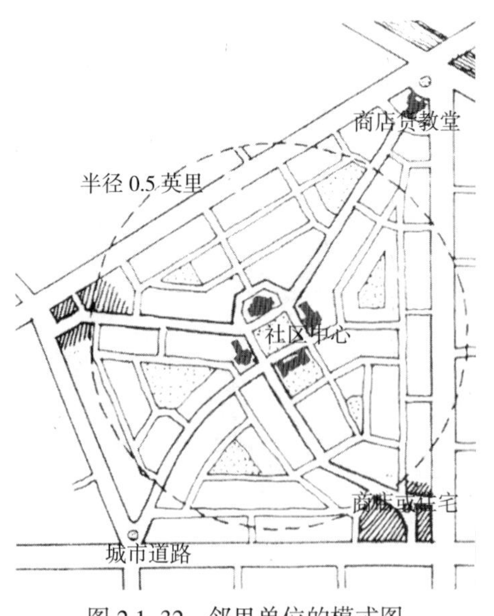

图 2.1–32　邻里单位的模式图

佩里提出了邻里单位的模式图（图 2.1–32）。根据该模式图，作为一个邻里单位的社区面积为 65 公顷左右，人口 5000 人到 6000 人，人口密度为每公顷 77 人到 92 人。中央地带有社区中心，包括学校、教会、公共设施，社区中心的服务半径为 0.5 英里，周围被城市道路所包围，过境交通不穿越邻里单位内部，城市道路交叉点附近有商业中心。另外，10% 以上的土地作为公园与休闲用地。佩里看到了日益增加的机动车交通给社会和人们的生活方式所带来的影响，而原来的城市结构会造成交通事故增多，儿童上学距离远，居住环境质量低等问题。他提出的邻里单位理论较好地解决了机动车时代居住区所面临的问题，因而成为 20 世纪中后期居住区和城市建设的主要组织形式。

（8）雷德伯恩体系与绿带城

雷德伯恩（Rad Burn）位于曼哈顿西北 21 公里处，其周围是地形稍微起伏的农业地区，西边为艾瑞克（Eric）铁路。雷德伯恩是最早考虑到因机动车时代来临造成人们出行和居住方式变化的社区。雷德伯恩的规划面积 320 公顷，由 C. 斯特恩（Charence Stein）和 H. 怀特（Herry Wright）负责规划。规划人口 2.5 万人，人口密度为每公顷 51 人。一共包括了三个居住区，市民中心位于中央地带。每个居住区均由数个连续的住宅组团构成。规划师最大限度地减少了机动车道的长度，使其不穿越住宅组团内部。道路交通系统分为干线道路（连接各个地区的主要车行道）、辅助干线道路（环绕住宅组团的车行道）、服务型道路（直接通往各个住宅的道路），配置环形步行系统，采取人车完全分离的手法，在交叉口设置立交桥，以确保步行者的安全。每个住宅组团中心配置大公园，起居室和卧室尽可能面向连续的公共绿地（图 2.1-33，图 2.1-34）。

规划师在雷德伯恩构筑了完善的绿地系统。每个居住区配置大规模的中心绿地，中心绿地的面积不小于居住面积的 30%。同时，绿带与步行系统相结合，从中心绿地一直延伸到住宅后院，这样，步行者可以不受机动车干扰安全地沿绿地到达目的地。

雷德伯恩提供了社区规划的模式，即人车分离、低建筑密度、绿地与步行道路和住宅有机结合、中间配置商业中心等。这种布局方式称为“雷德伯恩体系”。

雷德伯恩体系大量运用在其他社区建设中，如 20 世纪 30 年代建设的绿带城实际上是参考雷德伯恩体系的特点进行设计的（图 2.1-35）。

图 2.1-33　雷德伯恩的居住区

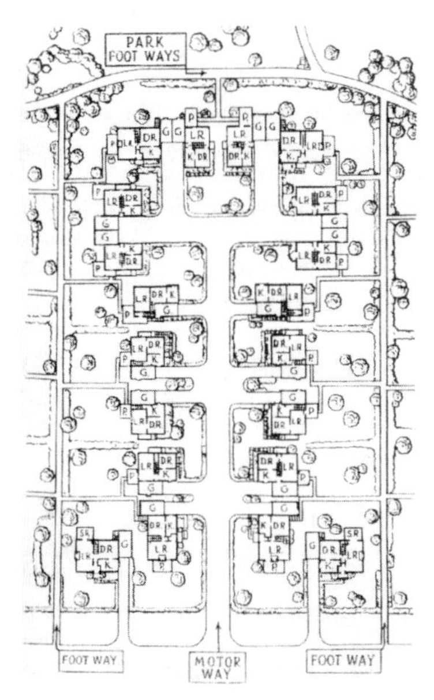

图 2.1-34　雷德伯恩的住宅组团平面

图 2.1-35　马里兰州绿带城

2.1.2.3 现代城市空间规划设计思想的发展演变

现代城市的建设与发展是在对现代城市的功能、性质、容量等要素综合认识的基础上，以及对城市空间组织的深入思考、对城市的不断改造和反思中，逐步确立了其基本的规划设计思想。根据对城市的认识和理解不同，围绕《雅典宪章》和《马丘比丘宪章》，以及第10小组的理论来考察现代城市空间规划设计思想的发展演变。

（1）《雅典宪章》

20世纪上半期建筑学思想对城市空间的营造与规划设计理论产生重要的影响。20世纪20年代，现代建筑运动走向高潮。1928年在瑞士成立国际现代建筑协会，简称"CIMA"。1933年CIMA在雅典召开会议，研究了现代城市的规划与建设问题。会议上发表了《雅典宪章》。《雅典宪章》被称为现代城市规划的大纲。

《雅典宪章》根据理性主义方法，对城市问题进行了深入的分析，指出城市的矛盾是由工业化大生产方式的变化和土地私有制引起的，应当按照人民的意志进行规划，以人的需要和以人为出发点衡量城市建设的成败。《雅典宪章》明确提出了城市具有四大功能：居住、工作、游憩和交通，城市应当根据居住、游憩、工作进行功能分区，在位置和面积方面进行平衡，再建立三者联系的交通网。功能分区是针对当时大多数城市无计划、无秩序的发展弊端，特别是土地功能混乱造成一系列的环境问题和社会问题，希望通过对城市活动的分解和整体的分析，根据四大功能，统一布置用地空间，达到城市秩序化和高效率。

《雅典宪章》中指出居住是城市的首要功能，应该提供安全、舒适、方便的生活环境，根据邻里单位理论进行组织；工作地点应当靠近居住地，尽量减少交通量；通过增加绿地、减少旧城区人口、保护风景地带提高游憩功能；城市交通应当适应机动车发展的态势，形成高效率的交通网；城市发展中还要保护好历史名胜古迹等。

（2）《马丘比丘宪章》

二战以后，世界城市发展出现了新的特点。1977年12月，一批著名的规划设计人员在秘鲁利马召开国际学术会议，他们来到马丘比丘山古代文化遗址，签署了新的宪章——《马丘比丘宪章》。该宪章总结了当时城市发展的态势和城市规划设计的思想演变过程，肯定了《雅典宪章》的重要意义，同时提出《雅典宪章》的一些思想理论已经不适合城市发展出现的新趋势和新特点，因此应该对其进行修正。《马丘比丘宪章》是继《雅典宪章》之后又一个重要的国际纲领性文件，对现代城乡建设与规划设计具有深远的影响。

《马丘比丘宪章》批判了《雅典宪章》的理性主义方法和机械物质决定论，深信人的相互作用与交往是城市存在的基础，强调社会文化对城市发展的重要性，认为群体文化、社会交往模式和政治结构对城市生活起决定性作用，而物质空间仅仅是影响人类生活的一种变量。规划必须对人的要求作出解释和反应，将人与人之间的关系放在重要的位置。

《马丘比丘宪章》批评了《雅典宪章》中的功能分区方法，认为功能分区割裂了人与人之间的联系、否定了空间的连续性和流动性、牺牲了城市的有机构成，并且造成城市缺乏活力，变得冷漠、僵硬、没有人情味。指出规划设计应当努力创造综合的、多功能的环境。

《马丘比丘宪章》认为经济计划与空间发展规划之间普遍存在脱节，造成人才与自然资源浪费。城市衰退成为严重的问题，城市发展混乱、人口增长导致城市的生活质量下降。在住房问题上，该宪章指出居住区的选择和设计应当重视宽容和谅解的精神，强行地区分与人类的尊严是不相容的。对于交通问题，宪章反对过于依赖小汽车的思想，认为交通策略应当优先考虑公共运输系统。

《马丘比丘宪章》认为城市与建筑设计应当重视“城市组织结构的连续性”，强调建成环境的“连续性”、“相互依赖性和相互关联性”，建筑、园林、城市应该统一，批评了《雅典宪章》以来过度重视视觉效果和单体建筑的态度，并且提出规划是动态过程，用户参与设计过程等重要理念。

另外，《马丘比丘宪章》还指出历史文化遗产的重要性，开发建设过程应当与文物遗迹保护结合起来，并且反思了工业技术发展造成的影响和环境恶化等问题。

（3）第 10 小组

国际现代建筑协会组织第 10 小组（Team10）成立于 1955 年，在《杜恩宣言》中提出了人际结合思想（human association），建议根据场所的特性研究居住问题。在对城市的理解上，借鉴了结构人类学哲学观念，提出建立（住宅、街道、地区）纵向场所层次结构，并且进一步提出簇群城市（Cluster City）理论。簇群城市的核心思想是流动、生长、变化。

流动的思想认为城市是动态的、流动的，而不是静态的。建筑群与交通系统有机结合，建筑物体现出发、停止、移动等特征。第 10 小组成员史密森夫妇（A.and P.Smithson）设想了空中街道，空中街道联结建筑物，形成高层流动通道。空中街道、建筑物构成多层立体城市。

生长的思想认为城市是连续的变化过程。如同生物体，新的东西从旧的机体中生长出来一样，规划设计和建设应当注重城市的连续性，保护有价值的东西，而不是对其进行重新组织和激烈的改造。

变化的思想体现在环境美学方面。第 10 小组提出“可改变美学”（Aesthetic of Expendability）思想。认为城市需要固定的东西，这是周期变化长能起到统一作用的点，依靠这些点人们对短暂的东西进行评价并统一。环境美应该反映出适当合理的循环变化。

根据流动、生长、变化，簇群城市具有易变、流动速度快、更新的循环周期短的特性。在形态上，沿着干茎呈现多触角型的蔓延。干茎是流动的通道，是比较固定的结构，但是也在发生缓慢的变化和更新（图 2.1–36）。

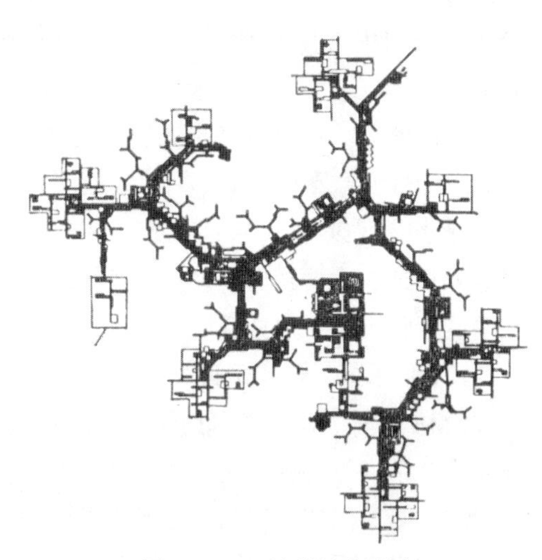

图 2.1–36　簇群城市形态

2.1.2.4　我国现代城市的发展与规划设计

1840 年鸦片战争以后，中国进入了半殖民地半封建社会，此后经过军阀大战、抗日战争、解放战争、社会主义制度建立，一直到 20 世纪 80 年代改革开放，社会主义市场经济体制的确立，在 160 年左右的时间里，中国的社会制度、阶级构成、生产方式，以及人们的文化观念发生了根本性的变化，对城市的发展也产生了深刻的影响。

（1）1949 年之前的城市发展与设计

鸦片战争以后，中国自给自足的经济体系受到冲击，大批农民破产，乡村更加衰败。根据清政府与列强签订的不平等条约，中国一些城市的性质发生改变，个别城市直接被列强所控制（如香港、澳门、青岛、威海），部分城市出现了租界（如上海、天津、汉口），还有的城市被迫成为通商口岸。这些受到外国势力控制和影响的城市地区，采取了国外一些先进的规划思想指导建设，是中国最早一批进行系统规划的城市，建筑形式和布局往往是国外流行样式的模仿，带有明显的殖民地色彩。

洋务运动以后民族工业从无到有逐渐发展起来，在交通要冲、民族资本比较集中的地区，出现了近代工业城市。大批破产农民进入城市成为产业工人。大城市与小城镇呈现两极分化的态势。大部分工业城市缺少规划，城市结构与景观风貌混乱，绿地数量少。

正是在城市发展的客观要求下，随着洋务运动、变法维新以及五四运动后中国社会对西方现代科学思想和民主文化的逐步开放接受，以建筑设计为代表的现代城市建设思想与技术体系渐渐进入中国。

19 世纪后期，钢筋混凝土为代表的新型建筑技术体系已经应用在中国沿海大城市的工业建筑中。1920 年代，中国最早的现代建筑教育、执业公司以及专业社团组织初步建立起来，南京、上海等大城市出现了大型公共建筑，这些公共建筑样式新颖、有的采用了砖石结构，代表了一定的建造技术水平，这一时期被认为是中国现代建筑的起始期。

一直到 1949 年，不同风格、不同类型的建筑风格被大量输入到中国，中国本土建筑师也进行了一些民族风格建筑实践的探索。但是，城市空间的建设缺乏系统与专业思想的指导，除了几个大城市以外，大量的城市与地区缺少总体规划与设计。

南京是“中华民国”时期的首都，中央政府对南京的城市规划和景观风貌的建设比较重视。1928 年在南京成立了国都设计技术办事处，主持编制了《首都计画》，形成了中国早期最重要的学术规划设计成果并且产生了相当大的影响。该规划将南京城市分为六大区：中央政治区、市级行政区、商业区、工业区、文教区和居住区，其中，中央政治区和市级行政区承担政治与行政管理职能，是首都规划的重点。考虑到美观、军事、历史遗产保护等因素，并且参考了美国华盛顿规划的经验，《首都计画》提出在明朝宫城以东、紫金山南麓建设新城作为中央政治区。中央政治区中广场与中央大道形成南北向的轴线。市级行政区选择在傅厚岗和五台山两处，主要是考虑到这两块地方交通方便、面积充足，而且地势较高，可以体现场所的政治性和威严庄重感。

除了分区以外，《首都计画》还包括道路系统规划。采用国际上流行的路网形式，将道路分为干道、次要道路、环城大道和林阴大道四类。其中环城大道希望利用南京古城墙，在城墙上行驶汽车，这样既可以避免交通堵塞，还可以使环城大道成为风景路。

《首都计画》是我国最早的正规城市规划文件之一，采用了欧美现代城市规划设计的基本理论和方法，对南京和其他城市的建设有重要影响。民国时期南京建成了著名的中山陵、颐和路公馆区等特色建筑群（图 2.1–37、图 2.1–38）。

（2）新中国成立以后的城市发展与设计

1949 年以后，我国的城镇建设经历了一段曲折发展的道路。在中苏友好时期，接受了苏

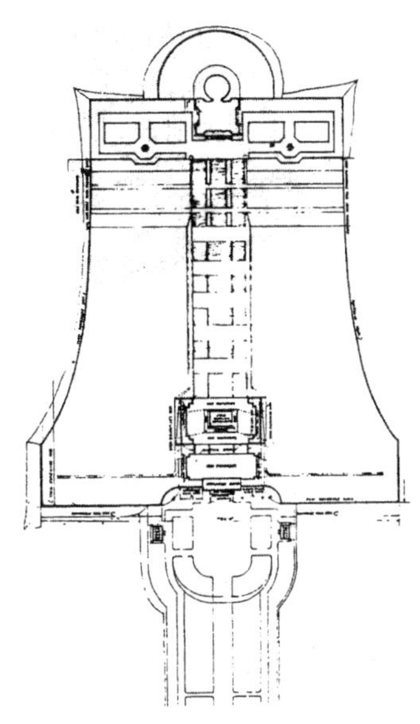

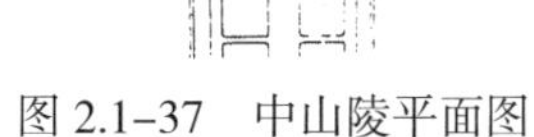
图 2.1-37　中山陵平面图

图 2.1-38　中山陵建筑

联的援助，教育体制、建筑风格、城市规划方面也基本以苏联为榜样，出现了“一边倒”局面。第一个五年计划顺利完成，重工业经济、城市特别是工业城市都有了一定的发展。1960 年代中苏关系恶化，同时我国发生了反右、整风、“大跃进”和人民公社以及 1966 年开始的“文化大革命”等一系列运动。城市的发展受到严重影响，出现了大起大落、停滞不前、甚至倒退的局面。规划设计工作也遭受了大的挫折。

直到 1970 年代末期开始实行改革开放，逐渐确立社会主义市场经济制度以来，城市的发展步入正常化轨道。1980 年代以来，我国进入快速城市化时期。据统计，1978 年我国城市为 193 个，到 2000 年城市数量增加到 663 个，城市化水平（城市人口占总人口的比例）由 1978 年的 17.9% 提高到了 31.8%。由于经济活跃地区主要在东部沿海，东部的城市化发展要快于中西部地区，区域发展不平衡，西方国家出现的城市问题和环境问题在我国都有不同程度的表现。

1990 年 4 月 1 日我国开始实施的《城市规划法》，标志着城市规划设计工作正式走入法制化轨道。该法律完整提出了城市规划的法律地位、编制依据和基本原则，以及制定与实施的制度，新区开发与旧区改建的基本原则，违法的责任义务等，对城市的有序发展起到了重要的规范作用。2007 年颁布了新版《城乡规划法》，针对新时期我国城镇化健康发展的要求，明确了城乡规划的制定、实施、修改、监督检查和法律责任等内容（详细内容见附录）。

以城市规划法的颁布为契机，同时也是在城市化大发展的客观要求下，城市规划设计的业务与相关法规建设取得了突飞猛进的发展。主要表现为以下几点趋势：

第一，建立起从区域规划、战略规划、总体规划、单项规划、详细规划、单体设计、施工设计不同层次、不同范围、不同内容和目标的规划设计体系。规划设计的技术手段越来越严密，内容比较丰富，逐渐走向完整化。

第二，从国外吸收了大量的经验，不断充实规划设计手段与体系。新的学科呼之欲出。比如城市设计、景观规划设计等，在国外已经是成熟的学科和职业，近年来被介绍入国内，将逐步发展成为新的学科。特别是1990年代以后，大量国际上先进的理论、思想、技术被引入中国，促进了我国规划设计水平的提高和行业的建设。

第三，更加重视以人类聚居环境为核心的生态环境建设，提倡人与自然的协调发展。生态主义是规划设计人员必须掌握的原则，已经渗透到规划设计的各个层面。环境法规逐渐趋向完善，执法力度逐步加强。绿地规划、风景园林建设进展很大，但是学科之间、法规之间存在隔阂，不利于生态环境建设的进一步发展。

第四，从单纯的空间论逐步走向社会物质综合环境的营建。空间本身是物质的，同时还具有精神文化的要素。我国的规划设计专业主要设置在工科，传统上重视物质空间的营造，今年来大力提倡文理工结合、多学科交叉，逐渐重视将物质空间设计和精神文化发展结合起来，彻底结束“唯空间论”的错误思想。

2.2 园林绿地规划设计

2.2.1 传统风景园林

2.2.1.1 西方园林

西方风景园林具有独特的样式风格，反映了各个时代社会统治阶层趣味的变化和时代发展的要求。西方园林的历史记录，一般始于埃及和美索布达米亚。但是其直接的起源，应当追溯到古希腊罗马时代。

（1）古代希腊罗马园林

在古希腊的克里特与迈锡尼时代，一些住宅附带有中庭（count），宏伟的宫殿往往连带着大的庭园，庭园中种植各种花果。在公元前五世纪后，随着希腊国力的日益强盛，住宅中营建庭园渐渐普及起来，除了中庭式的庭园，还始创了屋顶庭园（Adonis Garden）。另外，为了公众的集会活动，各个城市里设置了不同规格的广场。希腊城市的广场延续至罗马，并最终发展成为欧洲中世纪城市开放空间的核心。

古代罗马经济发达，有能力建造各种规模的园林。罗马园林在早期是以实用、经济为目的，包括果园、菜园和种植植物的园地，后来以观赏性、装饰性和娱乐性为主要功能的园林逐渐发展起来。

罗马住宅建筑多呈“口”字形，继承了希腊住宅常见的中庭。中庭被柱廊所环绕，又被称作“柱廊园”。在有的住宅中，庭院的性质开始分离，即由原来的一个中庭分化为两个庭园，距离入口近的中庭为第一中庭，具有迎宾接客的作用，再往里为第二中庭，作为家庭成员聚集谈话的场所。到了罗马时代后期，富裕的家族营建别墅的风气逐渐兴盛起来，根据小普林斯的记载，当时所建造的托斯克姆别墅庭园中，种植着灌木与行道树，铺着马蹄形的可用于跑战车的道路，庭园总体呈几何型布局。

哈德良山庄是著名的宫苑式罗马园林。罗马皇帝哈德良117年到138年在位。124年，他在提沃里的山坡上建造了哈德良山庄。山庄处于谷地之间，用地不规则，地形起伏大，建筑物布局随意，布局顺应自然地势，没有明确的轴线。水体是山庄的中心，水边有柱廊，柱廊与雕塑相互结合，有的柱子本身就是雕塑。

（2）中世纪的西欧园林

中世纪是基督教统治的时期，这个时期持续时间1000年左右。由于宗教势力处于统治地位,庭园风格反映宗教文化色彩。中世纪欧洲的庭园包括神职人员的寺院庭园和王侯、贵族、富裕阶层所拥有的城堡庭园，以及伊斯兰风格的园林。

· 寺院庭园

中世纪早期寺院多是有长方形大会堂的巴西里卡式寺院，建筑物前面是由连续拱廊围成的露天庭院，称为“前庭”，前庭中央一般布置有喷泉和水井，供人们进入教堂前净身用。庭院里种植药草，还有菜园、果园和花园。菜园、果园提供农业作物，是寺院的经济来源之一。花园的鲜花用于装饰教堂和祭坛。除此以外，还有供僧侣休息和思考问题的乐园（Pleasance）。乐园中一般设有喷水池,铺着草地,各个功能区由低矮灌木隔开。寺院园林具有装饰性和实用性。

· 城堡园林

中世纪时期政权分散,战争频繁,王公贵族往往修建城堡,起到军事防御的功能。11世纪,诺曼人开始在城堡内的空地上建设庭园，并且从实用性逐渐向装饰性和游乐方向发展。城堡园林布局简单，树木被修剪成为几何形，有泉池。

· 伊斯兰园林

中世纪时，欧洲伊比利亚半岛，也就是现在的西班牙境内，受到伊斯兰教的影响，出现了伊斯兰风格的园林，又称为摩尔式园林。摩尔式园林一般建造在山坡上，将坡地辟成高低错落的台地，围以高墙，形成封闭的空间，内部通过沟渠等水体分割空间。建筑物往往布置在笔直的园路尽头。

（3）文艺复兴时期的意大利园林

经历了长时间的中世纪神权统治，从14世纪开始，商品经济逐步发达，在意大利掀起了反抗神权、宣扬科学人文民主的文艺复兴运动。在美术、建筑等艺术领域，人们将目光转向古希腊罗马时代，期望从伟大的古希腊罗马时代中寻找出艺术真谛。这种风气影响到园林艺术，从而导致这时期意大利建造的别墅庭园受到古希腊罗马时代庭园风格的影响。意大利的庭园多建造在台地上，又称为台地园。这一时期有名的台地园林主要为兰特庄园、埃斯特庄园、冈贝里亚庄园等。

意大利台地园的主要特征为：强调实用功能，户外活动设施多；采用对称式布局，靠轴线组织庭园各个部分,主次分明、变化统一、比例协调,在细部精雕细刻,有古典主义美学特征。对水景的运用是意大利的庭园的一大特色。这时候的水景完全摆脱了文艺复兴之前仅仅局限于装饰效果的单一功能，喷泉、小溪、瀑布与雕塑、地形协调组合，透视法也在园林设计上有所运用，在一定程度上反映了当时工程技术等科学的进步。

（4）法国平面几何式园林

法国园林一直深受意大利文艺复兴时期园林风格的影响，直到17世纪中叶，才开始渐渐有了独特的风格——即产生了平面几何式园林。17世纪的法国园林虽然延续了意大利园林对称式的布局，但是克服了原来对称式布局所造成的单调重复的缺陷。其特点在于将园林视作建筑一个局部，创造宏伟景观。

法国平面几何式园林又被称为勒诺特尔式园林。它的产生和发展离不开法国的社会政治经济环境，其繁荣期在路易十四统治期间。路易十四是当时欧洲君主政体中最有权势的国王，提出了“君权神授”之说，自称为“太阳王”。他在位期间，古典主义文化占据统治地位。古典主义体现唯理主义哲学思想，推崇理性、合理的秩序。平面几何式园林正是这种唯理思潮的反映。

在法国园林中的代表作凡尔赛宫庭园中，宫殿的中央——即原来皇帝的寝室中存在一个视觉焦点，从这个焦点能看到整个庭园。可以说焦点成为庭园中心，焦点与从这个焦点延伸的轴线构成庭园的基本骨架。花坛、水池、道路、树木均呈几何样式布局，外形也被修剪得整整齐齐、方方正正。园林的各个部分被秩序、规则所支配。法国园林几何样式布局与焦点的控制象征着皇权的绝对权威与皇室对当时的政治秩序的追求。随着法国从 17 世纪开始成为欧洲首屈一指的强国，它的几何式园林样式随着其文化的传播影响风行全欧。

法国平面几何式园林的基本特征为：中轴线是园林的骨架，园林被控制在条理清晰、秩序严谨、等级分明的几何形网格中，完全人工化、理性化、秩序化；园林面积大，地形平坦。静态水景多，气势辽阔、深远。运河是勒诺特尔式园林不可缺少的要素。园林的整体形式是皇权至上思想的体现，是秩序性和理性的体现。

（5）英国的风景园

法国平面几何式园林是古典主义规则式园林的最高体现，17 世纪风靡了欧洲大陆，成为统治性的园林种类。由于有海峡隔断，英国受到的影响程度明显小于其他欧洲国家。相对于欧洲大陆保守的封建体制，英国的封建体制开始渐渐瓦解，君主立宪制的思潮在英国流行。上层建筑的松动创造了较为宽松的社会环境，而英国的土地丘陵起伏，气候多雨潮湿，植被生长茂盛。18 世纪英国兴起了尊重自然的思潮。人们向往田园风光，歌颂自然美的风气日盛，出现了自由式风景园林。

与规则、理性的法国园林相反，英国自由式风景园要求摒弃生硬的直线要素，大量地使用曲线，尽可能地模仿自然风景。伯利园、斯陀园、布伦海姆风景园等成为著名的自由式园林艺术作品。十八世纪后期，英国园林中融入了东方异国情调。钱伯斯（William Chambers）通过其所写的《东方园林论》（Dissertation on Criental Gardening）将中国古典园林介绍到英国。在其负责建造的丘园（Kew Garden）中营建了中国风格的建筑物，较有名的是中国塔。同时，丘园中还引入了大量国外植物，最终成为首屈一指的欧洲植物园（图 2.2-1~ 图 2.2-7）。

2.2.1.2　日本造园

日本园林既包括传统园林、历史园林，也包括运用日本传统技法，表现日本精神哲学，现在所建设的日本式园林，日本民族称为“大和”，日本园林也可以称为和式园林。建筑成为和式建筑。京都被认为是日本和式风格的集大成之地。

（1）日本传统园林的风格与演变

古代日本人崇尚自然，认为自然界的物质世界中存在着超自然的精神，同时受到中国、朝鲜半岛文化体系的影响，再加上日本列岛特定的自然环境，从而形成了别具一格的日本庭园。794 年，日本在平安京（今京都）建都，城市的建设形式、管理方式均从中国导入。平安京内出现了模仿自然、反映自然景色为主题的庭园。这些庭园建在公家的土地上，在限定的空间中浓缩了泉、池、瀑布、树木、石头、小山坡等自然要素，被称作“寝殿造”。

佛教文化从印度经过中国大陆和朝鲜半岛传入日本，与日本本土文化融为一体。在佛教

图 2.2–2　西班牙伊斯兰园林
（图片来源：Landscape design, A cultural and Architectural History）

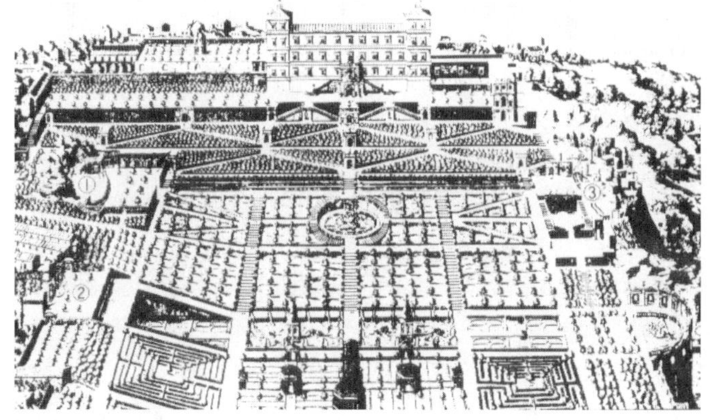

图 2.2–1　意大利台地园（左上）
（图片来源：Landscape design, A cultural and Architectural History）

图 2.2–3　版画作品中的埃斯特庄园（1571 年）（左中）

图 2.2–4　沃勒维贡特府邸花园鸟瞰（左下）
（图片来源：Landscape design, A cultural and Architectural History）

思想的影响下，平安时代后期，出现了以表现来世土地——净土为主题的庭园，这便是“净土式庭园”。较为有名的有平等院凤凰堂池庭和毛越寺庭园。

随着日本进入镰仓幕府时代，武士阶级开始抬头，佛教文化也进入了全盛时代。佛教思想与日本人所固有的崇尚自然的性格相结合，产生了日本本土的禅宗思想。禅宗思想在武士阶级中颇为流行。在他们的支持下，建造了大量的禅宗寺院。禅宗寺院内的庭园以表现禅宗思想为基本内容，同时受到中国宋朝绘画艺术的影响，从而产生了“枯山水”的庭园形式。龙安寺庭院、大德寺大仙院和西芳寺庭园均是“枯山水”的代表作。

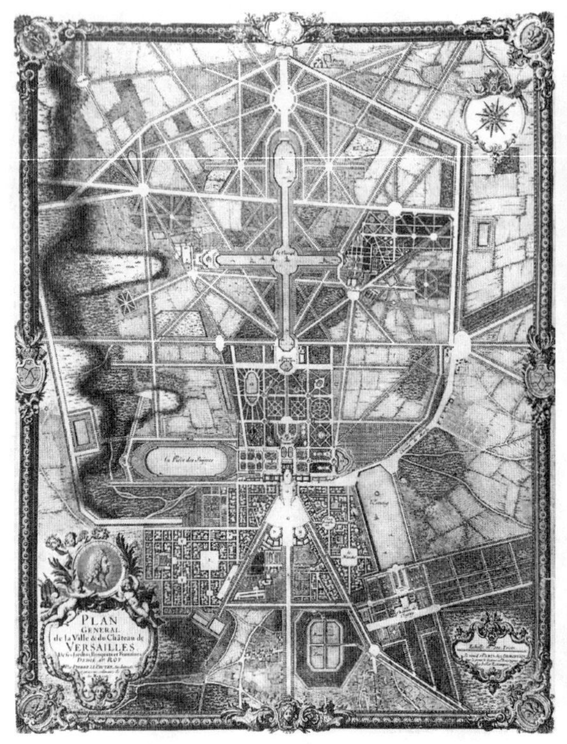

图 2.2–5　凡尔赛宫苑平面图

图 2.2–6　凡尔赛宫鸟瞰

图 2.2–7　布伦海姆风景园

（图片来源：Landscape design, A cultural and Architectural History）

德川幕府统治期间，造园的手法和意识逐渐成熟起来，出现了综合运用各种造园技术和手法的回游式庭园。封建领主的私人庭园发展很快，出现了水户偕乐园、桂离宫庭园、冈山后乐园、金泽兼六园、广岛缩景园、旧芝离宫庭园、六义园等著名的庭园。其中偕乐园、兼六园和后乐园并称日本三大名园。

日本传统庭园大都建造在城市内的寺院或者贵族的私人宅地中，由于古代日本在城市建设上没有公共绿地的营造概念与意识，因而这些庭园成为日本封建城市构造中贵重的绿地。随着封建体制的逐渐解体，一些庭园开始向市民开放，从而演变成近代城市绿地。

（2）日本传统园林景观构成的特点

根据视点的位置和移动的方向，可以将日本园林景观分为定视式、露地式和回游式三种类型。定视式是指从某一固定位置观赏庭园，注视感强烈，呈现绘画性的、静止的景观。回游式是指可以沿循环的路线观赏园内各个部分，园林对于观者本身来说呈现立体的景观构成。露地式是介于定视和回游之间，沿着固定、单一的方向移动，呈现连续的景观空间构成变化（表 2.2–1）。

（3）日本园林造景的手法

日本园林是时间和空间的艺术，反映了日本人惯有的空间意识。造景的手法主要有围合、缩景、写景、写意、象征化、借景、时间性。

· 围合

通过围合确定庭园空间的界限。大规模园林内部也需要通过围合确定不同功能的空间。

日本园林的视点与空间景观构成　　表 2.2–1

视点	园林形式	视点的位置	空间、景观构成
视点固定	定视式	固定	静止的、绘画性的
视点移动	露地式	某一方向的移动	连续性的、平面式的
	回游式	多方向的移动	连续性的、立体的、动态的

用于围合的材料有植物、垣、山体、石头、水等。在漫长的历史发展中，围合手法已经超越了单纯的隔离功能，越来越重视景观性和艺术性。比如垣，原来仅仅是隔离功能，后来发展为园林重要的艺术要素。

·缩景

在园林里模仿自然界的山、河、海、林等景观。从表面上看，是自然景色的缩小化，实际上是在有限的空间里对人、自然、宇宙之间关系的构建，并且寄托了人类对理想景观的追求。比如乱世之中人们对和平安详生活的向往、祈祷长生不老等思想形成了净土式园林和蓬莱石组等园林造型。

·写景、写意、象征

支撑缩景的技法包括写景、写意和象征三种方法。写景是对自然的单纯模仿，以逼真为目的，营造尽量接近自然的景观；写意则脱离了对自然表象的模仿，转而追求大自然的意境；象征则超越了完全自然对自然的模仿，通过抽象化手段表达某种精神境界。

·借景

借景是通过空间、视点的巧妙安排，借取园外景观，以陪衬、扩大、丰富园内景致，使园内外的景观一体化的造园手段，在中国园林中经常运用。

·季节与时间

日本园林善于通过植被搭配和色彩的处理表达对季节时间的感受。比如以深绿、翠绿、红叶、落叶代表季节的变化已经成为日式园林独特的手法（图 2.2–8~ 图 2.2–15）。

2.2.1.3　中国传统园林

我国传统园林历史悠久，源远流长。在漫长的历史发展过程中，受到地域自然条件、我国特有的哲学观念以及社会宗教礼法制度的影响，形成了与西方园林完全不同的造园理念和独特的风格。本节从历史沿革、风格特点进行阐述。

（1）中国园林的历史沿革

中国园林最早脱胎于“囿”。“囿”出现于公元前 11 世纪左右的殷末周初，主要供帝王进行狩猎活动,同时兼有游览观赏的功能。“囿”内有建筑物——“台”,用于祭祀和观察天象。文献记载的最早园林，是殷末周初殷纣王修建的沙丘苑台。到了春秋战国时期，随着商品经济逐渐发达，果蔬纳入市场交易，民间经营的园圃也普遍起来。园圃内栽培的很多食用和药用的种类成为供观赏的植物，促进了园林的形成。

秦灭六国以后，在渭河两岸建设了规模庞大的宫苑群，渭河南面建成了巨大的皇家园林——上林苑。上林苑面积广阔，除了大量的宫殿、台、馆等建筑以外，还驯养了很多供观赏和狩猎用的野兽。苑内人工开凿了许多湖泊。

图 2.2-8　京都金阁寺

图 2.2-9　京都御苑主殿

图 2.2-10　京都御苑中的水池与桥

图 2.2-11　京都龙安寺的枯山水

图 2.2-12　京都东福寺中的枯山水

图 2.2-13　日本庭园的篱笆

图 2.2–14　滨离宫中的池沼岸石

图 2.2–15　滨离宫中的松树四季常绿

西汉王朝继续扩建上林苑，具备了游憩、居住、宗教、生产、军训、休闲、狩猎等多种功能。苑内有八条天然河流，称为“关中八水”，湖泊有昆明池、影娥池、琳池、太液池等十余处。昆明池面积有 100 余公顷，兼有游览、军事和渔业生产功能。12 处宫殿建筑群分布在苑中，出现了用于观测天象的台，如灵台。

东汉时期都城转移到洛阳，城内分布了潘龙园、西园等宫苑，洛阳城外有平乐苑、广成苑等皇家园林。东汉皇家园林数量少于西汉，规模也比较小，但是比较精致，重视景观效果，游观为主要功能。汉朝小农经济和商业发达，随着民间财富的增长，私家园林有所发展。

魏、晋、南北朝时期，国家分裂，社会动荡。民间造园普遍起来，设计精致化，工程技术技能比以前成熟。皇家园林规模小但是精巧豪华。建康城内（南京）皇家园林华林园，位于当时城市中轴线的最北端，往南是宫城和御街。玄武湖的水被引入华林园，此后历代帝王修建了天渊池、景阳山和通天观。由于社会动荡、政治斗争残酷，社会上产生了大量的文人隐士。这些人擅长玄学，采取了逃避社会，寄情山水的做法，到郊外自然风景优美的地方隐居或者游离名山大川。在这种风气影响下，田园诗和山水画发展起来，表明对自然山水的审美提高到新的水平。文人隐士依山而居，在其居住的地方修建了大量的庄园别墅，这些园林往往追求宁静淡泊的意境。造园上升为艺术创造的境界。道教、佛教流行，这一时期出现了大量的寺院。唐诗"南朝四百八十寺，多少楼台烟雨中"描述了当时寺院之多的景象。寺院中几乎都建设有园林，定期举行游园活动。

隋唐时期中国复归统一，中国进入了封建社会的最鼎盛期。经济空前发达，诗歌、绘画、音乐、雕塑等文学艺术都发展到了高峰。绘画领域大为拓展，山水成为独立的画种，有了写意、工笔之分，确立了"外师造化、内法心源"的山水画创作原则。山水诗、山水游记成为重要的文学体裁，与造园艺术相互渗透。民间盛行赏花、品花的风气。这一切带动了园艺技术的发展，中国古典园林在这个背景下发展到了高峰。

隋唐时期的皇家园林包括大内御苑、行宫御苑和离宫御苑三类，数量和规模都超过了以前。大明宫是唐朝最有名的大内御苑。大明宫是相对独立的宫城，面积 32 公顷。南部为宫廷建筑区，北部为苑林，呈现宫苑分置的格局。大明宫有明显的中轴线，从南往北依次为丹凤门、含元殿、宣政殿、紫辰殿、蓬莱殿。含元殿地势最高，北部园林地势陡然下降，中间有大型池塘——太液池，池中为小山——蓬莱山，池边有拾翠殿等建筑物。

华清宫是唐朝著名的离宫御苑，位于临潼县骊山北坡，面向渭河。这里建设了完整的宫廷区，是唐玄宗长期居住、处理朝政的地方。华清宫呈现北宫南苑的格局，宫廷区中央为宫城，东西部为行政居住辅助设施，南面为园林，北面是平原。中心轴线贯穿南北。苑林区有著名的老君殿和长生殿。

唐朝经济文化发达，私家园林更加发达，文人参与造园的风气日盛，并且在园林中融入文人士大夫的审美观念和道德情操。著名诗人王维建造了辋川别业，建成了 20 个景点，为此专门写成了《辋川集》。

宋朝时期，小农经济发达，商业与手工业更加繁荣，虽然军事能力弱，但是文化艺术有了长足的进步，特别是填词、绘画方面达到了很高的成就。宋朝设置有官方的画院，山水画和花鸟画异常发达。崇尚文化艺术的社会风气影响了园林的发展。

宋朝的园林以东京汴梁、西京洛阳和临安最发达。东京汴梁是北宋时期的国都，皇家园林包括大内御苑和行宫御苑，共有 9 处。著名的有北宋初年建成的东京四苑：琼林苑、金明池宜春苑和玉津园，以及后来的延福宫等。大臣贵族的私人园林不计其数。东京的园林在造型上注重筑山、叠石，特别是大量运用了江南的太湖石。洛阳园林是中原私家园林的代表，宋人李格非所著的《洛阳名园记》中记载的园林约有 19 处，大多是在唐代园林的基础上重建和改建的，技术上更加重视花木的栽培和观赏性。

临安（杭州）是南宋的都城，宫城内有一处大内御苑——后苑。外城，特别是西湖边上分布着行宫御苑，如集芳园、聚景园、屏山园、梅冈园等。由于临安环境优美，曾经有一段相对稳定的偏安局面，私家园林比北宋时期更加发达，据记载有近百处之多，大多数集中在西湖和钱塘江边。

元朝经济停滞，文化相对保守，在园林方面建树不多。大都（北京）是元朝都城，金国大宁宫的基础上建成了宫中御苑。园林主体为太液池，池中从南往北排列三个岛屿，呈“一池三山”模式，最大的岛屿即后来的万岁山。私人园林不发达。

明朝建都南京，后迁都北京，对北京城的皇家园林进行了扩建。明朝北京的大内御苑共6处，分别为：御花园、西苑、万岁山、兔园、东苑、慈宁宫花园。慈宁宫花园和御花园位于紫禁城内。慈宁宫是皇帝后宫居住的地方，花园布局规整。御花园位于紫禁城中轴线的最北端，呈方形，面积1.2公顷，内部的格局采取左右对称式，以建筑为主。其他大内御苑分布在皇城范围内。西苑是在元朝太液池基础上进行扩建，将水面向南开拓，形成北、中、南三海的布局。东苑位于皇城东南，与西苑相对，呈前宫后苑模式，以水景和野趣为特色。万岁山又名景山，位于紫禁城以北的皇城中心轴线上，山上有百果园、各种亭子、楼阁等。万岁山建设的目的主要是出于风水的考虑，用以镇压元朝的王气，最后成为北京城中轴线上的制高点，形成了全城的视觉焦点。兔园位于西苑的西面，内有著名的大假山“兔儿山”和大明殿、鉴戒亭等建筑，总体布局规则，中轴线贯穿假山、水池和主体建筑。

清朝建立后，经过短暂的内乱，到康熙、乾隆年间，国力到达了前所未有的巅峰。清朝皇家园林追求宏大的气势，在规模和气派上超过明朝。清朝初年，由于国力有限，皇城内主要是对西苑进行了较大的改建和扩建。进入乾隆年间后，皇家园林建设达到历史上的高潮，新建、扩建的园林面积总计上千公顷。这一时期，在北京的西北郊外建成了皇家园林集群，其中圆明园、畅春园、香山静宜园、万寿山清漪园、玉泉山静明园规模宏大，称为“三山五园”，是中国皇家园林中的精品。

明清时期，农业、手工业、商业都比较发达，民间私家园林也达到了历史上的高潮。私家在江南扬州和苏州比较发达。扬州素有“扬州园林甲天下”的盛誉，园林建筑装修景致，叠山技术特别见长。乾隆年间，在长达10余公里的瘦西湖两岸建成了园林数十座，其中有所谓的“二十四景”，基本是一园一景，形成海内闻名的园林群。

同治年间以后，很多官僚、大地主、大资本家到苏州定居，深厚的文化底蕴和雄厚的经济实力结合起来，苏州很快取代扬州成为江南私家园林的中心。著名的苏州园林有留园、拙政园、网师园、狮子林、环秀山庄等，已经集体申报成为世界文化遗产。

珠江三角洲一带气候温暖湿润，唐末五代时已经有造园活动。到清朝初年，珠江三角洲一带的经济和文化逐渐发达，带动了私家园林的发展，逐渐形成了与皇家园林、江南私家园林不同的风格，称为“岭南园林”，著名的有粤中四大名园：清晖园、可园、余荫山房和梁园。

（2）中国园林的风格特点

中国传统园林经过数千年的发展，形成了成熟的造园理念和完整的技术体系。与日本园林和西方园林相比，具有独特的风格技术特点。总结如下：

· 筑山

山、水、建筑和植物被认为是中国传统园林的四大要素。中国园林非常重视山水的营造。筑山叠石是主要的造园活动，几乎所有的园林都有山石。筑山堆砌的是假山，将天然石块堆砌成假山的技术称为“叠石”。园林假山是对自然界山石的模仿，通过多样的构图和技术，将不同形状、纹理、色泽的石块堆砌成为山的各种造型：峰、峦、峭壁、崖、岭、谷等。叠石以外，还有将整块山石陈设在室外用于观赏，称为“置石”，以一两块石头作为点缀主体的，称为“特置”，所置山石称为“厅山”。还有的园林将山石镶嵌在墙壁中，宛如浮雕，形成特殊的景观。

· 理水

水是自然景观中的重要因素。从北方皇家园林到南方私家园林，无论大小，都想方设法地引水或者人工开凿水体。水体形态有动态和静态，形式布局上有集中和分散之分，其循环流动的特征符合道家主张的清静无为、阴阳和谐的意境。园林中的水体尽量模仿自然界中的溪流、瀑布、泉、河等各种形态，往往与筑山相互组合，形成山水景观。

· 植物

与法国规则式的植物不同，中国园林的植物栽培方式以自然式为主，讲究天然野趣性。具体的种植方式包括孤植、对植、丛植和群植。乔木与灌木有机结合，形成高低错落有质的搭配格局。植物搭配中比较注重色彩的变化，常绿植物和落叶植物搭配在一起，通过不同季节所呈现出来的不同色彩组合提高视觉的愉悦感。植物还往往被拟人化，被赋予不同的意境和品质。园林中很多有诗意的名称是以植物来命名的，如苏州拙政园的玉兰堂、枇杷园，随园的判花轩、寄畅园的嘉树堂、承德避暑山庄的万壑松风、梨花伴月等。

· 建筑

中国传统园林建筑基本是古典风格的建筑，追求建筑与环境的和谐统一。我国其他类型的古典建筑如宫廷建筑、陵墓、衙署、邸宅等大多是严整、对称、均衡的格局，而园林建筑往往讲究空间的通透，与植物、假山、水体形成紧密的嵌合关系，建筑融入园林整体的意境之中。在布局和形态上，讲究高低错落、回环曲折。通过与周边环境的结合，一种建筑物往往划分出不同的形态。比如廊，原来是起到人行通道和划分院落空间的作用，而园林之中的廊不仅包括光彩陆离的游廊，还有假山上曲折的爬山廊，水中的水廊等。

· 诗画情趣

文人参与造园活动，将文学和绘画的意境融入园林中，园林从纯物质空间转变为具有社会文化内涵、充满诗情画意的空间。在构图布局中，古典园林充分运用对景、借景手段，追求如同山水画一样的景观。古典园林的筑山、叠石、理水的技术中，贯穿了中国画“外师造化、内法心源”的创作原则。很多园林场景，是根据诗词和画表现的意境进行创作，追求写意和形神兼备，文学、绘画、园林三者融于一体。

· 意境升华

中国古典园林达到的高水平，使其已经超越了对大自然简单的模仿，进入了营造某种意境的境界。意境的营造不仅通过筑山理水栽种植物将大自然风景浓缩入园林环境中，还可以预先设定主题，围绕该主题进行构思和建设。意境的主题包括神话传说、奇闻逸事、丰功伟绩等。此外，中国传统园林中通过匾联等文学手段明确表达关于意境的信息，使人产生遐想和同感（图 2.2-16~图 2.2-41）。

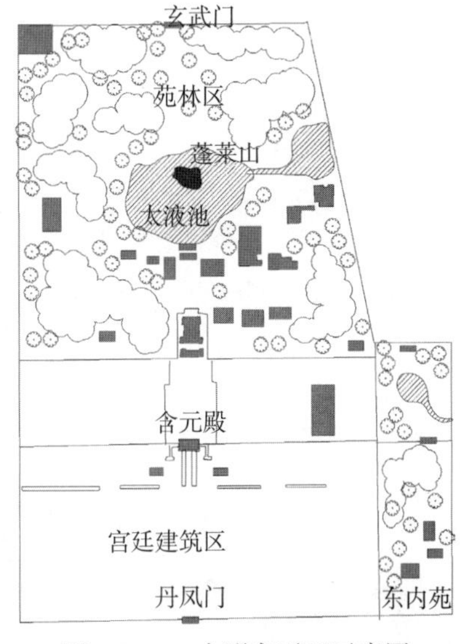

图 2.2-16　大明宫平面示意图

图 2.2-17　唐华清宫
（图片来源：清毕沅《关中胜迹图志》）

图 2.2-18　明代仇英所作的《辋川十景图卷》局部

图 2.2-19　虎丘的云岩寺塔

图 2.2-20　苏州沧浪亭

图 2.2-21　狮子林池沼

图 2.2-22　苏州狮子林

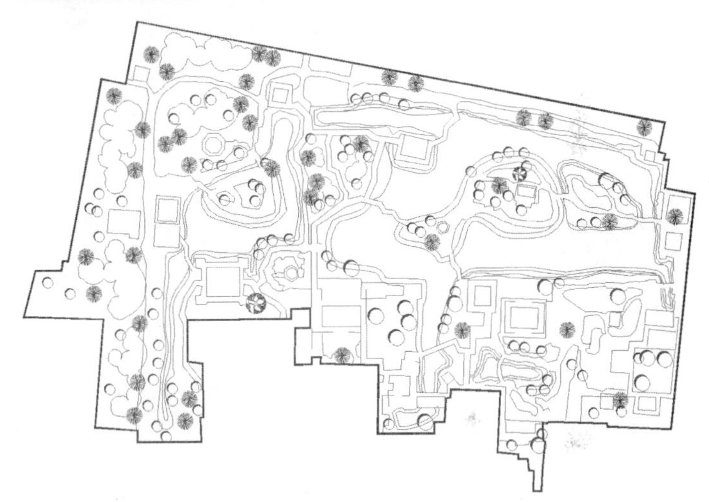
图 2.2-23　拙政园平面示意图

图 2.2-24　苏州拙政园的理水

图 2.2–25　拙政园水廊

图 2.2–26　北京西苑北海的水体

图 2.2–27　避暑山庄中的景亭建筑

图 2.2-28　承德避暑山庄中的理水

图 2.2-29　颐和园的墙壁

图 2.2-30　颐和园智慧海

图 2.2-31　寄畅园嘉树堂

图 2.2-32　留园涵碧山房与水池

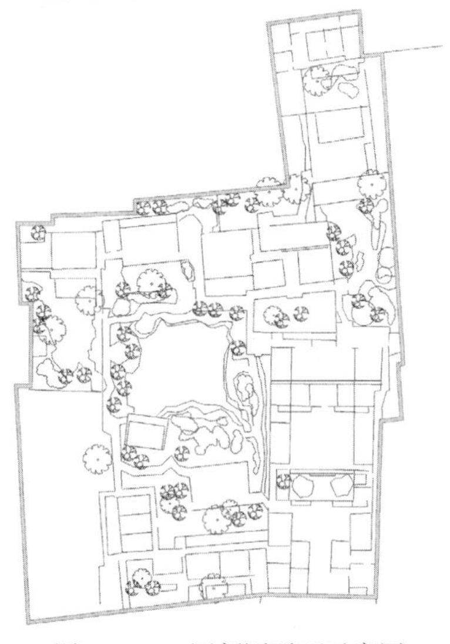

图 2.2-33　网师园平面示意图

图 2.2-34　网师园的荷花

图 2.2-35　苏州环秀山庄西楼

图 2.2-36　苏州环秀山庄的假山石桥

图 2.2-37　扬州何园环池游廊与亭

图 2.2-38　扬州片石山房的假山池沼

图 2.2-39　扬州片石山房楠木厅

图 2.2-40　扬州个园假山

图 2.2–41　南京瞻园的明代石矶假山

2.2.2　近代景观设计

2.2.2.1　欧美近代公园

（1）公园产生的背景与特点

18 世纪中期至 19 世纪上半期，英国经历了产业革命，机器大工业生产占据了国民经济的统治地位，英国成为“世界工厂”，在世界贸易中取得了中心地位。工业的快速发展导致了工业及相关产业和人口向城市的迅速聚集。全国范围内的城市化发展很快，农村人口大量向城市聚集，而城市中原来的基础设施严重不足，从而造成了住宅不足、居民区人口密度过大、城市卫生状况特别是贫民居住区环境恶化等一系列问题的产生。在 1832 年英国霍乱大流行后，当局迫于社会舆论开始着手改善城市环境。在英国出现的城市问题、环境问题，随着工业化进程的加快蔓延到其他国家地区，演变为国际性的环境危机。近代的公园绿地正是在这样的背景下产生的。

与传统园林相比，近代公园绿地具有以下特点：第一，传统园林由皇室与封建贵族所建，仅仅供皇室与贵族使用，而城市公园大部分由地区政府投资开发，面向社会全体大众开放，具有真实意义上的公共性。第二，传统园林的功能在于提供贵族阶级娱乐的场所，公园则是顺应社会上改善城市卫生环境的要求而建造的，因此，城市公园具有生态、休闲娱乐、创造良好居住与工作环境的功能，并且通过对工人居住区环境的改善，在一定程度上缓和了城市社会矛盾和人们的工作压力。第三，公园为人们提供周末、节假日休息所需要的优美环境和活动服务设施，为了方便管理和交通便利，采用了大量的现代设计原则。

（2）欧洲近代公园

摄政公园（Regent park）位于伦敦市区外围的避暑胜地玛利尔本（Marylebone），于 1838 年开放，是工业革命后英国修建的最早的城市公园之一。建筑师纳森（John Nash）负责公园的设计与建造。他在公园设计中注重贯穿英国自由式风景园的风格，配置了大面积水面、林荫道、开阔草地。纳森在公园周围设计了住宅，通过景观视觉廊道的控制使每栋建筑物均可以看到公园。摄政公园的建设首次考虑了周边和伦敦市区环境的改造，它的成功使人们认识到将公园与居住区联合开发不仅可以提高环境质量与居住品质，还能够取得经济效益。摄政公园之后，英国还建设了伯肯黑德公园。这两座公园共同成为近代城市公园的典范，为公园的规划与建设带来了新的视点。

19 世纪中期，法国巴黎同样面临着工业化与城市化带来的环境危机。1853 年巴黎行政长官的豪斯曼（George E. Haussman）着手对市区进行改造，新建了城市道路网，改善城市基础设施，并且建设了一批公园。

豪斯曼在巴黎城市两侧先后建造了两个森林公园：布洛尼林苑（Bois De Boulogne）和文塞娜林苑(Bois De Vincennes)。这两处森林公园本来是王室的财产,是传统规则式的法国园林,由于法国社会动荡不安，常年荒芜，仅仅剩下单调的树林与园路。豪斯曼的巴黎改建开始后，阿勒芳出任总设计师对布洛尼林苑进行全面改造。他根据法国皇帝拿破仑三世的思路，种植了大量新的乔木灌木，将原来呈直线型的园路改成曲线型，修建了动物园，引塞纳河水在公园里建造出人工湖，设置了供人们休息用的座椅，林苑面积达到 850 公顷。

与此同时，巴黎市区内其他地方也建造了一些近代公园，其中毛索公园位于西部，面积 8.2 公顷；伯狄乔门特公园（Buttes Chaumont）本来为采石场，阿勒芳将其改建成具有丘陵景观特色的公园，面积 24.7 公顷；门斯利公园（Monsouris Park）位于城南，面积 15.4 公顷。处了这些公园以外，巴黎还规划建设了世界上第一条林荫道——福煦林荫大道。

（3）美国近代公园

19 世纪中叶，美国人口增加、工业发展，城市面临严重的环境问题，提倡建设城市公园的呼声日益升高。在奥姆斯特德等人的领导下，美国大陆形成了声势浩大、席卷全国的城市公园运动。这场运动中，不仅建设了大量的公园绿地，从根本上改善了城市环境，更重要的是美国各个城市逐渐形成了现代城市不可缺少的公园绿地系统，为二十世纪人居环境的建设提供了新的榜样。

纽约中央公园是美国第一座近代城市公园，也是公园运动的起点。1851 年，纽约市决定建造中央公园，并且通过了配套的公园法。1857 年向社会公开征集设计方案。奥姆斯特德（Frederick Law Olmsted）与沃克斯（Vaux）的第 33 号方案——“绿色草原”（Greensward Plan）”被审查委员会选中。根据这个方案建造的中央公园，水体、草地、道路均采用自然风景式，里面配置了很多供市民游乐的设施，并且采取了人车分流的交通方式。在此之后，美国相继建造了布洛斯派克公园、加菲尔德公园等近现代公园，均采用了这样的设计风格（图 2.2-42~ 图 2.2-48）。

2.2.2.2 日本近现代景观设计

日本第一个城市公园是 1876 年开放的上野公园，其建设目的是保护上野山自然文化资源和为东京都居民提供休闲用地。而最早采用西方现代公园手法设计和施工的大型综合性公园是日比谷公园,该公园以欧美近代公园为范本,融合了日本传统庭园的手法,强调装饰效果,对后来的日本城市公园风格产生了重要影响。除此之外,还有作为通商口岸开放的横滨（1859 年开港），曾经设置外国人专用游园地，后来发展成为山下公园和横滨公园。

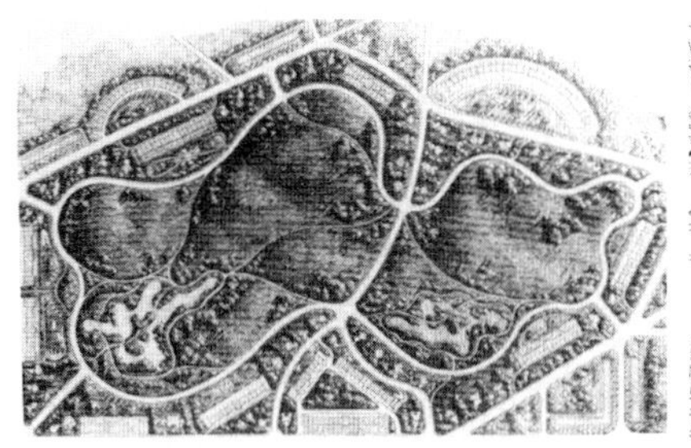

图 2.2–42　伯肯黑德公园平面

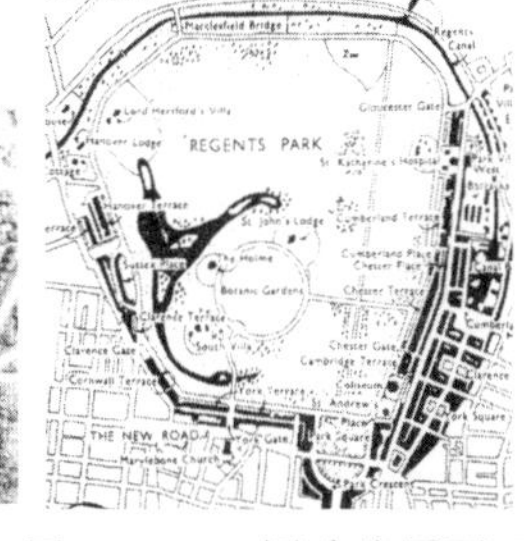

图 2.2–43　摄政公园平面

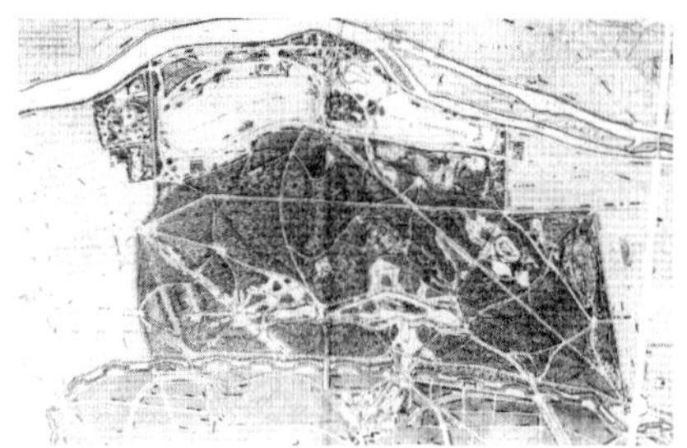

图 2.2–44　布洛尼林苑

图 2.2–45　伯狄乔门特公园的丘陵景观

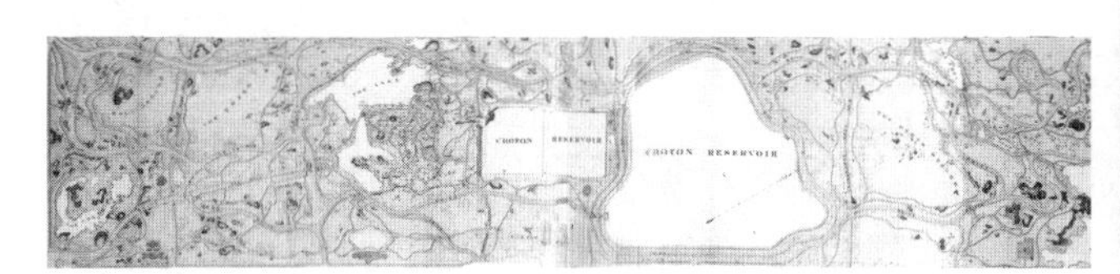

图 2.2–47　“绿色草原”方案

图 2.2–46　福煦林荫大道

此后日本的公园设计一直延续了西方现代园林的设计风格，规模大的在局部往往设置日式园林，如大清水公园、新宿御苑。随着城市化和经济的发展，环境日益受到破坏，人类生存压力倍增。在这样的背景下，景观设计出现了新的趋势。

图 2.2–48　布洛斯派克公园平面

第一，景观设计与城市设计相互结合。在城市设计的节点或者轴线上，往往布置广场、公园等开敞空间，通过对这些道开敞空间的景观设计，提升设计区域的整体环境品质，促进人的交流和互动，形成城市生态基本结构。如筑波学园都市中心广场、筑波中心景观轴线、千叶新城的公园路等。

第二，在旧城改造中，出现了规模巨大的城市综合体。这种城市综合体集交通、休闲、娱乐、商业、办公于一体，往往成为城市人流的聚集点。由于具有城市标志性作用、人流巨大、商业效益高，城市综合体非常注重建筑设计与景观设计的融合。大阪难波公园、东京中城、六本木森大厦是代表性的综合体景观设计项目。

第三，公园规划设计注重防灾避险功能。日本处于地震多发地带，自从关东大地震以后，公园绿地系统规划开始考虑到防灾减灾因素。公园作为防灾避险基地，按照等级设置消防和灾难仓库，成为地震后的救援物资配给、保管场所。同时，公园内设置救护基地，向受灾者提供各类生活信息和咨询服务，由于空间开阔，成为受灾者相互交换信息和聚会的场所。在公园内和公园路上设置了给水设备，以防止由于水道损坏造成生活用水供应中断。为了增加可达性，更加充分地发挥防灾效果，按照服务半径尽量均衡地配置公园，通过绿道、公园分隔建筑密度高的街区。绿道的功能也体现为避险道路。

第四，景观设计与史迹保护相互结合。史迹的保护往往不能够局限于建筑遗迹的保护，而是应该着眼于历史街道的格局与空间形式、建筑与绿地的关系、历史建筑的形态颜色和质地、周围环境的关系以及历史上的功能。而对于整体历史环境的保护往往从景观控制制度入手，如高山阵屋整体街区保护、京都崛川的景观再生等。

第五，景观设计更加注重生态恢复。通过有意识的公园路、绿地、水体的布局，形成生态廊道和生态基地。在驳岸河流的景观设计中，通过湿地、水生植物的搭配，达到水体净化、生态恢复和物种保护的目标。公共开敞空间尽可能地增加水景与植被，形成兼具生态和休闲功能的场所（图 2.2–49~ 图 2.2–65）。

图 2.2–49　横滨山手公园

图 2.2–50　大阪难波公园（一）

图 2.2–51　大阪难波公园（二）

图 2.2–52　大阪难波公园（三）

图 2.2-53　东京中城景观（一）

图 2.2-54　东京中城景观（二）

图 2.2-55　东京中城景观（三）

图 2.2-56　六本木森大厦综合体外观

图 2.2-57　六本木森大厦综合体空中走廊

图 2.2-58　六本木森大厦综合体屋顶西洋花园

图 2.2-59　六本木森大厦综合体主要雕塑

图 2.2-60　大阪城的历史景观

图 2.2-61　崛川的景观再生

图 2.2-62　高山阵屋历史街区的河道

图 2.2-63　高山阵屋历史街区的商店建筑

图 2.2-64　淡路岛梦舞台的台层绿化

图 2.2–65　滋贺美术馆的入口隧道景观

2.3　我国城市景观设计的当代课题

2.3.1　环境危机与可持续发展

2.3.1.1　资源短缺与环境危机

世界人口已经突破 60 亿，目前仍在增长。预计到 2050 年，世界人口会再增加一半，达到 93 亿。人口增长的主要是发展中国家，特别是最不发达国家。人口增长不仅促使发达国家与发展中国家贫富分化日益严重，还导致人均资源短缺。产业革命后，农耕文明社会向工业文明社会转化，随着生产力不断提高，各类生产活动的物质消费也在不断增加。大量的不可再生资源因为过度的开采利用，储量迅速降低。以水资源为例，全球能够开采利用的淡水资源只有地球总水量的 0.2%，20 世纪全球工业用水量增加了 20 倍，农业用水量增长了 7 倍，人均水资源拥有量急剧下降。工业生产与人口增加排放的污水已经污染了世界上 40% 的河流流量。世界水资源短缺正在面临着逐步恶化的趋势。

资源短缺仅仅是环境危机的一个方面。由于人类无节制地向大自然索取，自然环境面临严重的危机。20 世纪末，日本环境厅曾总结了绵延世界的 9 大环境危机，依次为：

温室效应

大气中的二氧化碳浓度增加，破坏大气层与地面间红外线辐射正常关系，吸收地球释放出来的红外线辐射，阻止地球热量的散失，促使地球气温升高。温室效应会导致海平面升高，对气候、生态系统和人类生活产生不可估量的影响。

臭氧层破坏

臭氧层能够吸收来自太阳的大部分紫外线，保护人类不受紫外线损伤。然而人类社会活动释放的物质严重地破坏了臭氧层。导致到达地表紫外线增加。

酸雨

工业活动排出的酸性物质在空气中形成酸雨，酸雨能够随大气气流大范围移动，北欧的湖泊、德国和东欧的森林都受到过酸雨的危害。

森林、热带雨林的破坏

森林，特别是热带雨林，具有丰富的生物种类，是全球生物多样保护的基地和稳定全球气候的重要因素。过度的开发、采伐等活动导致森林面积迅速减少，引起全球气候变化和物种失衡。

野生动植物种类的减少

因为人类影响，野生动植物生存环境恶化，物种急剧减少，生态系统失衡。

海洋污染

污染物从陆地排放入海洋，海底油田开发，大型油轮事故，不同程度地加剧了海洋污染。海洋污染对地球总体水和大气循环造成负面影响。

沙漠化

气候干燥、温度上升导致土地沙漠化。人类活动，如过度放牧、伐木加剧了沙漠化过程。沙漠化破坏人类社会的基本生产活动和生存环境。

有害废弃物的移动

跨国企业通过产业转移，将有害废弃物从处理费用高、控制严格的国家地区转向处理费用低、控制不严格的国家地区排放。接受国往往缺少处理的能力，造成对本地居民和生态系统的影响。

发展中国家和地区的公害问题

发展中国家由于人口增长快，产业层次低，环境设施落后，容易产生公害问题。由于对经济增长的追求以及在国际经济贸易体系中处于不利地位，发展中国家的公害问题目前难以得到妥善解决。

2.3.1.2 可持续发展（sustainable development）概念的成立与发展

（1）《人类环境宣言》与《世界环境保护战略》

20 世纪 70 年代联合国等国际组织首先从环境保护的角度进行可持续发展的探索。1972 年 6 月 5 日在瑞典首都斯德哥尔摩召开了联合国人类环境会议，来自 113 个国家的代表聚集一起，第一次讨论全球环境问题及人类对于环境的权利与义务。大会通过了划时代的历史性文献——《人类环境宣言》，该宣言声明：人类有权享有良好的环境，也有责任为子孙后代保护和改善环境；各国有责任保证不损害其他国家的环境；环境政策应当增进发展中国家的发展潜力等。1980 年国际自然保护协会与联合国环境计划署发表了《世界环境保护战略》（World Conservation Strategy）。报告中明确了环境保护和发展的概念与关系，指出发展是“为了改善人类生活，对人、财政、生物和非生物等资源的利用活动”，保护则是指为了满足人类社会持续发展的要求，维持土地生产潜力（potential），对自然界的开发利用所采取的控制行为。可持续发展实际上统合了保护与发展的概念，是更加重视生态因素的发展观念。

（2）《我们共同的未来》（1987 年）

1987 年联合国特别委员会发表了《我们共同的未来》（Our Common Future）报告，强调了环境保护对经济和社会的重要性。报告认为“环境退化会影响经济和社会发展”，开发活动如果破坏了环境资源的可持续能力，会导致生态灾难，而生态灾难是发展中国家贫困的主要因素之一。针对“经济活动—环境破坏—生态灾难—经济后退”的恶性循环，提出了“人口抑制—可持续的开发—摆脱贫困—环境保护”的发展模式。报告认为：经济、环境与社会的发展是密不可分的，可持续发展是以保障环境可持续能力为基础的经济增长方式，而社会的发展和社会公平是可持续发展的根本保证。

（3）《可持续社会发展战略》（1991 年）

1991 年，国际自然保护同盟公布了《可持续社会发展战略》（A Strategy for Sustainable Living），确定了实现可持续的生活方式的战略措施。该战略应该重视以生态性的生活方式为中心的环境伦理、行动方式、社会与经济结构，提出了以下几个原则：

①尊重生命共同体

②改善人类生活质量

③保护生物多样性和地球生命力

④改变个人生活态度和习惯等

⑤不超过地球承载力

（4）《21 世纪议程》与《生物多样性条约》（1992 年）

1992 年，联合国环境与发展大会通过了《21 世纪议程》，确立了环境和发展的综合目标和途径。《21 世纪议程》要求建立全球伙伴关系，变革现行的生产和消费模式，最少限度地消耗自然资源，实现经济、社会、环境的可持续发展。

《21 世纪议程》是内容广泛的行动纲领，较为系统地阐述了实现可持续发展目标的手段和措施。整个内容共分为四个部分，第一部分为社会经济的可持续发展，包括加速发展中国家可持续发展的国际合作、消除贫穷、改变消费形态、人口动态与可持续能力、保护与增进人类健康、促进人类住区可持续发展、将环境与发展问题纳入决策过程等八个子内容；第二部分为资源的保护和管理，包含保护大气层、陆地资源的统筹规划与管理方法、脆弱生态系统管理、禁止砍伐森林、促进可持续的农业与农村发展、生物多样性等内容；第三部分为社会团体和组织在可持续发展中的作用；第四部分为实施措施，包括财政、教育、国际体制的安排等。《21 世纪议程》对每个具体的内容都从行动依据、目标、活动和实施手段四个层次进行具体阐述，并且要求各国制订和组织实施相应的可持续发展战略、计划和政策，以迎接人类社会所面临的挑战。

（5）《中国 21 世纪议程》（1994 年）

1992 年联合国公布《21 世纪议程》后，中国政府在联合国开发计划署帮助下，迅速组织编制了相应的《中国 21 世纪议程——中国 21 世纪人口、环境与发展白皮书》。《中国 21 世纪议程》作为我国国民经济和社会发展中长期计划的一个指导性文件，从我国的基本国情出发，阐明了我国可持续发展战略目标、方针、措施和基本内容。《中国 21 世纪议程》共分为四个部分：

第一部分，可持续发展总体战略与政策。包括战略的背景和必要性、战略目标、战略重点和重大行动，可持续发展的立法和实施，相关经济政策，参与国际环境与发展领域合作的原则立场和主要行动领域。

第二部分，社会可持续发展。包括人口、消费与社会服务，消除贫困，卫生与健康、人类住区和防灾减灾等。提出实行计划生育、控制人口数量和提高人口素质。引导建立可持续消费模式，大力发展社会服务与第三产业。强调尽快消除贫困；提高中国人民的卫生和健康水平以迎接城市卫生挑战；完善住区功能，改善住区环境，向所有人提供适当住房，正确引导城市化。

第三部分，经济可持续发展。包括可持续发展的经济政策、农业与农村经济的可持续发展、工业与交通、通信业的可持续发展、可持续能源和生产消费等部分，指出经济快速增长是消除贫困、提高人民生活水平、增强综合国力的必要条件。

第四部分，资源的合理利用与保护。包括自然资源保护与可持续利用、生物多样性保护、荒漠化防治、保护大气层、固体废物无害化管理等。

2.3.2 信息化时代的来临

2.3.2.1 数字地球、数字城市

二次世界大战后信息技术的发展日新月异，对社会产生深远的影响。人类社会进入所谓的“信息时代”。数字地球是人类社会信息化发展过程中的重要概念和基本目标。通过信息网络，人们能够任意造访地球上的某一地区，链接、调用大量的地理信息，使整个地球处于信息网之中。将地球上的信息数字化、标准化、智能化、网络化，成为人们可以共享的数据库，这就是“数字地球（Digital Earth）”思想。数字地球的概念最先由美国副总统戈尔于 1998 年在美国加利福尼亚科学中心演讲时提出，其实质是以地球为对象，以地理坐标为依据，具有多分辨率、海量和多种数据的融合，具有空间化、数字化、网络化、智能化和可视化特征的虚拟地球，是由计算机、数据库和通讯应用网络进行管理的应用系统（江绵康，2003）。数字地球包括数据获取与更新体系、数据处理与存储体系、信息提取与分析体系、数据与信息传播体系、数据库体、网络体系、专用软件体系等。

“数字地球”是全球最大的信息化发展战略，在此基础上，很多国家和地区提出了具体的数字化战略。其中，“数字城市”战略成为我国城市现代化发展过程中一个非常重要的计划。所谓数字城市，是充分利用数字化信息处理技术和通信网络技术，将城市的信息资源加以整合利用。数字城市再现物质城市，是物质城市在数字化网络空间的再现和反映。数字城市具有全面模拟和仿真物质城市以及网络化、智能化、互动等超越物质城市的特征。一个网络化、信息化、数字化和虚拟化的数字城市是城市信息化发展阶段的历史必然（郝力）。

数字城市的主要应用领域为：

信息的调查

城市信息复杂而且数量巨大，变化快。原来的记录手段效率低、更新慢，难以适应城市发展中对信息的需求。数字化极大地提高信息调查的效率和质量。调查的内容包括土地利用状况、建筑类型和位置、植物覆盖面积、大气环境质量、交通状况、地下网管等。

信息的整合与分析

数字城市将各类信息整合在数据库中，并通过统一的数据标准和技术规范建立转换机制，使得各类数据格式可以互相支持。软件企业开发出大量的空间信息处理软件，能够对城市信息数据库内的数据进行处理，进行定性和定量分析，并且辅助管理人员进行决策。

管理自动化

通过信息系统平台，大力推进行政管理办公自动化，提高城市行政的效率。网上办公可以大大简化行政手续，提高政策与行政透明度。

虚拟现实（Virtual Reality）

通过三维仿真技术塑造虚拟物质世界，但是不仅仅简单地停留在提供三维立体视觉，而是着眼于建立包容海量信息的多维化信息空间，可以使人们进出、操纵、互动、交流。虚拟现实具备建模功能、浏览功能和实时操纵及交互功能（郭薇等，2002）。

辅助规划设计

城市的各种规划设计均需要不同尺度、不同性质的基础信息。比如交通规划需要道路现状资料、预测交通流量，绿地系统规划需要对掌握城市绿化状况，大型公共场馆建设需要了解地质、土壤、周围用地性质等，数字城市能够解决规划设计对各类数据的需求，提高规划设计效率，甚至能够对规划设计基本观念产生影响。

2.3.2.2　3S 系统集成技术

CAD 技术可以提供便捷和精确的概念表述方法，但是该技术无法为景观规划师提供从空间信息采集、分析、处理到管理、储存、更新，以及景观成像上连贯的并且有相互兼容的一系列功能。近年来，以 3S 技术为代表的空间信息系统集成技术的发展，改变了原来单纯依靠 CAD 系统进行电脑制图的传统设计方法，其所提供的强大的空间信息采集、处理和模拟成像能力为数字地球的实现提供了现实途径，深刻影响景观规划设计的基础手段。

3S 是 GPS（全球定位系统）、RS（遥感）、GIS（地理信息系统）的统称。GPS 是 Global Positionning System 的缩写，即全球定位系统。国际上普遍使用的是由美国政府所主导运用的卫星测位系统。该系统由距离地面 20,200 公里的 24 颗卫星组成测地网络，对地表面任何一点、线、多边形都可以进行全天候、高精度的定位、定性和定时。定位是通过三维坐标系统进行的。在定位的同时，通过地面的 GPS 信号接收器，记载物体的基本属性和测量时间，进行定性和定时，并且将其和位置信息转换成数字式信息进行存储和输出。GPS 产品的低成本化使其用途愈来愈广泛，在地质、地理、生物等自然科学和城市规划与建设、军事、灾害监视、农业甚至考古学方面应用前景广阔，正逐步发展成为对景观物质客体对象的位置、形状和基本属性的主要测量与记录手段之一。

遥感技术利用物体具有的发射、反射与吸收电磁波的特性探测物体的质地和空间形状。早期的遥感探测主要是通过航空摄影来探测物体，20 世纪 60 年代后，随着人造卫星技术的迅速发展，用于遥感探测的电磁波波段范围不断扩大，即从原来较单调的宽波段向微波、多波段扩展。遥感技术已经具备全天候对地实时高精度监测的功能。与 GPS 相互结合可以更加全面准确地把握地表景观的状态，并且为地理信息系统提供信息源。GIS 作为空间数据库管理系统，能够保存、管理从 GPS、RS 以及其他渠道获得的景观物质客体的空间与属性数据（空间数据包括矢量数据和栅格数据），通过叠加、邻近、网络分析认识和评价客体景观状态和景观作用过程的规律，预测景观发展变化和影响，数字模拟和展示虚拟景观（图 2.3–1）。

2.3.2.3　我国空间信息科学的发展战略

继美国提出“数字地球”概念后，我国启动了“数字中国”的发展战略。“数字中国”

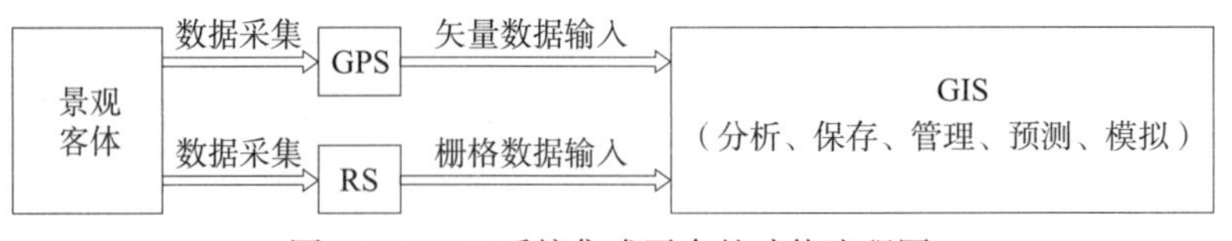

图 2.3–1　3S 系统集成平台的功能流程图

是我国地理空间的信息化和数字化，是在统一的规范和标准框架基础上，以信息高速公路（CNII）和国家空间数据基础设施（NSII）为主体，全面反映我国自然、社会、历史状况的信息系统体系。“数字中国”是我国中长期空间信息科学发展的战略目标。

国家空间数据基础设施是“数字中国”的基础，也是现阶段我国信息化发展的主要内容。当前国家空间数据基础设施的建设主要包括以下四个部分：

第一，多维动态的地理空间框架数据建设

地理空间框架数据包括数字正射影像、数字高程模型、交通、水系、行政境界、公共地籍等空间基础数据等。迄今为止生产和应用的空间数据基本是二维（包括 2.5 维）的，这类数据难以真正表达实体空间状态和时序变化关系。多维动态的空间数据建设是未来数据整治的主体。

第二，整合时空参考框架体系

景观要素与现象的分布和位置与平面基准、高程基准和重力基准相关。由于基准点和控制网的变化，我国历史上不同地区使用了多种地理坐标和高程系统（如平面 54 坐标系、80 坐标系，黄海 56 高程系和 85 高程系等）。多种坐标系的共存不利于数据的交换和广泛应用。因此，应着手建立统一的空间参考框架体系和便利的坐标转换平台

第三，建立空间数据分发的体系

当前我国普通用户获取空间数据的能力普遍不足。应当大力加强数据分发的机构体系，提高数据运营商的服务水平。数据分发必须建立在高性能的能够进行大容量数据交换传输的网络系统基础上，同时满足 4 个功能：引导功能（利用元数据指引用户寻找需要的数据）；浏览功能（满足普通用户对地理信息进行网络浏览的基本需要）；下载功能（在一定权限下下载，同时提供技术支持）；互动功能（用户与数据服务商的相互交流平台）。

第四，空间数据交换标准以及空间数据交换网站。

空间数据不仅需要全社会共享，由于关系到国土安全的问题，需要制定切实可行兼顾保密的数据交换标准。在空间数据基础设施建设中，当前我国正在致力于建立数据交易合同制度、用户反馈机制、应用追踪机制以及数据交换的协议和安全标准等。

2.3.2.4　空间信息技术在景观研究和设计上的应用

空间信息技术大量应用于我国的电子政务。电子政务是利用信息网络技术为政务服务，西方称为“电子政府”。我国各级政府机构部门大多建立起了网上政务处理和信息发布平台，融合 3S 技术的电子政务系统能够不仅提高规划管理和建设管理的行政运作效率和水平，还节约了资源成本。1995 年我国成立国家基础地理信息中心，开始建设国家地图数据库、遥感影像库、大地数据库、专题数据库和测绘资料档案馆，目前已经完成 1:100 万和 1:25 万地图数据库（包括地名、地形、高程 3 类数据）建设，正在进行基于遥感影像的国家级 1:5 万和

省级 1:1 万空间数据库建设。空间数据库的建设为景观分析和规划、城市规划提供更加精确和方便的数据资料。

GIS 的土地评价、可达性分析、模拟演示以及数据库管理等功能，已经成为城市规划管理和公园绿地分析和规划的基础性手段。王建国等基于 GIS 平台对南京城市景观进行了分析。藤田（Fujita H）从历史遗迹公园数据管理和规划方面探讨了 GIS 系统搭建的方法目的、分析操作过程和效果。

空间信息技术大量应用在绿地的监测与分析上。绿地规划过程中采用 RS 和 GIS 技术，能够极大地提高监测的精确性、准确性和过程效率。铃木（Suzuki M）较为系统地探讨了绿地规划过程中应用遥感（RS）、全球定位（GPS）、GIS 复合技术的概念和方法，包括公园规划管理和景观模拟，运用 GPS 对植被、道路、建筑物进行定位和属性信息输入，在 GIS 平台上与遥感图像进行叠加分析，进行生物空间的分布、变化分析，通过定性定量分析对城市化过程中的绿地变化特征进行把握。电脑成像技术（Computer Graphics）的发展能够对植物、地形、建筑物等景观要素进行精确模拟，有助于规划意图的表达和方案的比较。

我国一些地区利用遥感技术对绿地现状进行了调查。白林波等在 GIS 平台上利用航空照片、地形图对合肥绿地现状进行分析。在广州绿地系统规划编制工作中，利用 Landsat 卫星的 TM 数据和 Spot 卫星的 HRV 数据，提取了绿地现状信息，对绿地面积进行分类统计，并且进行了热场和热岛效应分析，为规划总体目标和措施提供依据。

生态效益评价是绿地规划的基础依据之一，我国尚未建立起综合性的生态效益分析评价技术体系。生态系统分析（UEA）是生态效益评价的 GIS 技术，能够对绿地规划和管理提供决策支持。韩红霞等介绍了 UEA 的基本步骤，包括确定植被覆盖和用地状态、绘制生态结构图、选择样地、野外调查、局地分析、评价树木经济价值、热岛效应分析和节能。UEA 在国内一些地区有所运用。

2.3.2.5 空间信息科学的发展对景观设计的影响

空间信息技术在景观规划设计领域中的应用内容基本上局限在遥感监测、空间分析和数据调用。随着空间信息科学技术的进步，技术更新和数据成本呈现低廉化和普及趋势，将更多地应用于规划设计领域，其主要影响集中在以下几个方面：

（1）基础数据的质量变化

景观规划设计中使用大量的基础数据。基础数据包括社会、人文、历史、古迹、水文、地质、地形、土壤、气候、植被等多源、多时空、多尺度的数据。通过数字化手段，大量基础数据以电子信息形式储存在数据库中，规划设计人员可以根据需要调用，大大避免了原先手工收集信息方式的繁复。在 GIS 和空间分析软件中，通过对不同时段的资料进行比较分析，有利于规划设计师更准确地掌握基地的现状状态，取得更加合理的设计效果。

但是，数据量大并不意味有效数据多，人们在面临海量数据的同时往往会感到信息匮乏，其原因在于异质异构数据难以融合。通过加强数据库的整合、多类型数据的一体化存储技术和图文一体化管理技术，可以大大增强数据有效性。基础数据质与量的变化能够极大地提高设计人员对空间的认知深度和广度。

（2）作业过程一体化

景观的分析、规划、设计、管理是连续互动的过程，不同性质的团队的参与和协同作业尤为重要。作业过程一体化是提高工作效率、转变各个团队工作方式的关键。地理信息软件功能的不断集成推动了一体化作业的发展。1960年代中期发展起来的第一代GIS软件是单机、集中式处理，数据获取手段单一，通过文件系统管理数据库，已经具备了采集和管理空间数据的单机一体化特点。1980年代末期发展起来的第二代GIS软件建立在个人计算机技术逐渐成熟的基础上，随着网络技术的普及，数据处理由集中式转向分布式，系统结构也从主机依赖型向客户/服务器型转化。尽管分布式结构比较简单，但是多机共同作业和共享数据库的出现奠定作业一体化的发展基础。1990年中期第三代GIS软件采取组件化结构，综合了遥感和全球定位技术，二次开发和数据集成能力更加强大，多级服务器、多机协同工作、超大型应用系统的出现以及不断强化的兼容性（与CAD、EXCEL和图像格式等）在数据采集、管理、分析和设计过程真正实现了一体化。

（3）设计方法自动化

空间信息技术的发展必然带来设计方法的自动化。设计方法自动化包括办公流程自动化、数据采集自动化、输入输出自动化、分析自动化、管理自动化。网络技术、多机协同工作方式和软件的无缝式设计将提高设计团队工作流程的效率。GPS和RS逐渐取代传统纸质地图成为新的空间数据源。GPS采集空间数据日益精确、RS对地表环境的多时相、全天候、实时监测、地图数据的电子化等推动数据采集的自动化。输入输出自动化不仅基于硬件接口设备技术的成熟，对多源异质异构数据的整合和共享数据库的开发应用以及国家间数据标准协议的确定，更加有利于数据传输和应用。GIS由单机软件走向系统化、集成化和智能化，必然促进分析和管理自动化的发展。

（4）辅助设计决策

从第二代GIS软件开始，智能化成为GIS的发展方向和重要特征。正在发展中的第四代GIS软件技术，将高度智能化定位于终极发展目标之一。辅助决策支持是智能化的最高级别应用。GIS通过数据挖掘、专家系统的建立、方案选择、最优方案评价等一系列过程为设计师提供智力和知识支持，在辅助决策方面将发挥越来越大的作用。

（5）促进公众参与

公众参与是决策民主化的重要体现。如果规划结果对公众影响大的话，需要实行方案公示，听取公众意见。由于公众数量的庞大，传统的方案公示和意见收集往往进展艰难、花费大量的人力物力。空间信息技术的发展使得方案能够在网络上供人浏览、下载，通过信息交换平台和用户反馈机制收集公众意见，提高规划设计的透明度，避免了传统方式成本大的缺点。

2.3.2.6 促进信息技术应用的途径

进一步推动空间信息科学的发展，促进其在社会各行各业的应用，是我国信息化发展的战略目标。在景观规划设计领域，进一步加强空间信息技术手段的应用，必然产生积极的影响。加强我国景观规划设计行业的空间信息技术应用，应当注意以下两个基本途径：

第一，加快推进 3S 技术的产业化

3S 技术作为应用技术，必须通过产业化途径发挥其经济和社会效益。当前我国 3S 技术产业化的瓶颈主要在于数据库和基础设施设备成本高、数据质量低下、数据覆盖面不广、各地各类数据标准不统一、不同的数据库难以相互融合、软件功能贫乏、普通用户难以承受购买价格、数据下载的准入要求苛刻等。因此，除了国家继续加大对信息基础设施的投入，建立内容丰富的空间信息数据库和网络基础设施以外，必须以服务社会、面向用户为导向，加快各类数据交换传输和交易的标准化制度建设，促进用户端的成本低廉化和普及化。

第二，加强空间信息科学的教育水平

地球上的绝大部分信息都与空间地理有关。空间信息科学作为国家发展战略，必然对社会全体产生深刻的影响。我国在空间信息科学的普及教育方面非常不足。高等院校中普遍缺乏 3S 技术应用方面的公共基础课程和选修课程。今后我国的景观规划设计专业可以考虑根据各个学校的专业特点设置相关课程。如林业农业院校可以依托森林土地资源评价、火灾监视等内容开设 3S 技术的应用型公共课程。建筑院校可以考虑结合城市建设管理、水资源评价等内容开设相关的 3S 公共课程，并且通过进一步加大教学设施的投入，做到学生能够亲身上机操作简单的 GIS 软件，对其原理和应用前景有基本的理解（图 2.3-2~ 图 2.3-5）。

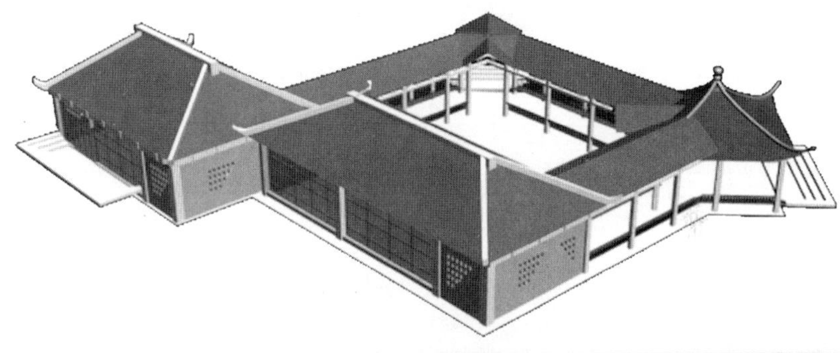

图 2.3-2　计算机对传统园林建筑的建模

图 2.3-3　经过建模和渲染的彩色透视图

图 2.3–4　利用 GIS 软件对某规划地块的高程进行分析

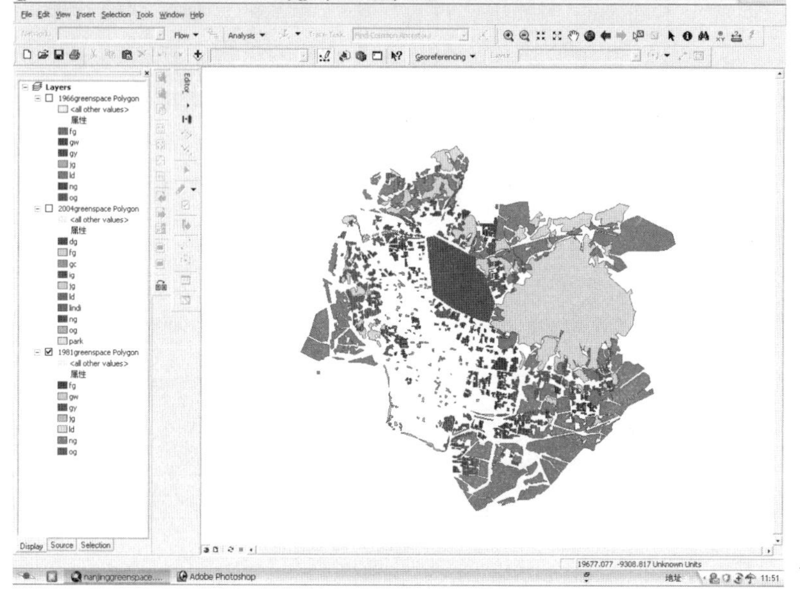

图 2.3–5　GIS 软件中某城市开敞空间矢量图

2.3.3　文化景观遗产

2.3.3.1　文化景观遗产保护的潮流

产业革命后，人口、产业向城市快速集聚，造成城市内基础设施严重不足。出于卫生、安全、效率的考虑，各个国家大力推进旧城改造运动，使得大量的古代建筑和历史性街区遭到毁灭。城市在新的人口、环境和交通压力下，不断改变原来的形态，古城风貌逐渐消失。19、20 世纪几次大的战争，对欧洲和亚洲的文物古迹造成了很大的破坏。现代主义强调功能、简约，对历史性风格采取了抵制和排斥的态度。从柯布西耶的“光辉城市”构想到玛塔的线形城市、戈涅的工业城市，早期现代城市规划思想注重城市的功能和效率，缺乏保护文物古迹的观念与措施。这样就客观上造成工业革命以来，人类的历史文化遗产逐渐消失。

在城市化过程中，人们逐渐认识到历史文化遗产的价值和不可替代性。1933 年《雅典宪章》

提出应当保护具有历史价值的古建筑的原则和具体的措施。经历了二次世界大战的巨大破坏和战后的恢复重建工作，1964 年在威尼斯召开的历史古迹建筑师和工程师国际会议上通过了《威尼斯宪章》，提出了文物古迹保护的基本概念、原则和方法。《威尼斯宪章》认为保护古迹周围环境非常重要，文物古迹不仅包括单个建筑物，对古迹的保护必须包含对一定规模环境的保护；在具体方法方面，提出了整体保护的原则，即从平面、立面、雕刻、装修、绘画等各个方面进行保护，修复的部分必须与原来的部分保持区别和协调。《威尼斯宪章》是文物古迹保护方面的第一个国际宪章，具有划时代的意义。

1976 年，针对世界范围内城市化导致大量文物古迹受到破坏，联合国教科文组织在波兰华沙通过了《内罗毕建议》，明确了历史地区的保护宗旨和原则方法。《内罗毕建议》肯定了历史地区的重要价值，确定了历史地区保护的主要方法包括鉴定、保护、保存、修缮和再生，进一步确立并且传播了对历史文化遗产进行整体保护的理念。

1987 年国际古迹遗址理事会在华盛顿通过《华盛顿宪章》，回顾并且总结了二战后历史文化环境保护的实践和经验，确定了历史地区保护的主要内容为街道的格局与空间形式、建筑与绿地的关系、历史建筑的形态颜色和质地、周围环境的关系以及历史上的功能。宪章指出保护与发展是矛盾的关系，必须将城区保护与发展政策协调起来。

1992 年，《世界遗产公约》正式承认并开始保护文化景观，其《申报世界遗产操作指南》中将文化景观分为“遗址化石类”和“持续发展类”2 种，其后又增加了第 3 种“联想类”。目前，在执行的《申报世界遗产指南》中，文化景观被分为 3 类：人类设计和创作的景观，有机进化的景观和关联性文化景观。

2.3.3.2　文化景观遗产保护体系与方法

文化景观遗产的保护体系包括保护对象、保护目标和实施措施。对于有形的文化遗产，保护体系是围绕空间保护建立起来的。空间保护对象包括点、线、面的保护。“点”是古建筑单体和具有历史文化价值的构筑物，如桥、纪念碑、墓、牌坊、门等；“线”主要指道路、河流、城墙等，连接点状的保护对象，并且有交通、游览的功能；“面”是具有共同历史文化特征的古建筑群、历史街区、古典园林、风景名胜区等。点、线、面的保护共同构成文化景观遗产空间保护结构。

保护目标根据保护对象的现状、性质以及景观而定，还要兼顾地区经济文化发展的要求。实施的措施是确保达到保护目标的基础，必须具备行政方面的可操作性。具体的保护方法主要有：

（1）现状保存（Preservation）

对文化景观遗产目前的形态、材料、色彩和整体性进行维持的行为和过程。或者成为冻结式保护。

（2）修复再生（Rehabilitation）

对保护对象中凝聚历史与文化价值的部分进行保存的同时，通过进一步的修缮、附加等手段使其能够达到现代工作生活使用的要求。

（3）复原（Restoration）

保护对象在历史过程中经过改造，表现出与原来价值不符合、不协调的特点。通过改造，去除不协调的物质因素，再现对保护对象原有的形态、色彩、材料等特点。

（4）复制和重建（Reconstruction）

通过对文化景观遗产的外观进行复制，重新建造和复制对象具有某种相似性的建筑物或者街区，达到再现已经不存在的历史文化环境的目的。

以上方法是建筑物、构筑物单体的保护方法。对于线状和面状的历史文化景观环境保护，还经常运用以下方法：

（1）建筑高度控制

城市发展必然出现大量高层建筑物。高层建筑物破坏了历史文化环境的尺度、比例和风格的和谐，还影响了视觉廊道的通畅，破坏原有环境的视觉格局。这就要求对历史文化环境内部和周围的建筑高度进行统一控制。

（2）功能调整

由于周围环境的变化，历史街区原来的功能逐渐萎缩甚至消失。根据整个城市的发展目标和历史街区的特点，合理进行功能转换，保持并且振兴历史环境的活力。比如南京位于总统府旁边的民国建筑区，现在经过改造成为以民国建筑风格为统一风格、以休闲娱乐餐饮为主要功能的酒吧一条街，保证了街道的活力，并且增加了南京的文化特色。

（3）立面的统一整治

沿街道（或者其他移动路线）的建筑物立面向行人传达强烈的信息。如果立面的风格不协调，会破坏街道的统一美感。因此，通过设计导则和其他相关法规控制立面的设计风格，进而对立面进行统一整治。整治的内容包括建筑风格、材料、色彩、后退距离等。

（4）基础设施整治

历史环境的基础设施老化，不符合现代城市居民居住和工作休闲的要求。因此，应当对生活和工作的基础设施进行整治，恢复环境的活力，达到满足功能的基本要求。基础设施整治一般包括房屋、道路的整修，上下水系统、供气、取暖设施的整治，以及增加绿化、垃圾处理站等内容。

2.3.3.3　杭州西湖世界文化景观遗产

我国现被评为世界文化景观遗产的有四个，分别是：庐山、五台山、杭州西湖、哈尼梯田。杭州西湖作为我国第三个“文化景观”类世界遗产，也是唯一一个湖泊型的景观遗产。西湖文化景观遗产主要由六类景观要素组成：一是西湖的自然山水环境，由五片水域和三面山峦组成的景观自然载体奠定了西湖的自然景观。二是“三面云山一面城”的空间特征，指的是西湖三面环山，一面临城的空间格局，北、西、南三面连绵群山环绕着西湖，湖东面则是杭州城。三是“两堤三岛”的景观格局，由白堤、苏堤和小瀛洲、湖心亭、阮公墩所构成的观赏和交通格局。四是“西湖十景”风光，包括：苏堤春晓、平湖秋月、柳浪闻莺、花港观鱼、双峰插云、三潭印月、南屏晚钟、雷峰夕照、曲院荷风、断桥残雪。五是西湖文化史迹，如雷峰塔遗址、灵隐寺、西泠印社等。六是西湖四季特色，有各种古树名木，四季花卉等。六类景观要素成就了西湖“一城山色半城湖”的优美景色。

为更好地保护西湖的文化景观，杭州市政府多年来制定了各种管理保护条例及规定，西湖申遗成功后，2012 年初《杭州西湖文化景观保护管理条例》正式实施，为西湖文化景观的保护与管理提供了更加强有力的保障。杭州市坚持生态优先、传承历史、以民为本的保护管理理念，强化保护管理措施，深化公众参与机制，逐步完善西湖世界文化景观遗产保护管理机制。

2.3.4 海绵城市

2.3.4.1 海绵城市建设的背景

水资源短缺、水质污染等水危机一直是全球面临的严重环境危机之一。在当今中国，区域性洪涝灾害以及城市内涝问题日趋严重，经常造成交通瘫痪、道路中断，甚至威胁到生命安全。造成这些水危机的主要原因是城市快速化发展伴随着各项灰色基础设施的建设，导致地表植被破坏，水土流失严重；不透水面积增大，径流增加，以至于市政排水管道系统超负荷。国外在20世纪末就开始不断地对生态雨洪管理模式进行研究探索，结合国外城市在雨洪管理等方面取得的理论成果及实践经验，继承中国古代生态智慧，以自然积存、自然渗透、自然净化为目标的，具有中国特色的“海绵城市”理论得以应用和发展，以融合城市雨洪调蓄渗技术、城市规划和风景园林设计。

2.3.4.2 海绵城市理论内涵与相关技术

中国“海绵城市”的概念于2012年首次提出，其理论内涵是用弹性的水生态基础设施代替传统的工程性的灰色基础设施。首先，围绕生态系统服务构建综合水安全格局，然后融入土地利用控制性规划。最终落实到具体的“海绵体”，如公园、小区等集水单元建设。中国的海绵城市建设相对于国外雨洪管理体系与技术的发展较为落后，也是在国外雨洪管理体系的基础上，结合我国国情和水情所构建的理论体系。

最佳管理措施（BMPs）：于1972年由美国提出，最初是用于控制面源污染，发展至今已成为控制水体污染物，雨水径流量以及生态可持续的综合性雨洪管理措施。区别于将雨水尽快排入雨水管道设施的传统方法，BMPs则是通过计算设计流速，就地对雨水进行收集、储存、引流，使雨水按照设计流速渗透进土壤和雨水设施，以达到减少径流和控制污染物的目的。

低影响开发（LID）：是由BMPs措施发展而来的，于1990年被首次提出，主要是通过分散的、小规模措施从径流源头开始控制的暴雨管理方法。LID的核心是通过运用合理的场地规划设计手段模拟自然水文过程，以减少盲目开发行为活动导致暴雨径流对场地生态环境的冲击破坏。

绿色（雨洪）基础设施（GI）：于1999年由美国可持续发展委员会首次提出，与传统的灰色基础设施相对应，绿色基础设施是由绿色网络和连接廊道组成的天然与人工化的绿色空间网络系统，作为区域的生命支持系统以维护生态系统的价值和功能。

水敏感城市设计（WSUD）：澳大利亚雨水管理系统，WSUD强调通过城市规划和设计的整体分析方法将城市水循环看作一个整体，将雨水管理、供水和污水管理看作城市水循环的每个环节，实现一体化管理，以减少对自然水循环的负面影响，保护水生生态系统的健康。

雨水花园：一种生态型的雨洪控制和雨水利用设施，属于BMPs中的一项雨洪管理技术。雨水花园通过植物截留、净化，土壤渗透等一系列物理、化学及生物作用来有效降低雨水径流速度，并去除径流中的悬浮颗粒、污染物，调节温度、湿度，构建景观生态环境。

2.3.4.3 海绵城市构建技术设施

透水铺装：按照面料可分为透水砖铺装、透水水泥混凝土铺装、透水沥青混凝土铺装、嵌草砖、碎石铺装等。主要适用于广场、停车场、人行道以及车流量荷载较小的道路。

绿色屋顶：亦称种植屋顶、屋顶绿化。绿色屋顶可以有效减少屋面径流总量和径流污染负荷，有效收集雨水，具有节能减排的作用，但对屋顶荷载、防水、坡度空间条件等有严格要求。

生物滞留设施：是指在地势较低的区域，通过植物、土壤和微生物系统渗透、净化径流雨水的设施。主要适用于建筑与小区内建筑、道路及停车场的周边绿地，以及城市道路绿化带等城市绿地内。

湿塘：具有雨水调蓄和净化功能的景观水体，主要补水水源为雨水，结合城市绿地、开放空间，平时发挥景观游憩休闲功能，暴雨来临时发挥雨洪调蓄功能，是雨洪管理的重要组成部分。

雨水湿地：利用土壤下渗，水生植物拦截、净化等作用净化水体，是一种高效的径流污染控制设施，与湿塘构造相似，常与湿塘结合起来建设并设计一定的调蓄容积。适用于有一定空间条件的城市道路、城市绿地、滨水带等区域。

蓄水池：具有雨水储存功能的集蓄利用设施，回收雨水可用于绿化灌溉、冲洗路面和车辆等。不适用于径流污染严重的地区。

植草沟：指种有植被的地表沟渠，可收集、输送和排放径流雨水，具有一定的雨水净化作用。适用于建筑及小区内道路、广场、停车场等不透水面的周边，城市道路及城市绿地等区域，也可作为生物滞留设施、湿塘等低影响开发设施的预处理设施。

植被缓冲带：坡度较缓的植被区，经植被拦截及土壤下渗作用减缓地表径流流速，并去除径流中的部分污染物。植物缓冲带适用于道路的等不透水面的周边，亦可作为生物滞留设施等的预处理设施，建设维护费用低，但对场地空间、坡度等条件要求较高。

2.3.4.4 我国海绵城市研究与发展

2013 年 12 月 12 日，习近平总书记在《中央城镇化工作会议》的讲话中强调："提升城市排水系统时要优先考虑把有限的雨水留下来，优先考虑更多利用自然力量排水，建设自

然存积、自然渗透、自然净化的海绵城市"。2014 年 10 月，住建部正式发布《海绵城市建设指南——低影响开发雨水系统构建（试行）》明确了"海绵城市"定义，以及提出了海绵城市构建的相关技术措施。2015 年全国第一批 16 个海绵城市建设试点城市经推选产生，分别是，迁安、白城、镇江、嘉兴、池州、厦门、萍乡、济南、鹤壁、武汉、常德、南宁、重庆、遂宁、贵安新区和西咸新区。2016 年 4 月共有 14 个城市入选第二批海绵城市建设试点，分别是：福州、珠海、宁波、玉溪、大连、深圳、上海、庆阳、西宁、三亚、青岛、固原、天津、北京。

六盘水城镇海绵系统的构建，通过拆除混凝土河堤，串联现有溪流、湿地和低洼地，形成一系列具有不同净化能力的蓄水池和湿地，以水为核心建立步道和自行车道等公共活动空间，使六盘水这个工业城市变成具有活力的宜居城市。哈尔滨群力国家湿地公园是我国首个以解决城市内涝为目标的国家级城市湿地公园。它的设计理念是将城市湿地公园视为一个"生

命细胞"，通过整体景观设计，构建多级多功能湿地，形成生态化雨洪管理，有效发挥了解决城市雨涝的功能，该设计还荣获 2012 年 ASLA 专业奖通用设计杰出奖。

依据雨洪管理技术领先的国家相关推进经验来看，我国海绵城市的建设也将是一个漫长而艰巨的系统工程，首先要做好全局战略规划，包括法律体系、管理机制、公众参与等环节，在此基础上建立专业的技术体系与人才队伍，逐渐实现"美丽中国"的跨越。

2.3.5 景观都市主义

2.3.5.1 景观都市主义的起源

景观都市主义（Landscape Urbanism）源于 20 世纪下半叶对现代主义建筑规划的批判以及对城市的反思。从文艺复兴时期的城市艺术到柯布西耶的光明城市，"建筑都市主义"思想长期主导着城市规划设计界，即"建筑"长期以来决定着城市的形态和基本格局。伴随着工业文明所带来一系列严重的环境问题与现象的出现，如：城市"去中心化"，废置的工厂，恶劣的城市环境等，此时以建筑基础设施为框架的城市规划设计理念无法解决诸多城市问题，已无法适应时代发展的要求。在此背景下，一些建筑师与城市规划师开始寻找可持续发展的设计方式和城市发展战略，从景观的角度思考，以景观代替建筑成为城市规划设计的单元，重新组织城市发展空间。景观都市主义由查尔斯·瓦尔海德姆（Charles Waldheim）教授于 1997 年首次提出，其给出的定义是："景观都市主义描述了当代城市化进程中，一种对现有秩序重新整合的途径，在此过程中景观取代建筑成为城市建设的最基本要素。"

2.3.5.2 景观都市主义思想内涵表现

景观都市主义思想的内涵主要靠三种类型的设计形式来表现，分别是：工业废弃地的修复、生态自然过程融入设计以及景观作为绿色基础设施。

（1）废弃地改造与修复

废弃地，顾名思义是指已被废弃、闲置，或被污染的土地，包括废弃的工业用地、军事用地、仓储用地等。这些废弃地不再具有原有的功能用途，留之无用，占用城市土地，影响市容，甚至会有环境污染；弃之可惜，且搬离遗留在场地的器械设施，耗费人力财力。抛开传统观念，运用景观都市主义思想对工业废弃地等进行景观改造，可使废弃地以一种新的面貌存在与城市，融入人们的生活。

1982 年，伯纳德·屈米设计的法国拉·维莱特公园（Parc de la Villette）是较早蕴含景观都市主义思想的，作为巴黎旧时最大的屠宰场基地，该设计也是废弃地改造的经典案例。建筑设计师屈米摒弃了传统的城市设计和公园设计思想，将景观作为一种媒介，与城市元素紧密交融，表达一种层叠的、无等级的、弹性的以及战略性的景观设计。另一个废弃地改造的成功的案例是纽约曼哈顿的高线公园（High Line）项目，旧时用于工业运输的废弃高线被改造成具休闲功能的城市公共开放空间。设计师将植物种植与地面铺装设计进行巧妙的结合，软硬质景观比例的不断变化给使用者带来了丰富的空间体验，充分尊重原场地的特性，保留了基地的历史与野性。

（2）生态自然过程融入设计

自然过程作为设计形式，即充分尊重原场地，尊重自然，将场地的生态演变过程融入到设计思想中，依据场地的自然演变过程来进行设计的构图。以乔治·哈格里夫斯（George Hargreaves）的瓜的亚纳滨河公园规划为例，该项目的地形设计模拟河道冲刷后的纹理，最终建成成果如大自然的杰作一般。

（3）景观作为绿色基础设施

景观代替建筑作为绿色基础设施成为城市的组成单元，这是景观都市主义的核心。绿色基础设施包括河道、湿地、林地等构成开放空间的组成要素。以多伦多安大略湖公园规划建设的实践为例，通过景观都市主义思想将湖岸线生态系统和公园基础设施网络作为城市形态和空间结构的基本框架，并服务于广大市民和游客。

第三章　景观的材料

3.1　土壤

3.1.1　土壤的概念与质地

土壤是由矿物质、有机质、水、空气和生物组成，具有肥力，能生长植物的陆地表面未固结层。土壤是生态系统和植被生长的母体，也是景观建构的基础。土壤有不同的土层组成，包括表层土（A层）、心层土（B层）、底土层（C层）。其中，表层土包括腐殖质层（A1层）和淋溶层（A2层），含有大量有机质，有不同的生物种群存在，是植物根系的主要生长介质；心土层也称为淀积层，承受表土淋溶下来的物质，为植被提供生根空间，涵养水分和营养物质。如果排水不畅，下部会形成灰黏层（G层）；底土层也称为母质层，保持土壤母质特点。

土壤的矿物质颗粒即土粒，土粒分级常用美国制（USDA）。根据矿物颗粒直径大小分为8级：2mm~1mm为极粗砂；1mm~0.5mm为粗砂；0.5mm~0.25mm为中砂；0.25mm~0.10mm为细砂；0.10mm~0.05mm为极细砂；0.05mm~0.02mm粗粉粒；0.02mm~0.002mm为细粉粒；小于0.002mm为黏粒。除了以上8级颗粒以外，土壤中如果含有超过1%的石砾（直径大于2mm），分别定为砾质土或砾石土。石砾含量1%~5%的为少砾质土，5%~10%的为中砾质土，10%~30%的为多砾质土。石砾含量30%~50%为轻砾石土，50%~70%的为中砾石土，70%以上的为重砾石土。

石砾和砂粒粒径大，难以风化，氧化硅含量高，缺少养分。粉粒颗粒较小，容易进一步风化，养分多于砂粒。粘粒粒径最小，保水、保肥性能高，养分最多。

矿物微粒以不同的比例存在于天然土壤里。土壤质地是指不同大小的矿物颗粒的组合状况。常用的美国制（USDA）质地分级标准将土壤质地划分为12类，包括黏土、砂黏土、粉砂黏土、黏壤土、粉砂黏壤土、砂黏壤土、砂壤土、壤土、粉砂壤土、砂土、壤砂土、粉土（图3.1-1）。

3.1.2　土壤类型分布

北美大陆西半部分布有草原土、钙土、荒漠土，东部分布有冰沼土、灰化土和壤土。南美洲主要分布砖红壤土、红黄壤土、棕壤土、变性土、褐土、灰钙土和荒漠土。

非洲土壤以荒漠土、砖红壤、红壤为主，另外分布红棕壤土、红褐土、褐土和棕壤，砖红壤带中有沼泽土，在沙漠化地带中还分布有盐渍土。

澳大利亚土壤以荒漠土、砖红壤和红壤最多，另外分布热带灰化土、变性土、红棕壤、红褐土、灰钙土和荒漠土。

亚欧大陆主要分布有冰沼土、灰化土、森林土、钙土、荒漠土、高寒土、红壤和砖红壤。此外部分地区还分布有盐渍土和变性土。我国的主要土壤类型分布见表3.1-1。

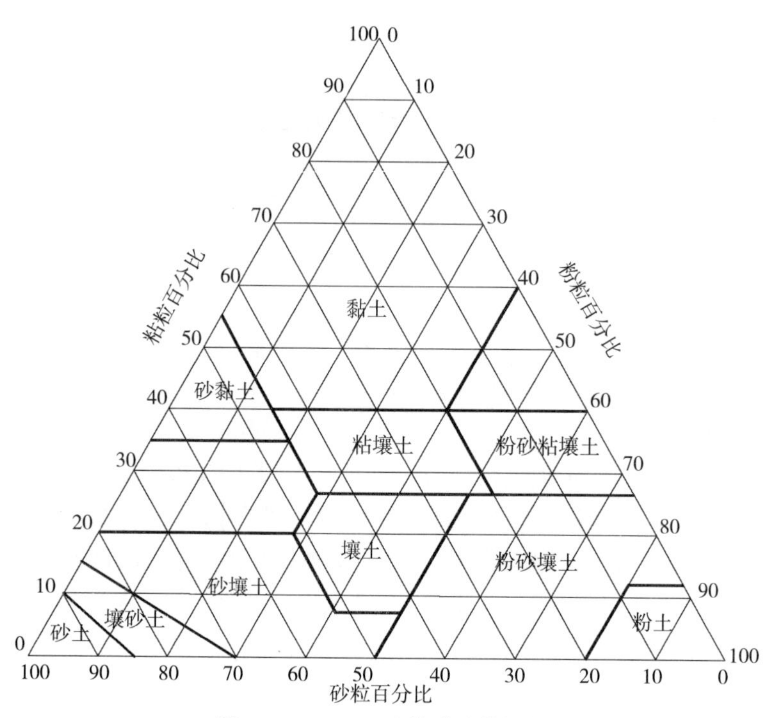

图 3.1–1　USDA 土壤质地分级图

（资料来源："Time–saver standards for landscape architecture"）

我国土壤类型与分布　　**表 3.1–1**

名称	特性	植被	分布
砖红壤	深红色土壤，呈酸性与强酸性，质地黏重，肥力差	黄枝木、荔枝、黄桐、木麻黄、桉树、台湾相思、橡胶、桃金娘、岗松、鹧鸪草、知风草等	热带雨林或季雨林地区，如海南岛、雷州半岛、湛江、西双版纳、台湾岛南部
赤红壤（砖红壤性红壤）	酸性或强酸性红色土壤，质地较黏重，肥力较差	红椤、乌来栲、红鳞蒲桃、厚壳桂、硬壳桂、杜英、冬青、黄杞、黄桐、毛茜草树、橄榄、单叶新月蕨、淡竹叶、华山姜、狗脊蕨、金毛狗、莲座蕨、凤尾蕨、草珊瑚、金栗兰、海芋、山芭蕉等	北回归线两侧的云南南部、广东广西南部、福建东南部、台湾岛中南部
红壤	红色酸性与强酸性土壤，腐殖质少，土性黏	常绿阔叶林，如壳斗科、樟科、冬青、山矾科、木兰科、竹类、藤本、蕨类等植物	长江以南的低山丘陵区，如江西、湖南两省的大部分，云南南部、湖北的东南部，广东、福建北部及贵州、四川、浙江、安徽、江苏省等的一部分，以及西藏南部等地
黄壤	酸性黄色铁铝质土壤	马尾松、柳杉、竹类、杉木类	热带、亚热带地区，主要分布在四川和贵州，是南方主要的山区土壤
黄棕壤	黄红壤与棕壤之间过渡型土类，弱酸性，肥力较高	落叶阔叶林、常绿阔叶林	亚热带北缘，北达秦岭—淮河，南至大巴山和长江，西到青藏高原东南边缘，东至长江下游地带
棕壤（棕色森林土）	微酸性棕色土壤，比较黏重	暖温带落叶阔叶林、针阔叶混交林	山东半岛、辽东半岛，半湿润半干旱地区的山地

续表

名称	特性	植被	分布
暗棕壤	具有明显腐殖质累积的中性至微酸性的棕色土壤，肥力高	温带针阔叶混交林，如红松、沙松、白桦、黑桦、枫桦、蒙古柞、春榆、胡桃楸、黄菠萝及水曲柳等	东北地区的森林土壤
寒棕壤(漂灰土)	酸性大、土层薄、养分少	亚寒带针叶林	大兴安岭北段山地上部
褐土	褐色土壤，呈中性、微弱碱性，腐殖质层厚，肥力高	中生和旱生森林灌木图件	陕西关中平原、山西、河北、辽宁连接部的丘陵低山地区
黑钙土	黑色土壤，呈中性、微弱碱性，腐殖质层厚，肥力高	温带草原和草甸草原	松花江与辽河的分水岭区、松嫩平原的中部、大兴安岭中南段山地的东西两侧
栗钙土	栗色土壤，腐殖质丰富，弱碱性，局部碱化	草原植被	内蒙古高原东部和中部的广大草原地区
棕钙土	棕色土壤，碱性	荒漠草原和草原化荒漠	内蒙古高原中西部，鄂尔多斯高原，准噶尔盆地的北部，塔里木盆地的外缘
黑垆土	黄土母质形成，肥力不高	草原植被	黄土高原地带
荒漠土	缺乏腐殖质层，土质疏松，缺少水分，砂砾多，发育程度低	耐旱肉汁半灌木	内蒙古、甘肃的西部，新疆的大部，青海的柴达木盆地
高山草甸土	中性土壤，土层薄，冻结期长，透气性差	高山草甸植被	青藏高原东部和东南部，阿尔泰山、准噶尔盆地以西山地和天山山脉
高山漠土	碱性土壤，发育程度低，有机质少	高山荒漠植被	藏北高原的西北部，昆仑山脉，帕米尔高原

3.2 植被

3.2.1 东西方园林的植物种植

植物是富有生命力的、最生动活泼的景观设计要素。植物素来是东西方园林景观中的主体。我国历史上的帝王园苑及乡野村落，都有选择性地种植树木。战国时期，吴王夫差营造的“梧桐园”就有规模性地种植观赏植物。秦汉时期，道路每隔 8m“树以青松”，宫殿内也是遍植花木。至魏晋年间，随着私家园林的兴起，对植物景观的营造更是达到了较高的艺术水准；唐以后，随着文人园林的兴起，人文情怀更加浓厚，又兼文人园林一般规模不大，植物种植不仅讲求精致的自然美，更注重表达意境美。

日本园林受到中国的巨大影响，植物种植以自然式、象征性为特征。由于地域、文化和社会发展等的区别，日本园林的植物种植也形成了自身的一些特点。一般而言，日本园林对于植物材料的选择更为苛刻，色叶树和常绿树的应用较多，植物景观大多呈现了细腻、质朴、自然的风格。

西方园林由于受《圣经》、毕达哥拉斯学派、笛卡儿唯理论等宗教、文化的影响，植物种植设计更注重理性和实用，以人的意志为主宰，将植物的造型与种植作为一种财富和地位的象征，在形式上表现出规则整齐为主的风格。到18世纪中叶，在风景画、植物地理学思想和东方园林的综合影响下，新型的园林形式自然式风景园开始诞生。这种形式的园林种植模仿英国广阔的大自然建造，植物以自然式密林、疏林草原、不同大小的树群、树丛和宽阔的草地出现，常有模仿天然植被特征的岩石园和水沼生园，森林和草原的比例关系极近自然。

总体而言，东西方园林中植物的种植存在明显的风格差异。东方园林受自然山水启发，表现出了崇尚自然、象征性达意的风格。西方的园林植物设计则更多地受到了人工改造自然思想的影响，采用几何式修剪造型、行列式与对称式规则种植的形式。

3.2.2 园林植物的类型

就植物系统分类而言，全世界约有各类植物50万种，其中高等植物（包括被子植物、裸子植物、蕨类植物和苔藓类植物）在35万种以上，常作园林景观应用的植物数千种。为了提高观赏性、增加产量或增强抗性等种种目的，“种”下又培育出了许多“品种”，目前园林植物的新品种空前增多。园林植物除采用系统分类外，还经常根据形态、生长习性及不同的用途等进行各种方法的人为分类，如根据生长类型将园林植物分为乔木、灌木、草本植物、藤本植物。

乔木是指树体高大（通常6至数10m），具有明显主干的木本植物，如七叶树和香樟等。为了方便使用，又可把它细分为伟乔（高于31m）、大乔（21m~30m）、中乔(11m~20m)、和小乔(6m~10m)等种类型。树形也多样，常见的有卵形、圆形、圆柱形、圆锥形、塔形、垂枝形等。

灌木是指树体矮小(小于6m)，无明显主干或主干低矮的木本植物，如连翘和蜡梅。为了使用方便，又可把它细分为大灌木（3m~6m）、中灌木（1.5m~2.5m）、小灌木（1m~1.5m）和矮灌木（小于1m）以下等种类型。常见的有圆形、圆锥形、直立形、垂枝形、水平伸展形、水平蔓生形等。

草本植物是指缺乏木质茎的植物，通常只生存一个生长季，冬天枯死。大多一年生，也有部分多年生，依靠根茎、根、鳞状茎或根状茎越冬。它们中大多数有明显的开花特征，但也可以包括部分观赏草和观叶、观果植物。如鼠尾草、风信子。

藤本植物则指的是匍匐地面或攀附他物生长、不能直立生长的植物。按其茎的质地，可分为草质藤本和木质藤本两种，如西番莲和紫藤。

3.2.3 植物在园林景观中的配置应用

植物造景，即运用乔木、灌木、花卉、地被植物和藤本植物等材料，充分发挥其姿态、线条、色彩、质感等方面的自然美，综合各种生态因子的作用，通过合理的艺术手法，营建体现一定功能或表达一定意境的植物景观。园林中植物配置的方式一般为自然式、规则式和混合式。遵循功能性、生态性、艺术性、文化性及经济性等原则，园林植物与其它园林要素相结合，进行配置应用，可营建更为生动丰富的景观。

（1）建筑物的植物配置：植物与建筑的结合是自然美与人工美的结合。植物景观设计时要考虑建筑的功能、风格、质感、体量与色彩，使植物与建筑和谐统一。同时要考虑植物的生长习性，合理选择种植植物的位置，避免植物生长受到建筑的遮挡影响。植物的线条往往飘逸、活泼、柔和，能有效打碎建筑线条的生硬。

（2）山体的植物配置：园林中山体的植物配置应注重充分利用不同的高差、地形组合，以展示出比平地更为丰富的植物景观，植物配置宜采用自然式形式。植物选择上可考虑常绿树和落叶树的结合，色叶植物能形成层林尽染的景观。

（3）水体的植物配置：园林景观中有水则有灵魂，而园林水体美又多是借助植物来表现的。水旁、水中的植物在丰富水体景观层次的同时，其色彩、姿态及所形成的倒影都增强了水体的明净和含蓄美。植物滨水种植要充分考虑植物的生长习性和观赏特点，才能形成优美的滨水景观。

（4）小品的植物配置：植物与小品的搭配，主要是利用植物色彩、质感、线条方面的特性、可以起到衬托或强化的作用。植物配置时应注重植物的文化内涵与小品表达的主题相符合，同时植物的体量、色彩和质感要与周边环境相协调。

3.3 水体

3.3.1 东西方园林的理水

水是造景中最灵动的因素。无论是东方园林还是西方园林，都离不开对水体的处理。我国早在战国时期，楚国建筑有华丽的宫苑——章华宫，主体建筑章华台即环绕水池，可观赏水景。西汉皇家园林—上林苑规模宏伟，苑内有河流和湖泊。汉武帝时期建章宫内有太液池，池内按照“一池三山”模式筑有岛屿，寓意蓬莱、方丈、瀛洲三座仙山。

至唐宋年间，中国园林理水手法日趋成熟。历代伟大的造园作品，创作者对于水的处理极为重视。如北宋的艮岳，在有限的园林空间中浓缩了自然界大部分水体的形态。明清时期，皇家园林规模宏大，能够包括广阔的自然山水风景。而私家园林，尤其是江南私家园林，在宅园范围内开凿池塘、堆砌假山、沟通水系，将理水与筑山、植被、建筑结合起来，最终形成了体现中国文人思想和自然哲学观念的造园作品。

日本列岛四周被海水包围，山地多，造园多体现其崇尚自然的理念，最早建造的是池泉山水园。京都城内的寝殿造、武家园林、天皇宫苑以及净土宗等寺院庭园，大多引活水形成瀑布、溪流、池塘，也有造园采取中国园林“一池三山”模式，池中建造中岛，或者堆砌龟岛、鹤岛，寓意长生不老。即便无法引活水形成自然水体，也可以采用“枯山水”做法，即通过砂、石、植被的组合形成极具象征意义的模拟山水。枯山水，是日本造园在水系处理方面的抽象化方法，发展了园林理水的理念和技法。

西方造景体系中，意大利台地园对于水体的处理非常重要。理水与雕塑、台阶坡道相结合，往往成为台地园林的中心轴线。理水的样式也多样化，除了喷泉以外，还出现了水渠、台阶跌水、涌泉等多种理水方法。法国规则式园林秉承了台地园的人工化理水的思想，创造了大面积的运河、湖泊等样式，将水体完全纳入总体几何形式的框架之中。至 18 世纪英国风景园出现，水体处理又回归到自然状态，多采用自然性的湖泊、池塘和局部的人工水景相互搭配。

总体而言，东方园林造景中，对水的处理基本贯彻了“顺应自然、顺应水势”的思想，水的形态和驳岸也采取自然化样式，很难看出人为的痕迹。而西方园林中则采取多种理水方法，水体的几何化形态明显，驳岸走势也多采取直线，人为痕迹较重。

3.3.2 景观水体的形态

根据场地环境条件和使用者要求，景观水体形态可以采取多种形态。一般来说，现代景观设计中水体形态包括湖泊、池塘、河流、湿地、瀑布、跌水、涌泉、喷泉。

湖泊是陆地上洼地积水形成的水域宽阔、水量交换相对缓慢的水体。造景中的湖泊有天然湖，也有人工湖。如北京颐和园中的昆明湖，即利用原来的西湖，对其进行开拓、疏浚，才形成了现在与万寿山的“北山南水”态势。其他北方皇家园林，如承德避暑山庄、北京圆明园也多开辟大面积的湖泊，或者利用原来的湖泊，形成山水格局。江南基本上是私家园林，没有条件开辟大面积的水面。杭州西湖原来为天然湖，唐宋以来修建白堤、苏堤，多次对其进行疏浚，在周边栽种植被、营建楼阁，成为杭州西湖天然山水园林的主要骨架。

池塘比湖泊小，园林中的池塘多为人工开拓。造景受地块周边条件限制，地块面积小，可以采用挖池塘蓄水、理水的方式。我国江南园林、日本造园、英国风景园的池塘采用自然式形态和驳岸，法国勒诺特尔式园林的池塘采取规则式和几何式。

河流是陆地表面成线形流动的水体。造景中的河流一般作为湖泊和池塘之间的水流通道，或者是联结水源和泄水口的通道。河流同时也是生态因子流动的通道，在生态规划中均尽量维持河流的自然属性。

根据《国际湿地公约》，湿地指“不问其为天然或人工、长久或暂时之沼泽地、湿原、泥炭地或水域地带，带有或静止或流动，或为淡水、半咸水或咸水水体者，包括低潮时水深不超过 6 m的水域”。湿地具有巨大的生态、休闲功能，能够调节水分循环和维持湿地特有的植物特别是水禽的栖息地；是国际性的生态资源。湿地包括天然湿地和人工湿地。天然湿地中，景观设施和人为的干扰应该被控制在不影响基地自然特性和生态因子相互关系的范围内。人工湿地则主要是通过植被净化、岸线和生物处理促进水体的净化能力，创造物种的生态栖息空间。

瀑布是水流垂直地跌落。由于是较大的动势水体，具有特殊的景观效果。传统园林，尤其是日本园林使用瀑布较多，瀑布口采用石组进行覆盖，形成自然落水。现代园林多使用水泵将水提升到一定高度后落下，出水堰口的做法决定落水的形式。跌水是跌落式的瀑布，西方园林中自意大利台地园时期开始大量使用跌水。

涌泉和喷泉均是人工化水景，其区别在于喷头不同。涌泉喷头又称鼓泡喷头，喷水时能将气吸入，形成白色水丘的外观，水势处于波动状态。喷泉是通过特定喷头喷出不同花样的水体，形成变化多端的景观效果。

3.3.3 景观水体的处理

随着水资源危机的加深，景观水不能再单纯依靠自来水补水，而是应该采取多种方式充分利用循环水。现代景观水一般是封闭的水体，随着污染物质不断进入，原本干净的景观水体的水质会逐渐变坏。因此，必须采用循环处理的方式，使景观水质一直处于达标的水准。现代景观水处理的方式包括促进水体流动、降低污染物含量、提升水体自净能力。

水体不断流动，能够溶解空气中的氧气，使其变成了水中的溶解氧，从而成为水生动植物及好氧微生物的氧源。如果水体不流动，则水中缺少氧气，会造成鱼类及其他水生动植物死亡，使整个水体发黑发臭。因此，一般采用循环的方式使景观水系的水体保持一定的流速，增设循环泵，个别景观节点设置涌泉、瀑布。

降低水体中污染物的含量，一般采用植被净化和生物处理的方法。湿地植被中，再力花、水芹菜、菖蒲、香蒲、水葱、千屈菜、水生美人蕉、梭鱼草、慈姑、鸢尾、芦苇、睡莲等均对水体有较强的净化能力。但是由于秋冬季节为植被枯萎期，影响其净化功能，因此还要考虑依靠生物水处理设施处理水质。目前市场上有综合净化一体化设备，可以将曝气溶氧装置、渗井精滤装置、生化处理（生物膜）、消毒装置等一系列技术融为一体，充分发挥几种工艺的特长。其中，曝气溶氧和渗井精滤可以有效去除藻类和N、P以及固体悬浮物，生化处理则可以去除有机物，消毒装置可以杀菌灭藻，抑制细菌和藻类及藻类孢子的繁殖。

提升水体自净能力，主要是模仿、接近自然水体生态环境，促进景观水系生态系统的形成。如增加岸线长度、铺设卵石、增加湿地植被，可以激发深层水体中的好氧微生物，通过微生物的新陈代谢作用达到净化水质的效果（图 3.3-1~ 图 3.3-20）。

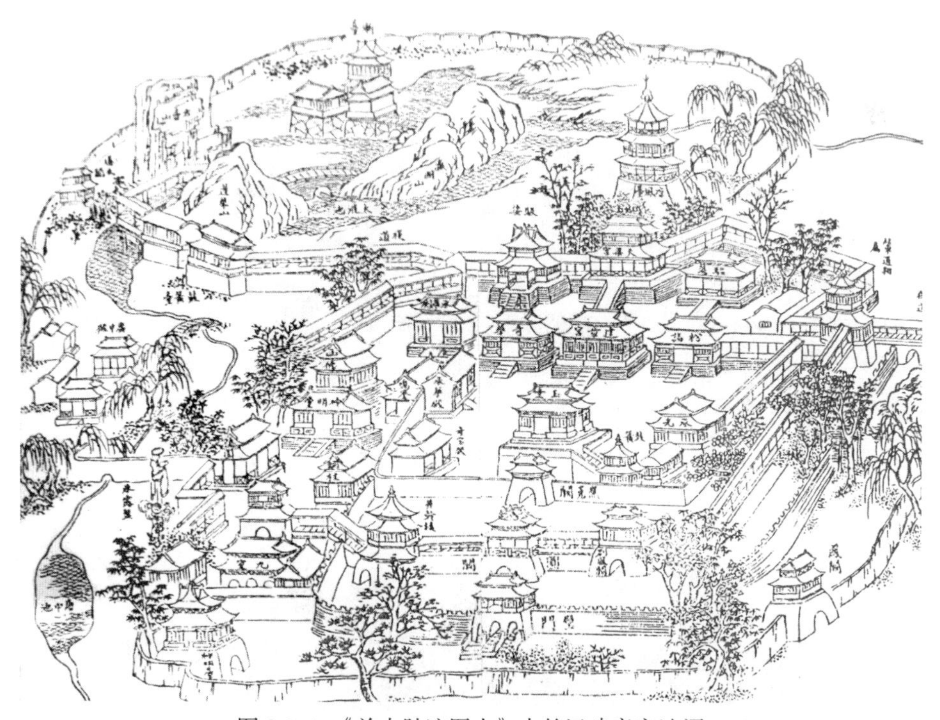

图 3.3-1 《关中胜迹图志》中的汉建章宫池沼

图 3.3–2　北宋皇家园林金明池

图 3.3–3 《圆明园四十景图》中的福海

图 3.3-4　六本木森大厦综合体毛利庭园池塘

图 3.3-5　三亚喜来登酒店的池塘

图 3.3-6　南京天泓山庄人工池塘

图 3.3–7　东京皇居的护城河道

图 3.3–8　丽江酒店的人工河道

图 3.3–9　上海九间堂人工水道

图 3.3-10　天然跌水

图 3.3-11　南京天云湖云深处楼盘瀑布跌水

图 3.3-12　南京天泓山庄人工瀑布

图 3.3–13　仁恒江湾城人工小型挂瀑

图 3.3–14　仁恒江湾城涌泉跌水

图 3.3–15　横滨开港广场喷泉跌水

图 3.3-16　苏州水路十八湾别墅小区中心水景

图 3.3-17　三亚万豪酒店的喷泉水景

图 3.3-18　三亚喜来登酒店的喷泉跌水水景

图 3.3-19　万科蓝山的人工水景

图 3.3-20　仁恒江湾城的仿自然水系

3.4　石材

3.4.1　岩石的种类

岩石是天然产出的具有一定结构构造的、主要由造岩矿物或者天然玻璃质或胶体或生物遗骸组成的集合体。岩石分为火成岩、沉积岩和变质岩三大类。

火成岩又名岩浆岩，是岩浆冷却、结晶后形成的岩石，包括深成岩、浅成岩和火山岩三大类。深成岩是岩浆侵入地壳深层，缓慢冷却、结晶形成的全晶质粗粒致密结构，又名侵入岩。浅成岩是岩浆侵入地壳浅层后冷却形成的细粒不均匀结晶体。火山岩又名喷出岩，是岩浆喷出地表，迅速冷却形成的细粒或者玻璃质结构。常见的火成岩有花岗岩、玄武岩、辉长岩、安山岩、流纹岩、闪长岩等。

沉积岩，又名水成岩，是岩石经过风化、腐蚀、沉积、成岩作用后形成的岩石。沉积岩包括石灰岩、砂岩、凝灰岩等。

变质岩是在地球压力、温度等环境条件作用下，原有岩石的矿物组成、结构构造发生改变形成的新的矿物组合，由火成岩变质形成的称为火成变质岩，由沉积岩变质形成的称为沉积变质岩。变质岩结构致密、纹理清晰，主要种类有板岩、大理石、千枚岩和片麻岩等（表 3.4–1）。

主要岩石类型与物理特性 **表 3.4–1**

岩石种类	岩石名称	岩石密度（kg/m^3）	岩石抗压强度（N/mm^2）
火成岩	花岗岩	2600~2800	130~270
	霞石正长岩	2600~2800	160~240
	闪长岩	2800~3000	170~300
	辉长岩	2800~3000	170~300
	流纹岩	2500~2800	180~300
	玄武岩	2900~3000	240~400
	辉绿岩	2800~2900	180~250
沉积岩	砾岩	2200~2500	20~160
	凝灰岩	1800~2000	20~30
	砂岩	2000~2700	30~150
	石灰岩	2600~2900	75~240
	贝壳灰岩	2600~2900	80~180
	白云岩	2600~2900	75~240
变质岩	片麻岩	2600~3000	100~200
	板岩	2600~2900	80~120
	蛇纹岩	2600~2800	140~250
	石英	2600~2700	150~300
	云母片岩	2600~2800	140~200
	黏土质页岩	2700~2800	50~80
	大理石	2600~2900	75~240

3.4.2 景观石材的种类

石材是以天然岩石为主要原料，经过加工制作用于景观、建筑、路面等用途的材料，包括天然石材和人工石材。天然石材按照材质分类，主要包括大理石、花岗石、石灰石、砂岩、板岩等。

大理石是结晶碳酸盐类岩石和质地较软的变质岩类石材，可以加工成各类板材，用于铺装、贴面、雕塑、栏杆、碑、塔等。常用的大理石种类有房山汉白玉、雪花白、桂林黑、苍山墨玉、东北红、玛瑙红、杭灰、松香玉、黄线玉、丹东绿、碧波、青花玉、雪夜梅花、黑白根等。

花岗石包括岩浆岩和各种硅酸盐类变质石材，成分为长石、云母和石英，具有抗风化性。是用途最广泛的景观石材。常用的花岗石种类有芝麻青、雪花青、漳浦青、烟台黑、中国黑、将军红、黄麻石、芝麻黑、济南青、芝麻白等。

砂岩是沉积碎屑岩，石英、长石成分占50%以上。砂岩颗粒细腻，纹理优美，是高档的建筑、景观用石材。常用砂岩有黄木纹、白木纹、红木纹、紫砂岩、绿砂岩等。

板岩是泥质岩、凝灰岩经轻微变质作用形成的浅变质岩，结构致密，没有重结晶。板岩有很高的美感，常用于加工成各类文化石。常用板岩有锈板岩、青板岩、黄板岩、黑板岩等。

石灰岩是由方解石、白云石或两者混合化学沉积形成的石灰华类石材，属于化学沉积岩，主要成分为碳酸钙。石灰岩分布广泛、易于加工，是用途广泛的建筑与景观石材。

除了以上天然石材以外，还有大量的人造石材。人造石材是通过将树脂、硅砂、珍珠粉、白云石等材料混合，经过挤压、固化，形成的新型仿天然石材材料。其优点是造价低、抗腐蚀、坚固、耐用、环保，近年来大量用于室内外装饰工程。

3.4.3 景观石材的饰面处理

石材经过加工可以形成不同的饰面，以满足不同的审美和使用功能。景观用的饰面处理方式主要包括磨光面、水洗石面、火烧面、荔枝面、喷砂面、蘑菇面、斧剁面、机割面、自然面等。经过处理的石材饰面可以用于地面铺装、花池贴面、压顶、景观小品、墙面等装饰。

磨光面，或者称为抛光面，是使用磨具将石材打磨，形成光滑如镜的表面。这种饰面常用于压顶、贴面，因为不太吸水、容易打滑，不适宜用于地面铺装。

水洗石面，或者称为水刷石面，是用水泥、砂浆和小石子混合抹平后，用水冲掉表面水泥砂浆，露出小石子的表面，形成有肌理感的表面。水洗石面可以形成不同的颜色，质地优美，广泛用于墙面、地面。

火烧面用乙炔和氧气喷烧石材板面，将其表面层不规则崩裂，使其表面产生凹凸不平的饰面。火烧面防滑、不反光，是常用的石材饰面。

荔枝面是通过工具敲击石材表面，获得轻微点状凸凹不平的效果，纹理粗糙程度大于火烧面，主要用于铺装、贴面、压顶材料。

斧剁面是通过专用机器，或者手工打面，在石材表面取得不同的纹理效果，纹理粗糙程度大于荔枝面，可用于铺装和贴面材料。

蘑菇面是利用专用机器或手工工具击捣石材表面，获得蘑菇状表面效果，纹理粗糙，用于贴面工程。

喷砂面是利用砂和水流冲击石材表面而形成的饰面效果，纹理均匀，吸水率高，常用于贴面。

机割面是专用机器直接加工而成，能形成不同的条状纹理效果，用于贴面和铺装。

自然面是经过手工或者机械处理，是石材表面保持天然凸凹不平的效果。

3.4.4 造景用石

造景用石是根据功能、主题选择合适的石材进行创作意图的表达。因此，选择造景用石往往要求对于石料的选择能够反映地域文化特征，石料本身具有很高的审美价值。中国园林造景常采用太湖石、黄石、黄蜡石、千层石等。

太湖石产于太湖一带，是中国园林造景中常用的石材。太湖石属于石灰岩的一种，长期受到湖水的冲击与腐蚀，因此纹理纵横、曲折圆润，颜色多为浅灰色，审美特点为“瘦、漏、透、皱”。太湖石观赏价值很高，很多江南名园均大量使用太湖石，既可以单独置石独立成景，也可以作为驳岸石使用，或者通过组合形成假山。

房山石，俗称北太湖石，产于北京房山一带，属于石灰岩的一种。外观厚重质朴，多密集的小孔穴，颜色呈土红色、土黄色、灰褐色。多用于北方园林。

黄石，属于细砂岩的一种，颜色为橙黄色，产地较多。黄石外观雄浑朴实，有棱角，多组合形成假山或者作为驳岸石使用，是南北园林常用的石材。

黄蜡石主要成分为石英，表面有蜡质感，多呈黄色，主要产于我国两广地区，湖南、福建也有分布。黄蜡石质地圆润细腻，有玉感，近年来多用于高档景观工程。

千层石，又名积层岩，属于白云岩的一种。石质坚硬，外观横向纹理非常清晰、形态扁阔、层状分明，多用于假山、驳岸。

此外，我国园林造景用石也多用英石、灵璧石、宣石、青石、石笋、松皮石等。英石又称为英德石，是石灰岩的一种，产于广东英德一带，是我国四大园林名石之一，石质坚翠、外观玲珑剔透。灵璧石，又名磬石，产于安徽灵璧县，是有名的盆景观赏石材，质地坚硬，形态多变。宣石产于安徽宁国、宣城一带，石质坚硬、性脆，体态朴素，有棱角，常作为假山材料，以扬州个园中的冬山最为著名。青石是青灰色的细砂岩，有斜纹，多片状，又称青云片，北京园林运用较多。石笋是外形修长、状如竹笋的山石的统称，园林中常作为独立成景。松皮石产于广西柳州一带，外观如同松树的树皮一样斑驳，是常用的观赏石材（图 3.4–1~ 图 3.4–18）。

图 3.4–1　木纹面板岩铺地

图 3.4–2　芝麻白花岗岩台阶

图 3.4–3　自然面花岗岩饰面

图 3.4–4　自然面芝麻白饰面

图 3.4-5　荔枝面黄锈石铺地

图 3.4-6　斧剁面石材压顶水池壁面

图 3.4-7　垒石饰面效果

图 3.4–8　万科蓝山的建筑入口人造板岩景墙

图 3.4–9　苏州和园会所太湖石驳岸

图 3.4–10　网师园太湖石组景

图 3.4–11　颐和园青芝岫

图 3.4–12　颐和园内谐趣园房山石

图 3.4–13　网师园黄石假山

图 3.4–14　拙政园黄石驳岸

图 3.4–15　仁恒翠竹园景观水池黄蜡石造景

图 3.4–16　上海九间堂黄蜡石造景

图 3.4-17　镇江科苑华庭千层岩水景

图 3.4-18　网师园中的石笋

3.5　砖

3.5.1　砖的种类

砖是以黏土、页岩以及工业废渣为主要原料制成的小型建筑砌块，可以用于砌墙、铺装、贴面以及屋顶材料。砖分为烧结砖和非烧结砖。烧结砖是经过焙烧固化成型的砖材，包括烧结黏土砖、烧结页岩砖、烧结煤矸石砖、烧结粉煤灰砖。烧结普通砖的公称尺寸为 240mm

（长）×115mm（宽）×53（厚）mm，强度等级从大到小分为 MU30、MU25、MU20、MU15、MU10 五个等级，景观工程中常用的红砖、青砖、陶瓷砖都属于烧结黏土砖。

非烧结砖是不经过焙烧而制成的砖材，主要种类有灰砂砖、粉煤灰砖、煤渣转等。与烧结砖相比，非烧结砖能耗较低，不需要大量毁坏土地，对环境影响小。景观工程中常用的混凝土砖、水泥砖、同质砖、仿花岗岩砖均属于非烧结砖。

3.5.2　混凝土砖

混凝土砖是用混凝土为主要原料，压制成型的立方体块。混凝土砖在制作过程中，可以加入适当骨料和颜色，使其有不同的颜色种类，成为市场上常用的铺地砖种类。现在国内常用的混凝土地砖种类为舒布洛克砖。

舒布洛克砖是舒布洛克公司生产的高强度混凝土铺地砖。由于其材质是高强度混凝土，且砖材相互连锁能够分散压力，因此所铺设的路面具有很高的承载力。砖材使用年限超过 20 年，耐磨、耐腐蚀，长时间不褪色，且具有防滑、透水的优点，所形成的柔性地面不易产生裂缝，是近年来在广场、小区等户外环境中大量使用的铺地砖产品。

舒布洛克砖有多种型材可供使用，主要包括十字波浪形铺地砖、方形铺地砖、荷兰型铺地砖、达科他型铺地砖、箭头型铺地砖、“L”形铺地砖等。

3.5.3　陶瓷砖

陶瓷砖是由黏土和其他无机非金属原料，经干压、挤压成型以及干燥、烧结等工艺生产的墙地砖。按吸水率从小到大可分为瓷质砖（<0.5%）、炻瓷砖（0.5%~3%）、细炻砖（3%~6%）、炻质砖（6%~10%）、陶质砖（>10%）五大类。陶瓷砖可以上釉，制作成釉面砖。无釉地砖经过抛光处理的，表面光洁，称为抛光砖。

广场砖是陶瓷砖的一种，吸水率小于 5%，表面可以仿制花岗岩，花色种类多，具有防滑、耐磨、美观的特点，适用于大量人流区域的地面铺装。

陶瓷锦砖又称为马赛克，优质瓷土烧结而成的小方块状砖，吸水率小，耐酸耐碱耐冻，是高档铺装材料，常用于泳池饰面。

3.5.4　青砖与红砖

黏土烧制过程中，加水冷却，使得铁成分不完全氧化，制作的砖呈青色，称为青砖。如果完全氧化，则砖呈红色，即红砖。红砖常用于砌筑。与红砖相比，青砖具有硬度高，吸水性和透气性好，耐压耐磨的特征，常用于贴面和铺地，尤其是中国传统风格庭园环境中大量使用青砖铺地。

3.5.5　花岗岩砖

花岗岩砖是将花岗岩切割成更小型的立方体，具有荔枝面、自然面等不同的饰面外观，花色种类多样，质地坚硬，耐腐蚀耐磨损，常作为高档景观工程中的地面铺装材料。花岗岩砖一般使用机器切割，可以加工成多种尺寸。

由于天然石材具有不可再生性，所以市场上出现仿花岗岩地砖。该砖以花岗岩下脚料、树脂、骨料为基本材料，经过压制、打磨成型，具有花岗岩的外观特性，可以进行荔枝面、自然面等饰面处理，成本较低。

3.5.6 水泥砖

水泥砖是以粉煤灰、炉渣、煤矸石、石硝、石粉、河沙、页岩、金铁矿粉等为主要原料，用水泥做凝固剂，不经高温煅烧而制造的砖材。水泥砖可以作为墙体材料，也可以加入颜色、骨料作为地面铺装材料。水泥砖环保、耐磨、防滑，是较好的生态型铺地材料。

3.5.7 同质砖

同质砖，又称通透砖，是以石米、中粗纱为原料，采用震压、高压成型方法，制造出的高密度、高强度互锁砖。其特点是砖体上下不分层，密实度一致，表皮不会龟裂，耐磨、防滑，透水性能好，色泽持久，使用寿命长，是生态环保的铺地材料，在南方多雨地区采用较多。目前市场上的同质砖种类主要是建菱公司生产的建菱砖，生产有长方形、扇形、齿形砖以及路沿砖等产品。

3.5.8 植草砖

植草砖是主要用于停车区的地面铺装材料，中间孔洞可以填种植土进行绿化，达到增加绿化覆盖率和生态环保功能。由于停车位要求地面单位荷载大，所以往往采用高强度混凝土植草砖。中间的孔型有方孔、圆孔或其他孔形，抗压强度包括 MU5.0、MU7.5、MU10.0、MU15.0、MU20.0、MU25.0、MU30.0 七个等级，可以适应不同车型的停车要求（图 3.5-1~ 图 3.5-5，表 3.5-1）。

图 3.5-1　苏州福星新城的舒布洛克砖地面铺装

60 厚舒布洛克砖（细砂填缝）
30 厚半干性粗砂
100 厚 C15 素混凝土现浇
70 厚碎石垫层
素土夯实

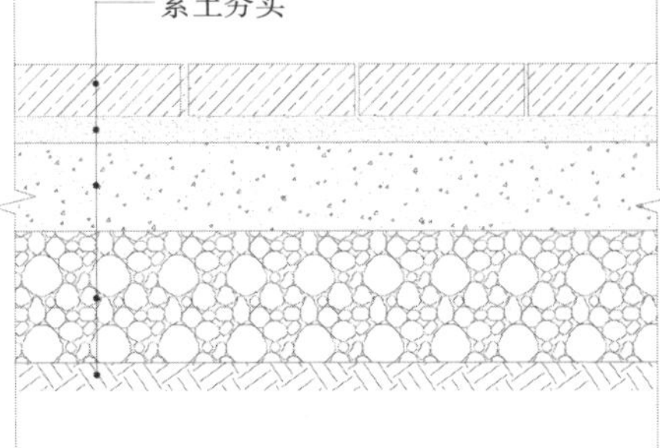

图 3.5–2　舒布洛克砖铺装做法

图 3.5–3　大阪樱花广场彩色地面铺装

230 × 115 × 60 同质砖
30 厚 1∶3 水泥砂浆粘合层
120 厚 C20 素混凝土
150 厚级配碎砾石
素土夯实

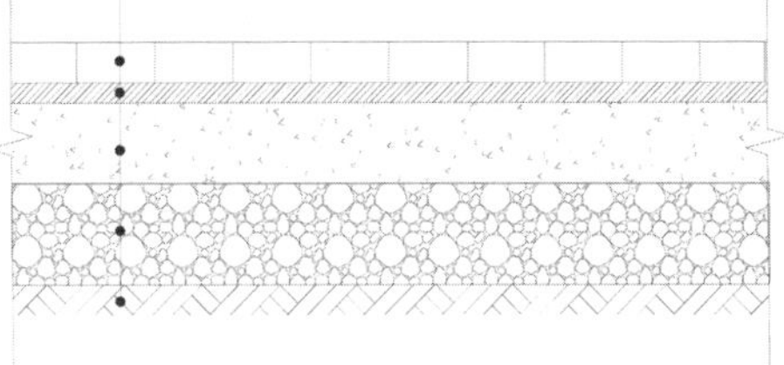

图 3.5–4　同质砖铺装做法

图 3.5–5　东京都厅的广场砖地面铺装

常用砖材规格　　　　表 3.5–1

	常用规格（长 × 宽 × 厚）
混凝土地砖	100mm × 100mm × 60mm、200mm × 200mm × 60mm、305mm × 305mm × 60mm、200mm × 100mm × 60mm、200mm × 100mm × 80mm、400mm × 200mm × 90mm
广场砖	100mm × 100mm × 15mm、108mm × 108mm × 15mm、150mm × 150mm × 15mm、190mm × 190mm × 15mm、100mm × 200mm × 15mm、200mm × 200mm × 15mm、150mm × 300mm × 15mm、300mm × 300mm × 15mm
陶瓷锦砖	18.5mm × 18.5mm × 5mm、39mm × 39mm × 5mm
青砖	240mm × 115mm × 53mm、240mm × 240mm × 60mm、75mm × 300mm × 120mm、100mm × 400mm × 120mm、400mm × 400mm × 50mm、300mm × 300mm × 55mm、750mm × 750mm × 100mm、240mm × 480mm × 60mm、300mm × 600mm × 55mm
红砖	240mm × 115mm × 53mm
水泥砖	240mm × 115mm × 53 mm、240mm × 115mm × 90mm、390mm × 190mm × 190 mm
同质砖	230mm × 115mm × 60mm、230mm × 115mm × 45mm、200mm × 100mm × 50mm、200mm × 100mm × 60mm、250mm × 190mm × 60mm、250mm × 125mm × 60mm、300mm × 200mm × 60mm

3.6 其他景观材料

3.6.1 水泥

水泥是粉状水硬性无机矿物胶凝材料，当代应用最为广泛的建筑与景观工程材料之一。水泥是主要的胶凝材料，加水搅拌后在空气或水中硬化，将砂子、石子等散粒材料或者块状材料（如砖、混凝土砌块、石块等）胶结成整体。通用水泥种类包括硅酸盐水泥、普通硅酸盐水泥、矿渣硅酸盐水泥、火山灰质硅酸盐水泥、粉煤灰硅酸盐水泥和复合硅酸盐水泥共 6 类。

硅酸盐水泥又称为波特兰水泥，是由硅酸盐水泥熟料、0%~5% 石灰石或粒化高炉矿渣、适量石膏磨细制成的水硬性胶凝材料。特点是凝结速度快、强度高（尤其是早期强度高）、抗冻性好、抗碳化性能强、耐磨、抗腐蚀，缺点是耐热性能差，不适应大面积混凝土工程。

普通硅酸盐水泥，是由硅酸盐水泥熟料、6%~15% 混合材料，适量石膏磨细制成的水硬性胶凝材料。性能与硅酸盐水泥相似，但是硬化速度、强度、抗冻性和耐磨性稍差。

矿渣硅酸盐水泥是由硅酸盐水泥熟料、粒化高炉矿渣和适量石膏磨细制成的水硬性胶凝材料，与普通硅酸盐水泥相比，其特点是硬化慢、早期强度低、抗碳化性能差、渗水性大、耐热性好。火山灰质硅酸盐水泥是由硅酸盐水泥熟料、火山灰质混合材料和适量石膏磨细制成的水硬性胶凝材料，颗粒细、渗水性小，适用于有防渗抗渗要求的工程。粉煤灰硅酸盐水泥是由硅酸盐水泥熟料、粉煤灰和适量石膏磨细制成的水硬性胶凝材料，吸水率低、和易性好、抗冻性差、抗裂性和耐热耐腐蚀性能好。

复合硅酸盐水泥是由硅酸盐水泥熟料、两种或两种以上规定的混合材料和适量石膏磨细制成的水硬性胶凝材料，又称为复合水泥。其特性与矿渣硅酸盐水泥、火山灰质硅酸盐水泥、粉煤灰硅酸盐水泥相似。

除了以上 6 大类通用水泥广泛应用于工程中的胶凝材料以外，还有一些特种水泥具有专业用途。如铝酸盐水泥，凝结速度快，可用于堵漏、工期紧急或者冬季的工程。膨胀水泥在硬化过程中会有体积膨胀，常用于路面、桥梁修补工程。白色和彩色硅酸盐水泥可以用于配置彩色水泥砂浆和彩色混凝土。

3.6.2 石灰

石灰是由石灰石、白云石或白垩等原料，经煅烧而得到的以氧化钙为主要成分的气硬性无机胶凝材料。石灰包括生石灰和熟石灰（消石灰）。在景观工程中，石灰常用于配置灰土或者三合土。所谓灰土，即熟石灰粉和黏土按照一定比例拌合均匀，夯实而成。熟石灰粉占灰土体积的 20%，称为二八灰土；占灰土体积的 30%，称为三七灰土。三合土即熟石灰粉、黏土和骨料按照一定比例混合均匀夯实而成。灰土和三合土夯实以后，强度高于石灰和黏土，主要用作地面、道路和建筑物基础的垫层。

3.6.3 混凝土

混凝土，又称为砼，是由胶凝材料、骨料、水等按适当比例配制，再配以外加剂，经混合搅拌，硬化成型的一种人工石材。胶凝材料包括水泥、石膏、沥青、水玻璃等。骨料包括重晶石、钢屑、铁矿石、砂子、石子等。外加剂是用于改善混凝土性能的滑雪物质，如塑化剂、早强剂、引气剂、缓凝剂、防冻剂等。

以水泥为胶凝材料，以砂子、石子作为骨料配置而成的混凝土称为普通混凝土，主要用作建筑物、景观构筑物的承重结构，以及水池的池壁池底。普通混凝土的骨料有粗、细之分。细骨料粒径小于 4.75 毫米，包括河砂、湖砂、山砂等天然砂和人工砂。粗骨料粒径大于 4.75 毫米，包括碎石和卵石两种。除了普通混凝土以外，景观工程中还常用装饰混凝土。

装饰混凝土不用于承重结构，而是专门用于饰面工程，包括彩色混凝土、清水装饰混凝土以及外露骨料混凝土。景观工程中常用彩色混凝土作为地面铺装，又称为压印地坪，是在混凝土基底上用模具压制出板岩、砖、冰裂纹等铺装图案，耐腐蚀、耐磨。清水装饰混凝土能够保持混凝土本色质地，具有特殊的审美效果，常用于建筑墙体饰面。

3.6.4 砂浆

砂浆是由胶凝材料、细骨料和水配制而成的建筑材料，又称为细骨料混凝土或者灰浆。砂浆包括砌筑砂浆和抹面砂浆。砌筑砂浆用于砖、石块、砌块等建筑块状材料的砌筑，提高砌体整体稳定性和强度。砌筑砂浆包括水泥砂浆、石灰砂浆、混合砂浆等，抗压强度从小到大有 M2.5、M5、M7.5、M10、M15、M20 六个等级。一般而言，潮湿环境适用水泥砂浆，干燥环境适用石灰砂浆，混合砂浆适用于各种砌体工程。

抹面砂浆，又称抹灰砂浆，是涂抹在建筑物和构件表面以及基底材料的表面，保护基底、平整外表的砂浆。与砌筑砂浆相比，抹面砂浆不承受荷载，因此对抗压强度没有要求，但是要求有较好的粘合力与和易性。常用的抹面砂浆有水泥砂浆、石灰砂浆、混合砂浆、麻刀石灰砂浆，以及纸筋石灰砂浆等，另外还有防水砂浆、保温砂浆、聚合物砂浆等特种用途砂浆。其中，水泥砂浆适用于潮湿和强度要求较高的部位；石灰砂浆适用于干燥环境中的砖墙抹面；混合砂浆可以用于混凝土基底；防水砂浆用于制作刚性防水层；保温砂浆用于工程现浇保温和隔热层；聚合物砂浆有较高的耐磨、耐腐蚀和防渗性能，用于填补混凝土裂缝和涂刷要求耐磨、耐腐蚀的面层。

3.6.5 木材

木材作为建筑材料具有悠久的历史，中国、日本的传统建筑均为木结构建筑。木材是可再生材料，具有传热性低、重量轻、强度高、取材方便的优点，因此，中国、日本古代大量使用木结构建筑。现代常用于木制品和建筑物的木材主要有樟子松、红松、落叶松、云杉、榆木、桦木、水曲柳等，建筑工业中常用的木制品有胶合板、实木板、刨花板、纤维板等、细木工板、木屑板以及蜂巢板等。

景观工程中木材主要是用于地面铺装和木质景观构筑物。由于户外环境具有潮湿、多腐蚀的特点，因此应采用防腐木作为主要的景观木材。防腐木是采用防腐剂特殊处理后的木材，具有防止木材腐烂和生物侵害、美观、质朴、生态的功能。防腐木材料包括俄罗斯樟子松、北欧红松等，其中以北欧红松为主要原材料进口的防腐木又称为“芬兰木”，是国内景观工程中常见的材料。

塑木是以植物纤维为主原料，与塑料合成的新型复合材料，可以替代防腐木。其特点为：使用成本低、寿命长、强度高、具有木材表面的质地、易于加工、不需要定时保养、防火、防水、耐腐蚀，因此广泛应用于景观地面铺装、户外座椅等构筑物（图 3.6–1~ 图 3.6–3）。

图 3.6–1 仁恒翠竹园临水木甲板平台

图 3.6–2 上海九间堂庭院木质甲板铺装

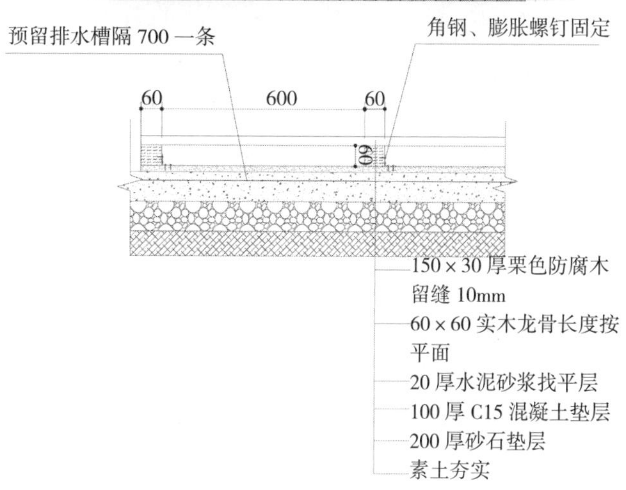

图 3.6–3 木质甲板铺装详细做法

第四章 景观空间设计技法

4.1 景观规划设计的原则、步骤和制图

4.1.1 当代景观规划设计原则

（1）处理好保护与利用的辩证关系

在规划设计区较为完整的生态系统和景观的基础上，合理开发和利用场地。尽量不要破坏原生态系统，同时要采取措施恢复已经被破坏的生态系统。特别注意保护优美的自然天际线和景观节点之间的视觉廊道。景观工程要顺应原来的地形，尽量采用当地的植被，不要破坏地质构造。

（2）以人为本和人性化设计的原则

按照人的活动规律统筹安排交通、用地和设施。对场地的规划设计致力于建设一个高度舒适的区域,杜绝非人性化的空间要素。合理安排无障碍设计,满足不同层次的人类群体需要。

根据其他规划和委托方的要求进行功能和规模定位，结合系统论思想，致力于形成自成体系、同时与外界有机联系的区域。规划区各个部分的功能具有相互依存、相互补充的关系。规划区与周边地区应有畅通的联系，主要出入口应配置在交通便捷之处。在用地布局上与周围片区的发展建设相协调。

（3）遵循可持续发展原则

构筑完整的生态景观系统。加强景观建设，完善绿地系统，突出形象品牌。注重区域的景观整体规划设计，加强建筑、园林、规划、标识物设计的协调。注重景观的永续使用功能，材料选择上要经济实用。

4.1.2 景观规划设计的基本步骤

规划（Planning）与设计（Design）具有不同的定义,或者被看作是相互关联的两个过程。规划一般被定义于谋划和筹划,是运用科学、技术以及其他系统性知识,为决策提供待选方案,同时也是对多种选择进行考虑并达成一致意见的过程（Steinitz,1999）。规划联结知识与实践,不仅提供发展蓝图，也提供为达到目标所设计的制度和措施，是对未来发展的控制与安排。设计是根据一定的目的和要求，预先制定方案、图样等（辞海，1999）。规划是宏观的控制与安排,按照内容分为社会经济发展规划、工程规划、绿化规划、港口规划、区域发展规划等,按照层次分为总体规划和详细规划，按照性质可以分为单项规划和综合性规划。设计则是微观的、具体的，按照内容分为建筑设计、景观设计、城市设计、绿化设计等，按照层次分为方案设计和施工图设计。

景观规划设计一般包括以下几个过程。

（1）通过招投标、竞赛，接受规划设计任务

景观规划设计的项目包括公共空间项目和非公共空间项目。一般来说，如果工程的投资规模大，对社会公众的影响比较大的话，需要举行招投标。在招投标中胜出才能够取得规划设计委托的机会。招投标主要是根据各个方案的性价比进行筛选，也就是说方案要思路好、功能安排合理、利于实施，同时造价要尽可能地低。因此，招投标的实质是择优。但是，由于规划设计的特殊性，招投标的法律规定并不是非常适合于选择最佳方案和进一步的优化，有的城市以竞赛的方式征集方案。除了竞赛、招投标以外，大部分的项目是以直接委托的形式进行。无论是哪一种形式，首先都要明确项目的基本内容，根据自己的情况决定是否接受规划设计任务。

（2）资料的收集

景观建设是协调人类社会和自然环境关系的活动。只有对基础资料进行充分分析的基础上,才能够做出正确合理的方案。因此在明确规划设计目标和内容后,应当着手收集基础资料。需要收集的资料包括基地外部数据资料和内部的数据资料。

——外部的数据资料

· 气象：气温、湿度、风向、风速、大气污染、积雪、微气候、冻土厚度、静风频率等。

· 地质：地质结构、地表状况、地基承载力、不良地基分布、滑坡、山体坍塌、泥石流、地震烈度等。

· 土壤：土壤的种类、含水状况、排水状况、侵蚀等。

·水文:流域特征、平均流量、洪水期与枯水期流量、水位、洪水淹没范围、水流方向和速度、水质、暴雨强度等。

· 植物：植物种类和分布、植物之间的生态联系。

· 动物：动物的种类与分布、动物繁衍、迁徙。

· 历史：人类开发历史、文物和历史遗产、当地习惯和风俗。

· 城镇：城镇职能类型、城镇分布、城市化发展资料。

· 人口：城市人口规模、农村人口规模、种族、宗教、流动人口、性别构成、不同产业的从业人数、人口变动。

· 交通：交通类型、交通需求、居民出行、交通线路、道路设施、停车设施、道路交通量、客运交通枢纽、交通政策信息。

· 已经通过的和正在实施的相关规划：土地利用规划、城市总体规划、分区规划、详细规划、风景区规划、交通规划、绿地规划等，各类现状图纸。

——内部的数据资料

规划设计区的位置、区位、交通状况、给排水现状、池塘、河流、地下水位、水质、现存树木、景观特征、景观资源、微气候、噪声、日照、土壤、建筑物等。

——其他的特殊资料

根据规划设计的内容，需要一些比较特殊的资料。比如，设计一个运动公园，需要调查利用者的数量和运动设施的需求；设计商业购物中心，需要掌握消费群体的数目，到居住区的距离等。

（3）资料数据的分析

上一阶段收集的资料数据有各种各样的形式，包括图纸、文本、表格等，数量庞大，必须进行一定的取舍和分析。根据规划设计的目标和内容，可以在收集数据之前先制作一个资料收集表格，有针对性地进行收集可以大大地提高效率。另外，可以根据规划设计要求，对外部条件进行概要性的分析以后，再着手收集基地内部的资料。

对资料数据进行收集和取舍后，就进入了分析阶段。分析的目的是发现自然、社会、人文、历史方面的规律，为制定规划设计方针和要点做准备，并且进一步修正、完善原来的规划目标和内容。主要的分析方法有叠加分析、定性分析、定量分析，由于数据复杂而且庞大，分析工作可以在地理信息系统（GIS）平台上进行。

（4）确定规划设计的基本目标、方针和要点

在对资料数据进行充分分析的基础上，明确规划设计的基本目标，并确定方针和要点。基本目标是规划设计的核心，是方案思想的集中体现。表示在设计实施后希望达到的最佳效果。目标的制定应该符合现实状况、突出重点，不包罗万象。规划设计方针是实现目标的根本策略和原则，是规范景观建设的指南。它的制定应该服务于规划设计基本目标，简明扼要。规划设计要点是具有决定意义的设计思路，关系到方案是否成功。要点必须符合目标。景观规划设计的要点是涉及全局性的生态系统、视觉格局、功能分区等，而不是某个局部的设计思路。主要在以下几个方面考虑：

一是基地内外部的优势条件。如植被茂密、地形变化等。优势条件应当尽量保留并且积极地利用，才能凸显地区特点。

二是基础设施是否完善。基础设施是人类居住和工作必需的设施。景观规划设计必须考虑到如何利用现有的设施，以及完善基础设施的措施与步骤。

三是基地内外部的薄弱环节。比如生态系统脆弱、水位低、地质灾害频繁等。一旦建设不当，会造成难以弥补的后果。应该扬长避短，或者通过精心的设计弥补先天的薄弱环节。

（5）确定功能，制作功能图

地区、空间具有各种各样的功能，如交通、居住、商业、娱乐，有的是以某种功能为主、其他功能为辅，有的是多种功能混合在一起形成复合功能空间。无论是何种空间，必然存在主要功能和次要功能，在基本理念、方针要点明确后，需要进行功能的规划和配置。下面以公园为例，具体探讨功能规划与配置的方法。

公园的功能基本为休闲、运动、生态三大类，可以细分为野外休闲、日常休闲、运动、文化历史教育、保护动物、涵养水源、保护植被等。不同的公园所侧重的功能有所不同。表4-1为各类公园的功能类型。

基本功能确定后，还要确定辅助功能。辅助功能包括入口、停车、出口、餐饮、休息等，基本功能和辅助功能共同形成完整的空间。辅助功能的选择主要根据规划设计区的规模、位置以及委托方的需要进行。比如大型综合公园，利用者人数多，往往需要配置餐饮、停车等功能，以满足不同层次人群的需要。森林公园因为距离市区远，除了餐饮、停车外，还需要有住宿功能。而街区公园主要以满足附近居民休闲的需要而设置的，面积一般不大，辅助功能也比综合公园要少得多。

功能确定后，需要进行空间上的组合。常用的方法是制作功能图。功能图将各个功能之

间的配置和组合通过图表达出来，是表现功能关系和物流、人流动线组织的抽象图。功能图必须包含规划设计区内所有的功能。

在基地的资料数据分析的基础上，根据基地的特性和制约条件，明确基地内各个部分可以承担的功能和规模，在此基础上进行大致的功能配置，这称作功能分区。以此为主要内容的图纸成为功能分区图。功能分区图将分散的功能进一步整合，是功能图的深化。由于功能分区使人们更加清楚迅速地明白各个部分的主要功能和相互关系，规划设计过程中经常以功能分区图取代功能图（表 4.1–1）。

功能分区应当注意以下原则：

· 根据基地各个部分的特征确定功能。比如广场、停车场、大型建筑物、运动场一般设置在平缓地，坡地适宜作为绿化区，湿地可以配置生态游览区，水面则适宜作为水上活动。如果基地的特性无法满足功能需要的话，就需要进行工程改造，这样会增加建设成本。

· 功能的组合应该充分考虑利用者的习惯和方便性。路线组织应当避免重复、兼顾各个功能区；休息区应当分散布置在人流聚集附近；出入口尽量配置在交通便利之处；停车场尽量靠近出入口；管理中心则一般布置在比较隐秘的地方，并且搭配工作人员的生活工作设施。

· 尽量降低日常管理维护的成本。景观规划设计的对象如公园、街区等，需要经受长时间的利用。从经济的角度出发，在功能分区阶段就应当考虑降低日常的管理维护成本。各个功能区应该尽可能地发挥不同地段的优势条件。

（6）规划方案的确定

各个功能区基本确定后，就进入了规划方案阶段。这一阶段通过规划图进一步确定设施的基本位置和大小形状、出入口位置、停车场的位置与规模、道路走向和宽度、绿化树种等。规划图包括平面图、立面图、断面图，还可以通过三维鸟瞰图、效果图、各类图表、规划文本表达规划意图。规划方案阶段基本确定了空间未来的形态、材料和色彩，要与委托方、公众不断交流协调，反复推敲。必要的话需要制订多种后选方案。

（7）进行具体设计

规划方案确定后，进入具体设计阶段。这一阶段的设计是对上一阶段的深入细化，同时

各类公园的功能类型 表 4.1–1

	野外休闲	日常休闲	运动	文化历史教育	保护动物	涵养水源	保护植被
儿童公园		■	■				
街区公园		■					
动物园		▲		▲	■		
植物园		▲		▲		▲	■
综合公园		■	■	■		▲	▲
体育公园			■				
森林公园	■		▲	▲	■	■	■
历史名园		▲		■			▲

■为主要功能　　▲为次要功能

也为建设施工做准备，因此一般不对方案进行大的改动，只能进行细微处的调整。但是，也有可能在这一阶段发现方案存在重大失误，这样就需要重新进行规划。具体设计阶段包括方案的细化、建筑设施设计和施工设计三个部分，设计人员需要掌握更加详细的项目条件。

施工设计必须贯彻规划的意图，在细部的处理上做到多样统一、独具匠心。这一阶段需要制作大量的施工图。制作施工图不仅要求细致明确，还要求设计者深入了解各种建筑材料的性能和施工方法。随着工业水平的发展，建筑材料种类越来越多，性能也逐渐提高。不同的建筑材料有不同的质感，应该根据其质感特征选择建筑材料，同时还要考虑到使用年限、耐用程度和费用（表 4.1–2）。

具体设计阶段需要掌握的项目条件 **表 4.1–2**

方案的细化	城市规划	当前的城市规划与预测、交通规划、基础设施规划、城市环境与景观等
	经营	预算、资金、效益等
	工程技术	测量、基本法规、所有权、周围地块状况、地下物体、用地性质、开发强度、公害状况、景观、自然环境、水位、水面面积、水质、土壤、土质、植被、开发界线、给排水、燃气、电、垃圾处理设施等
建筑设施设计	设施概要	设施的名称、功能、数量、规模、风格、相互关系等
	交通线路	主要出入口、步行路线、车行路线、服务路线、交通枢纽设施的关系、停车场位置与规模等
	景观	内部景观、外部景观
	法规	各类与开发建设行为相关的法规，如城市规划条例、绿化条例等
施工设计	地表	面积、宽度、深度、类型、式样、质感、肌理、断面结构与形状、费用、排水系统、散水、耐用年限、施工顺序
	植被	土壤厚度、土质改造、树木重量、透气、给水、斜面植栽、灌木、地被植物、树种

4.1.3 景观规划设计的成果

规划设计成果一般包括文本（说明书）和图纸。

（1）文本或者说明书

法定的规划要求必须提交文本，文本以条文形式反映建设管理细则，经过批准后成为正式的规划管理文件。说明书则是以通俗平实、简明扼要的文字对规划设计方案进行说明。文本和说明书一般包括：

规划设计编制的依据；

现状情况的说明和分析；

规划设计的目标、方针、原则；

规划总体构思；

功能分区；

用地布局；

交通流线组织；

建筑物形态；
景观特色要求；
竖向设计；
其他配套的工程规划设计；
主要技术经济指标（用地面积、建筑面积、建筑密度、绿地率、容积率、层数、建筑高度等）。
（2）图纸
图纸内容一般包括：
规划地段的位置图；
规划地段的现状图（用地现状、植被现状、建筑物现状、工程管线现状，图纸比例为 1/500~1/2000）；
功能分析图（图纸比例为 1/50~1/2000）；
规划（设计）总平面图（图纸比例为 1/500~1/2000）；
道路交通规划图（图纸比例为 1/500~1/2000）；
断面图；
竖向规划设计图（图纸比例为 1/500~1/2000）；
工程管线规划图（图纸比例为 1/500~1/2000）；
施工设计图。
（3）制图标准
目前缺少法定统一的景观制图标准，一般来说，景观规划设计可以参考风景园林的制图规定。

4.2 道路景观设计

4.2.1 道路的功能与景观要素

4.2.1.1 道路的功能

道路是城市交通系统的主要组成部分，联系着城市的各个功能用地。日本土木学会认为，道路的实际功能包括交通和空间两大功能。交通功能是道路的第一功能，是指人们能够方便、准确、及时地通过道路到达目的地或者目的建筑物的功能，空间功能指道路作为城市开敞空间（open space）的一部分，不仅集中了上下水道、电力、电信、燃气等公共设施，保证城市的通风和道路两侧建筑物的采光，为行人提供休息、散步场所，在灾害来临时还具备避难的功能。

4.2.1.2 道路的景观要素

根据景观的性质，道路的景观要素分为自然景观、人工景观和历史景观。根据景观与人的距离，道路景观要素可以分为远景、中景和近景。

自然景观包括保持自然性的山体、水体和植物，山体往往处于远景的位置，如果没有近处建筑物的遮挡，将构成道路景观中优美的外轮廓线。人工景观包括沿街建筑物、建筑小品、雕塑、灯具、广告牌、休息椅等，建筑物由于体量大，往往会遮挡一部分远景，对景观轮廓线的影响较大。历史景观是道路要素中具有历史价值的人工建筑物和构筑物。在西方的城市中，具有宗教意义、纪念意义的教堂、纪功柱、门等作为历史景观，往往成为道路的视觉焦点。

4.2.2 城市道路的形式

4.2.2.1 道路的分级

根据道路所承载的交通性质和交通量的大小，可以将城市道路分为以下 5 种道路：

（1）主干道

主干道路是市区主要的交通运输线路，连接城市主要的功能区、公共场所等。

（2）次干道

联系主干道的辅助交通线路。

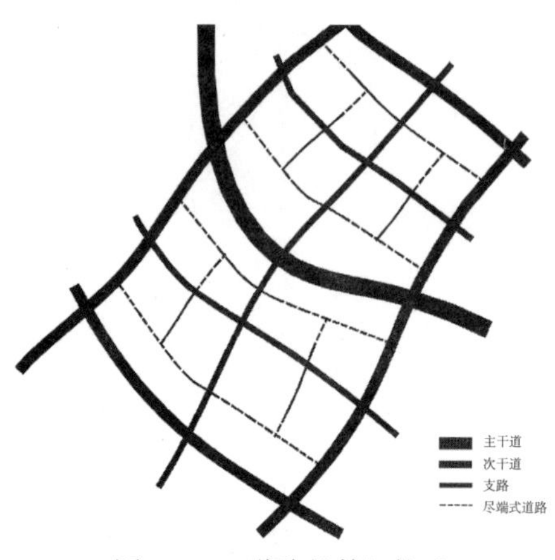

图 4.2–1 道路的等级构成

（3）支路

联系各个街区之间的道路。

（4）尽端式道路

街区内部的道路，同时也是机动车交通最末端的道路。

（5）特殊性质的道路

包括专用步行道、风景路、残疾人通道等。

以上道路的宽度大小顺序一般为：主干道 > 次干道 > 支路 > 尽端式道路。在我国，主干道宽度一般为 30m~45m，次干道宽度为 25m~40m，支路的宽度一般为 12m~15m。主干道、次干道、支路和尽端式道路共同构成城市道路的等级系统（图 4.2–1）。

4.2.2.2 道路的布局形式

道路的布局形式是在一定的自然地形条件和社会经济条件基础上发展起来的，归纳起来主要有方格棋盘形、环形、放射形、不规则形等。

城市道路系统包括主要道路系统和辅助道路系统。主要道路系统由各类干道、次干道组成，承担主要的交通量，是城市各个部分相互联系和物流、人流的主要通道。辅助道路系统是各个区内部基层生产生活组织的道路系统，包括支路和尽端式道路以及专用步行道路等。主要道路系统要求车流顺畅、快速，一般不深入居住区，而是从各个用地之间穿过，沿线尽量减少交叉口，尽量采取立体式交叉。

4.2.2.3 尽端式道路系统

（1）机动车尽端式道路路网的基本形式

尽端式道路是机动车道路系统最接近建筑物的部分，不仅要确保人们用车的方便，另一方面要保证街区环境的安静和居民步行的安全。尽端式道路的基本形式有以下 4 种。

——口袋路

仅仅一条机动车路深入街区，非街区居民的车辆无法进入和停靠，能够确保环境的安全。缺点是没有迂回道路，不太方便机动车进出。

——U 字路

口袋路的改进形式。在口袋路的基础上增加了迂回道路，提高了便利性。与口袋路一样，没有过路交通，可以保证环境的安静与安全性。

——格子路

便于过路机动车通过，破坏了街区环境的安静和统一性，步行者的安全性也比较低。

——T 字路

格子路的改进形式，有效排除了过路交通，影响了机动车的行驶速度，但是提高了步行者的安全性（图 4.2–2~ 图 4.2–5）。

（2）机动车尽端式道路路网的组合形式

实际应用过程中，机动车尽端式道路四种基本形式相互组合，可以形成多种不同类型的道路系统（图 4.2–6~ 图 4.2–14）。

4.2.2.4　道路的断面

道路断面一般有四种基本形式，俗称为一块板、两块板、三块板、四块板。一块板是仅有一条车行道，机动车、非机动车都在这条道上行驶；两块板是在一块板的基础上增加了分向隔离带，形成两条车行道，同一方向的机动车与非机动车混合单向行驶；三块板是路中间有两条隔离带，将车道分成三部分，中间为双向机动车道，两旁为单向的非机动车道；四块板为三条隔离带，将车行道分成单向的四个车道，中间两车道行驶机动车，两侧的车道为非机动车道（图 4.2–15~ 图 4.2–18）。

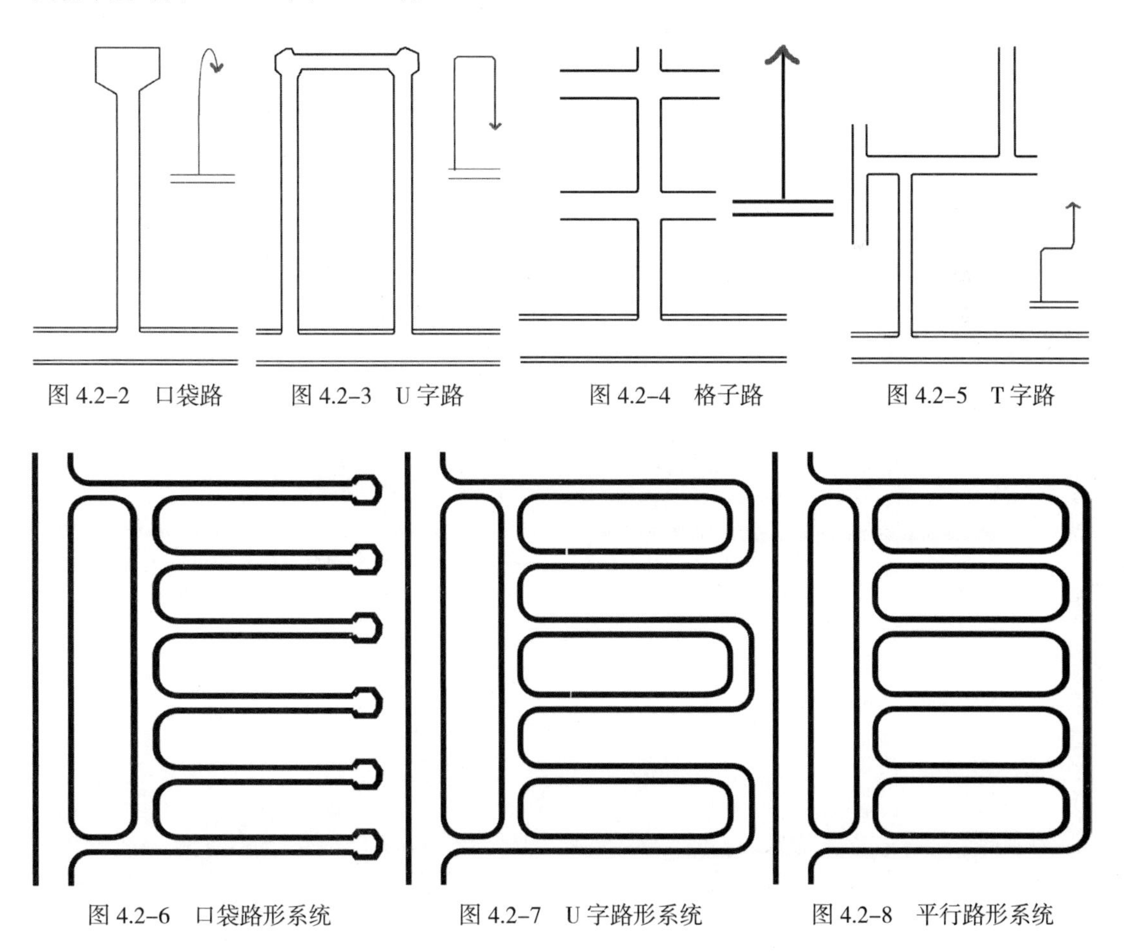

图 4.2–2　口袋路　　图 4.2–3　U 字路　　图 4.2–4　格子路　　图 4.2–5　T 字路

图 4.2–6　口袋路形系统　　图 4.2–7　U 字路形系统　　图 4.2–8　平行路形系统

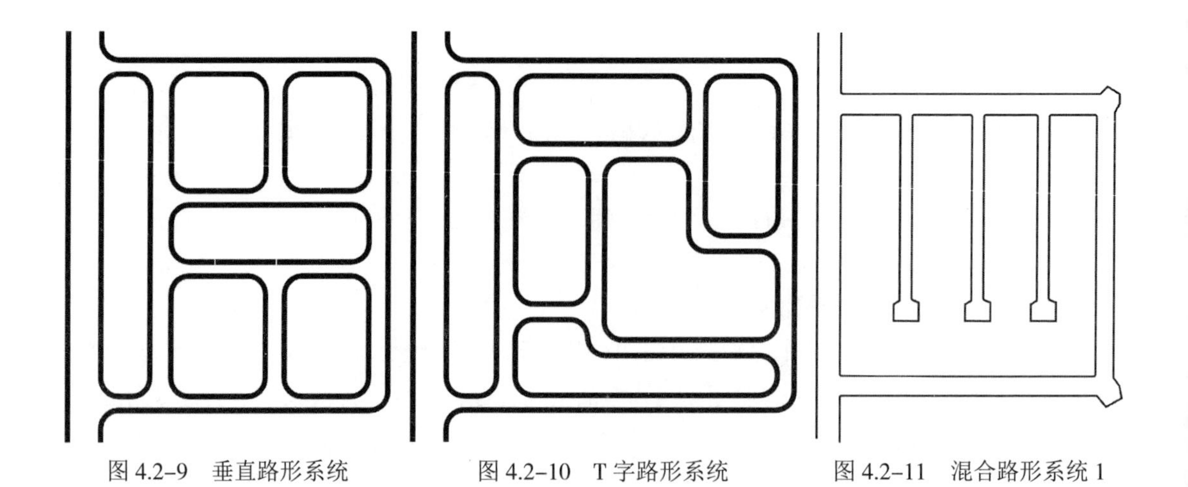

图 4.2-9　垂直路形系统　　图 4.2-10　T 字路形系统　　图 4.2-11　混合路形系统 1

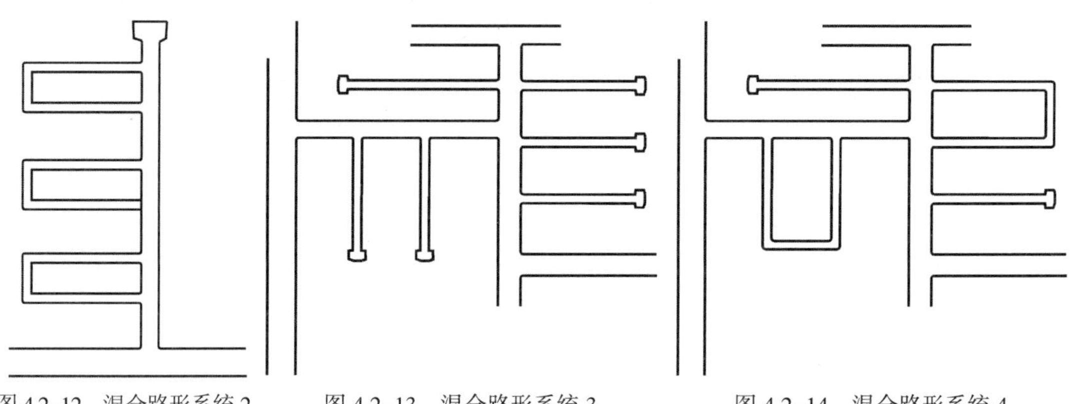

图 4.2-12　混合路形系统 2　　图 4.2-13　混合路形系统 3　　图 4.2-14　混合路形系统 4

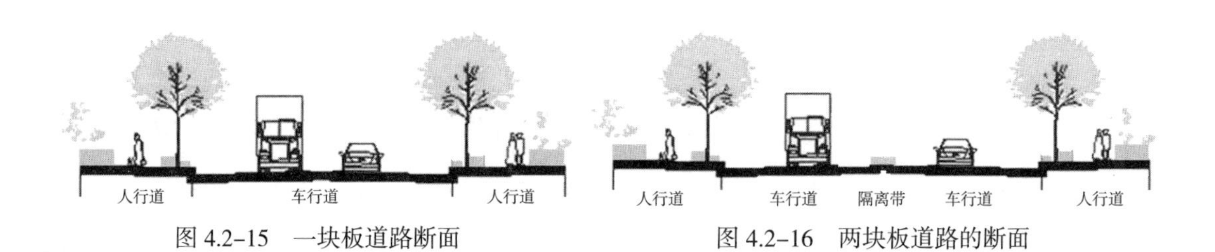

图 4.2-15　一块板道路断面　　图 4.2-16　两块板道路的断面

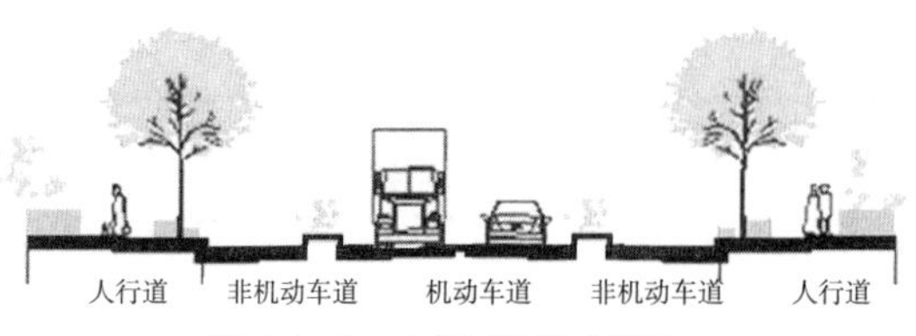

图 4.2-17　三块板道路断面

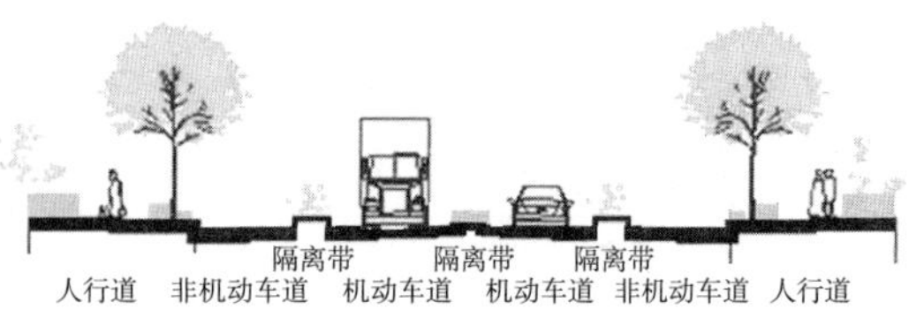

图 4.2-18　四块板道路的断面

4.2.3 人车分离

4.2.3.1 人车分离的方式

人车分离是为了应对日益增长的机动车交通量对城市环境和人类的生活所带来的压力而提出的交通控制方式，是通过机动车与人的动线空间相对分离，最大限度地保证人出行的安全性和机动车的出行效率。人车分离已经成为最常用的交通空间控制手段，对道路的景观形态有重要的影响。人车分离的具体方式包括平面分离、立体分离和时间分离。

（1）平面分离

平面分离是将人和车出行的动线在同一平面空间上进行分离。古代城市中设置专门的马车道，将人和马车的出行路线分开，是最早的人、车分离方法。平面分离中，可以将人行路线相互联结成为系统性的网络，人行的路线包括人行道、专用步行道、自行车道等。

在城市的核心区、历史性街区等地方，经常设置一定的区域作为行人专用区，禁止机动车的通行。这种方式可以允许行人在该区域范围内的任意路线上行走，由于杜绝了机动车出入，有利于保证环境质量和创造统一的风格氛围，但是在外围需要设置一定数量的停车场。这类地区包括广场、步行商业街、餐饮娱乐休闲街、历史街道等。

（2）立体分离

立体分离是将人和车在不同的平面空间上进行分离。由于分离彻底，该方式有利于土地利用效率的提高。立体分离包括点状立体分离、线状立体分离和面状立体分离 3 种形式。点状立体分离是将人与车的平面交叉部分立体化，如过街天桥或者地下通道。实行立体分离的地点相互连接，形成线状和面状的立体分离。

（3）时间分离

将一定的地区和道路，在某一特定时间段中设置为步行专用区，通过时间的分离达到人车分离的目的。如一些商业街处于城市交通道路上，平时有大量的机动车穿行，通过时间分离方式，在周末或者晚间将道路封闭，使其成为专用商业步行街（图 4.2-19~ 图 4.2-23）。

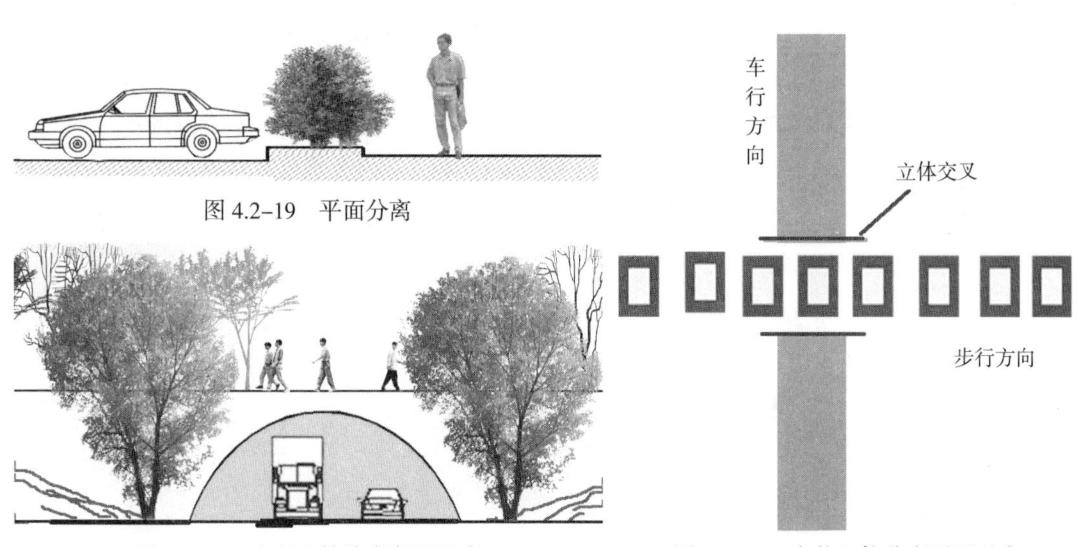

图 4.2-19　平面分离

图 4.2-21　点状立体分离断面示意

图 4.2-20　点状立体分离平面示意

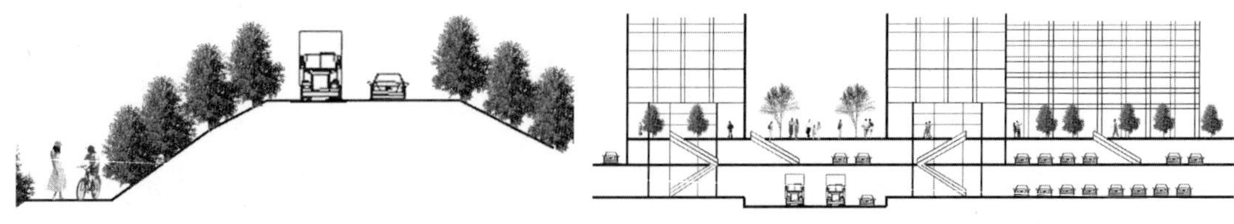

图 4.2-22　线状立体分离示意　　图 4.2-23　面状立体分离

4.2.3.2　步行道路与机动车道路的组合

根据人车分离原则，将机动车道路与步行道路分开，可以提高步行的安全性，并保证环境的安静。机动车道路与步行道路的基本组合方式有以下几种：

——口袋路 + 步行路体系（图 4.2-24）

口袋路与步行道路相互交织组成的道路体系，是最基本的人—车动线分离的类型。

——U 字路 + 步行路体系（图 4.2-25）

U 字路与步行道路相互交织组成的道路体系，有一定的人—车交叉路口，但是交通量少，人—车的分离度高。

——混合路 + 步行路体系（图 4.2-26）

T 字路、口袋路、U 字路与步行道路相互交织组成的道路体系，人—车交叉路口增多，但是由于车速受到限制，可以有效避免交通事故。

4.2.3.3　步行网规划

将各种形态的步行空间连接起来，形成步行网，可以增强城市的休闲性，提高城市空间的魅力。组成步行网的空间形态包括人行道、人行天桥、人行地下通道、广场、步行商业街、历史街道等（图 4.2-27）。

4.2.4　道路景观设计的要点与内容

4.2.4.1　道路景观设计的要点

道路景观设计的目的在于创造舒适、愉悦的通行空间。然而，现代社会，机动车大量存在，以确保交通通畅为目的的路网组织形式对道路景观的形成有重要的影响。比如，在城市干道上车道多，交通量巨大，空气污染和噪声污染都比较大，就需要通过调整道路的功能和路网形式，加强步行空间的连续性。可以说，路网的安排和相应的交通控制从根本上决定停车场位置、人行系统的走向、植物带的位置等，决定道路景观的基本特点。因此，道路景观设计

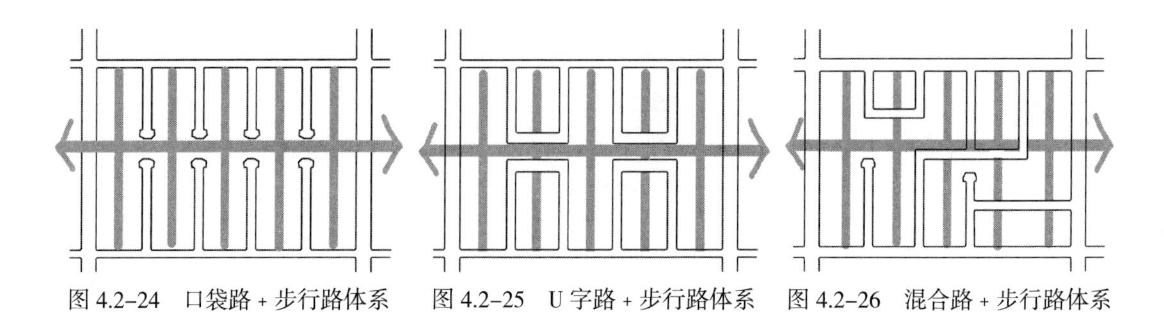

图 4.2-24　口袋路 + 步行路体系　　图 4.2-25　U 字路 + 步行路体系　　图 4.2-26　混合路 + 步行路体系

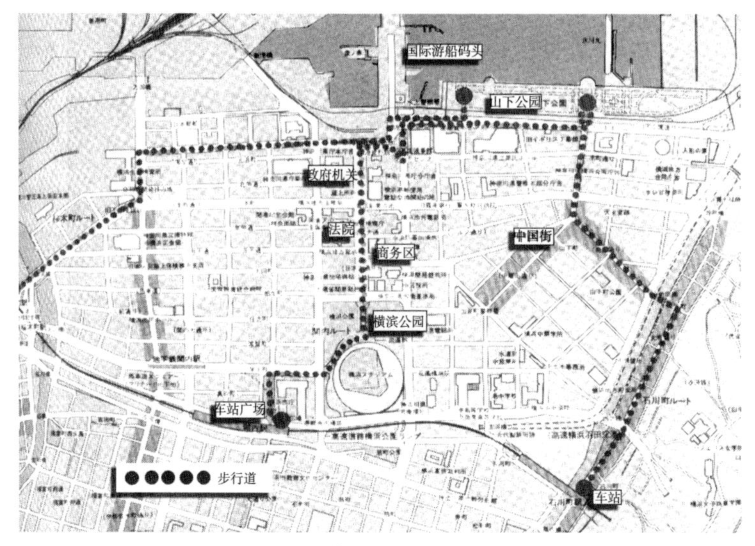

图 4.2–27　横滨市中心区的步行网

的要点在于合理安排交通路网和通行功能、保证人车出行效率的基础上，对沿街建筑和广告标示物进行控制，精心设计绿化植物、停车场地和休息所等（图 4.2–28，图 4.2–29）。道路景观设计的主要内容包括建筑控制、绿化设计、停车场设计和道路设施设计。

4.2.4.2　建筑控制

建筑是道路主要的景观要素，对建筑的外观和形态进行改造和控制是道路景观设计的重要内容之一。建筑控制的重点是高度、后退距离、建筑外观以及户外广告物的形态和色彩。

（1）建筑物高度

道路两侧建筑物的天际线是城市天际线的基本组成部分，对道路景观、城市景观产生根本的影响。现在我国在历史街区的保护上，一般采取比较严格的建筑物高度控制制度。但是，对于一般性的城市环境，缺少强有力的建筑物高度规范。建筑物高度参差不齐容易造成街道环境紊乱，而建筑物高度过于整齐划一容易导致环境缺乏生气没有趣味，因此，对建筑物的高度控制应当根据多样统一的原则，适当集中高层建筑。街道建筑群的轮廓线以横“S”形为宜（图 4.2–30~ 图 4.2–32）。

沿街建筑物高度（H）与道路的宽度（D）影响行人的视野和视觉感受。一般来说，$D/H \geq 4$ 时，行人的视野开阔，没有封闭感和压抑感；当 $D/H = 1\sim3$ 时候，行人的视野缩小，但是不会感觉到压抑；而 $D/H \leq 1$ 时，人容易感觉到压抑（图 4.2–33~ 图 4.2–35）。

（2）建筑物后退

沿道路的建筑物控制在一定的后退距离内，可以在道路与建筑物之间留出一定的开敞空间，不仅有利于丰富道路景观的变化，还可以通过增加行人的行走空间，提高步行的休闲性和愉悦感。

建筑物后退是最早的道路整治方法之一。如日本在 20 世纪上半期实施的建筑线制度规定了建筑物的基线位置。我国古代城市一般不注重公共空间的布置，道路狭窄。在 20 世纪 80 年代后实行的规划体制中，一般是通过建筑后退道路红线距离这一指标来控制建筑物的后退程度（图 4.2–36）。

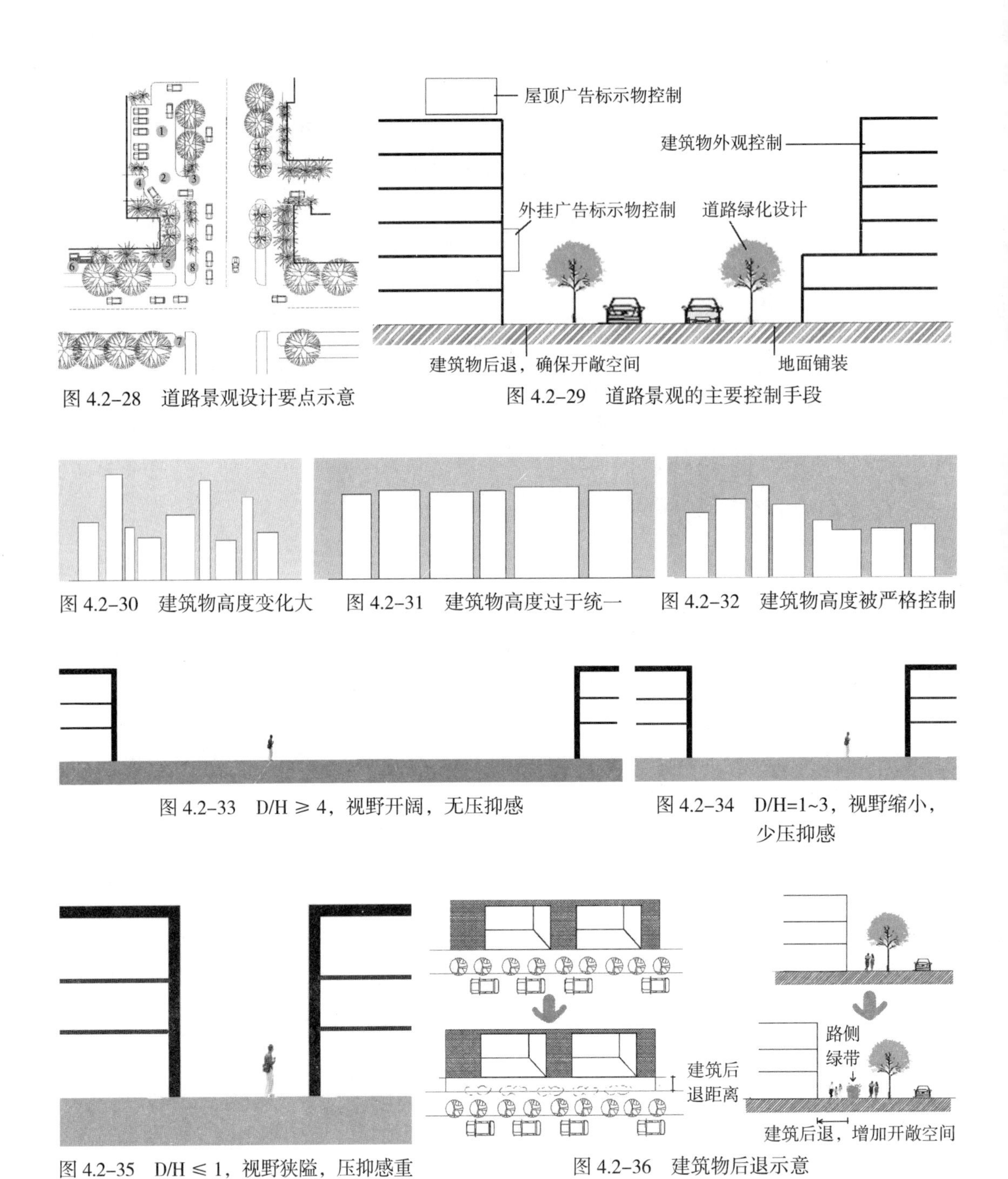

图 4.2–28　道路景观设计要点示意

图 4.2–29　道路景观的主要控制手段

图 4.2–30　建筑物高度变化大

图 4.2–31　建筑物高度过于统一

图 4.2–32　建筑物高度被严格控制

图 4.2–33　D/H ≥ 4，视野开阔，无压抑感

图 4.2–34　D/H=1~3，视野缩小，少压抑感

图 4.2–35　D/H ≤ 1，视野狭隘，压抑感重

图 4.2–36　建筑物后退示意

（3）建筑的外观

沿街建筑的外观是道路外观的主体，体现道路的文化氛围，直接影响人们对道路景观的感受，应当根据整体性原则，对其进行重点控制和精心设计，尽量避免建筑形态的凌乱。美国通过城市设计制度，日本通过景观法规、美观制度对沿街建筑的外观进行规制，根据严格的设计审查制度对建筑单体设计进行评判，或者通过街道整体环境设计达到对建筑外观的整体性要求。

对建筑外观的控制主要包括色彩、材料和样式 3 个方面。在我国，特色商业街、娱乐街以及历史性街道，为了体现街道环境的整体氛围和文化环境，对建筑外观的控制比较重视，但是一般性的城市道路，道路两侧建筑外观紊乱的现象较为严重。我国规划体制中对建筑外观的控制主要是通过控制性详细规划进行，在力度和方法上都需要进一步加强完善。

（4）广告标示物

随着经济的发展，广告已经成为我国城市环境中必不可少的要素。室外广告标示物的数量急剧增加，对道路的景观风貌影响很大。室外广告标示物包括独立设置的广告物和依附于建筑物设施的广告物，由于广告本身追求醒目的效果，容易破坏道路和建筑风格的整体性，往往成为道路环境不和谐的主要因素之一。因此，必须对室外广告标示物的形态进行控制。

一般来说，主要采取以下方法进行控制：

——尽量减少室外广告标示物的数量；

——尽量使用沉着的色彩；

——控制广告板、牌的面积；

——附着于建筑的广告标示物，应该限定其与建筑物外表面的比例；

——禁止设置移动和闪光的广告标示物；

——尽量减少设置高空广告标示物；

——控制突出建筑物壁面的广告标示物的突出距离与高度；

——对于特殊环境（如历史性街道）中的广告标示物，应根据环境特征规定其材料和色彩。

4.2.4.3　停车场设计

停车场包括地面停车场、地下停车场以及立体式停车场。停车场内，机动车的停靠方式一般有平行停车、垂直停车、30° 停车、45° 停车、45° 交叉停车、60° 停车、直角停车等。

（1）平行停车

车体与停车线平行，是最常用的路边停靠方式，适用于路幅较窄的道路。

（2）垂直停车

车体与停车线垂直的停靠方式，需要比较宽裕的停车空间，车体之间要留出足够的空间供乘车人上下车。

（3）30° 停车

有前进停车和后退停车两种停靠方式，前进停车比较普遍。适用于车道较窄的地方。每辆停靠车辆的占地面积较大。

（4）45° 停车

前进、后退皆可以停车，前进停车比较普遍。

（5）45° 交叉停车

两列 45° 停靠的车辆相互反向交叉，有效节省了车辆的单位占地面积。

（6）60° 停车

最便利的停车方式，但是需要较宽的车道提供足够的转向和倒车空间。也可以实施交叉式停车。

停车场的景观设计中，除了根据场地的面积和形状合理规划车位外，还应当增加绿化，配置小型的休息处，增加停车场的趣味。停车场周边应该种植高大庇荫植物，并设置隔离防护绿带。停车场内结合停车间隔带种植高大庇荫乔木，树木枝下高度为 2.5m（小型汽车）、3.5m（中型汽车）和 4.5m（载货汽车）（图 4.2-37~ 图 4.2-44）。

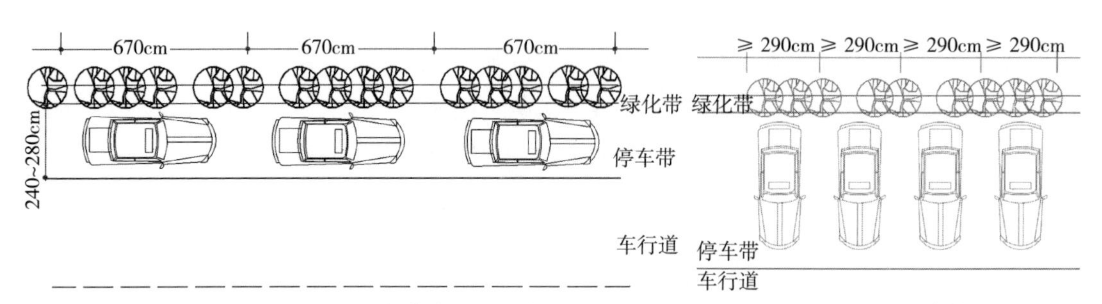

图 4.2-37　平行停车

图 4.2-38　垂直停车

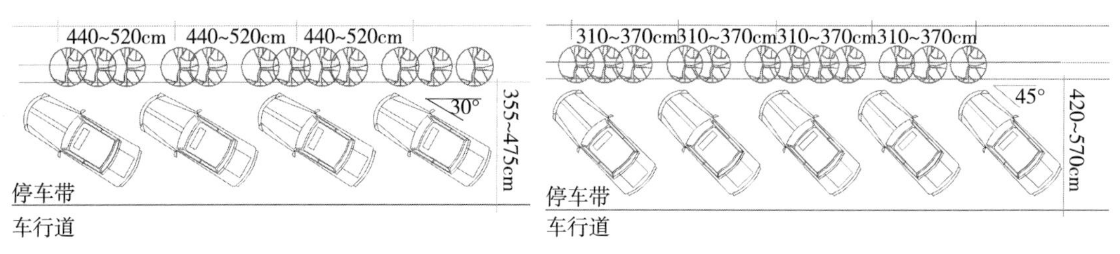

图 4.2-39　30°停车

图 4.2-40　45°停车

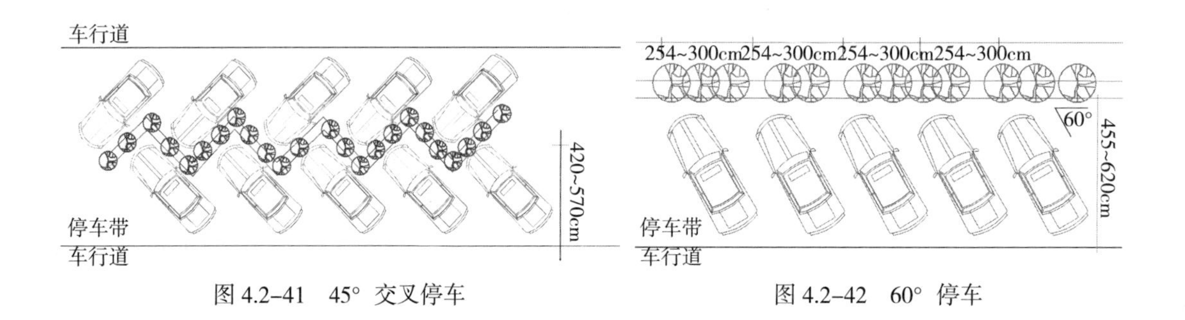

图 4.2-41　45°交叉停车

图 4.2-42　60°停车

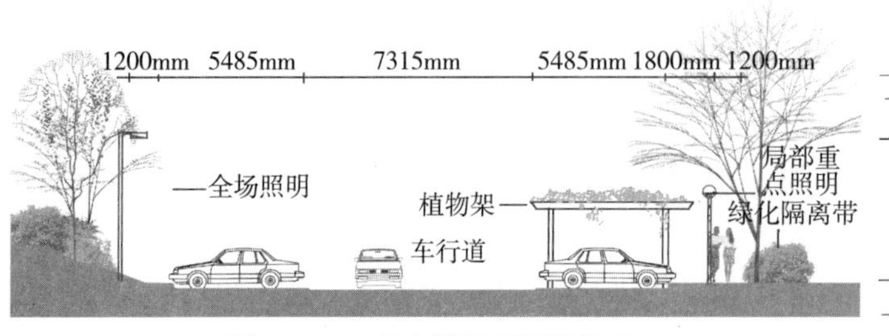

图 4.2-43　停车场断面设计尺寸

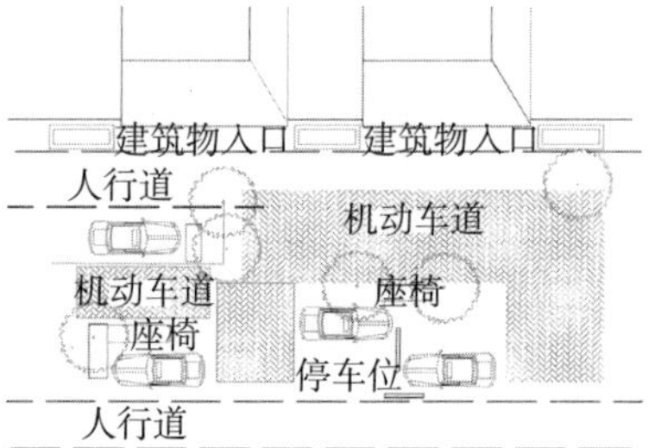

图 4.2-44　某别墅区停车场平面

4.2.4.4 道路设施设计

道路作为城市主要的空间组成部分，承受了人类的行走、驾驶、搬运、交谈、散步、打电话等大量的日常活动。道路上需要布置各种各样的设施，帮助人们完成这些日常活动。另外，道路设施还要符合美化道路环境的要求，其形态必须与道路环境保持协调。

按照所承担的主要功能，道路设施可以分为以下几类：

（1）交通设施

支撑道路交通功能的设施。如交通标线、信号灯、指示牌、人行横道等。应该遵循交通相关法规的要求进行交通设施的设计。

（2）无障碍设施

辅助残疾人、老人、小孩、孕妇等身体不便者顺利通行的设施。如扶手、轮椅通道、交通指示音、盲人通道、电梯、自动扶梯等。无障碍设施要严格根据使用人群的特征进行设计。

（3）标识设施

指导人们认清自己所处的地理位置和周围状况，引导其顺利快捷方便地到达目标地的设施。如地图、方向牌等。由于外地人对标识物的依赖比本地人更大，因此标识物往往成为城市形象的代表。城市的标识系统或者重要地段的标识系统需要统一规划。

（4）休息设施

供行人在路上休息、恢复体力的设施。如座椅、石凳等。休息设施的设计在符合人体工学的基础上，可以适当地进行个性化处理，以提高艺术趣味。

（5）观赏休闲设施

有利于人们身心愉悦、陶冶情操的设施。如喷泉、雕塑等。这类设施往往是道路景观的焦点所在，在设计上应追求艺术性和趣味性，在尺度、色彩上不宜过于突兀，而要与环境相互协调。

（6）消费设施

方便行人进行日常消费活动的设施。如街边报亭、小卖店、自动饮料贩卖机等。为了追求活跃的商业气氛，消费设施的设计在造型和色彩上应该活泼一些。

（7）游戏体育设施

街边游园中供儿童游戏或者成人进行身体活动锻炼的设施。如双杠、单杠、秋千、滑梯等。

（8）卫生设施

供行人进行方便、保证街面清洁的设施。如厕所、垃圾箱等。

（9）照明设施

在夜间进行照明的各种灯具。如街灯、地灯、红灯等。

（10）隔离设施

起空间围合、组织人流作用设施。如围墙、栅栏等（图 4.2–45~ 图 4.2–47）。

4.2.4.5 道路绿化设计

（1）道路绿化的作用

在道路两侧或者中间栽种植物，具有重要的环境生态效益。植被不仅能够大量吸收空气中的粉尘、净化空气，还具有调节气温、增加湿度、降低热岛效应、释放氧气、降低噪声等作用。如陈自新等对北京绿地的生态效益进行研究，结果表明每公顷绿地日平均吸收二氧化

图 4.2-45　东京中城的路边座椅

图 4.2-46　东京中城路边水道雕塑

图 4.2-47　东京中城地面标识

碳 1.767t，释放氧气 1.23t，日平均蒸腾水量为 182t，年滞留粉尘量为 1.518t。

除了生态效益以外，通过对植物的布局和搭配，还可以有效起到空间隔离、美化道路景观的作用。植物具有风韵美，被赋予深厚的文化内涵，其具有的精神意义往往成为体现道路环境个性的重要素材。

道路植被主要包括行道树绿带、分车绿带、路侧绿带、交通岛绿地和停车场绿地等。道路绿化应以乔木为骨架，并与灌木、花卉和地被植物相互结合。

（2）道路绿地的布局与设计

道路绿地不仅是道路环境的组成部分，也是城市绿地系统的组成部分。道路绿化应依据绿化功能，明确绿化景观特点，注意景观风格的整体性，同时也要有所变化，注意空间层次、树形搭配、色彩组合的协调。

——分车绿带设计

分车绿带指车行道之间可以绿化的隔离带，其中位于上下行机动车道之间的为中间分车绿带，位于机动车道和非机动车之间或者同方向机动车道之间的为两侧分车绿带。

分车绿带的植物布置形式应以简约风格为主，树形整齐，排列一致。如果其中种植乔木，则分车绿带的宽度不得小于 1.5m，城市主干道的分车绿带宽度应大于 2.5m。

道路中间分车绿带应阻挡对面车辆行驶时候的眩光，在距离相邻机动车道路面高度 0.6m 到 1.5m 之间的范围内，植物的布置应常年枝叶茂密，株距一般不大于冠幅的 5 倍。

依据《城市道路绿化规划与设计规范》（中华人民共和国建设部，1998 年 5 月 1 日起施行），两侧分车绿带的宽度大于 1.5m 的，应以种植乔木为主，并结合灌木和地被植物。两侧分车绿带的宽度如小于 1.5m，应以灌木为主，结合地被植物。

——行道树绿带设计

行道树绿带是布置在人行道和车行道之间，以种植行道树为主的绿带。行道树绿带设计应注重连续性，以行道树为主要植物。行道树的功能主要是为行人及非机动车庇荫，同时又塑造着城市的景观形象。一般而言，其种植方式主要有树带式和树池式两种。

——路侧绿带设计

在道路侧方，布置在人行道边缘至道路红线之间的绿带称为路侧绿带。

路侧绿带需要根据邻近地块的性质和景观要求进行设计。如果路侧绿带宽度大于 8m，可以设计成开放式绿地，并保证其绿化用地面积不得小于该路侧绿地总面积的 70%。

——交通岛绿地设计

交通岛绿地是被绿化的交通岛用地，包括中心岛绿地、导向岛绿地和立体交叉绿岛。

交通岛绿地一般布置成封闭式绿地，其周围的植物应该具有导向作用，在行车视距范围内采用通透式植物配置手法。中心岛绿地布置为装饰绿地，并保证各个路口之间的行车视线通透。导向岛绿地应配置地被植物。立体交叉绿岛除了地被植物以外，可以适当地点缀树丛、孤植树和花灌木，在墙面进行垂直绿化，桥下种植耐荫地被植物。总之，交通岛绿地的植物设计必须以不妨碍交通安全为前提。

（3）植物的选择与配置

道路绿化中，植物的选择与配置在一定程度上反映了一个城市的精神面貌和文明程度，古今中外对道路绿化都非常重视。《汉书》载："……道广五十步，三丈而树……树以青松。"而唐时京都长安用槐、榆作行道树。欧美地区的行道树则常选用欧洲紫衫、桦木、榆、椴、欧洲七叶树等。

植物的选择应满足绿化的基本功能要求，尽量选用本地乡土植物，以提高成活率并降低养护成本。植物的配置在符合使用功能的基础上，提高艺术审美趣味。

——分车绿带

分车绿带植物景观是道路线性景观及道路环境的重要组成部分，其植物选择与配置首先要保证交通安全和提高交通效率，配置形式应简洁，驾驶员容易辨别穿行道路的行人，也可减少驾驶员视线的疲劳，有利于行车安全。为了交通安全和树木的种植养护，分车绿带上种植乔木时，其树干中心至机动车道路缘石外侧距离不能小于 0.75m。

——行道树绿带

城市道路植物景观面貌如何，主要取决于行道树的选择与配置。城市街道的环境条件一般比较差，如土壤板结、空气污染、空中电线电缆的障碍、地下管线的影响等。因此行道树首先应当能够适应这个特殊的环境，对不良因子有较强的抗性。要选择那些耐干旱瘠薄、抗污染、耐损伤、抗病虫害、根系较深、干皮不怕阳光暴晒、对各种灾害性气候有较强抵御能力的耐粗放管理的树种。一般选择乡土树种，也可选用已经长期适应当地气候和环境的外来树种。其次，行道树还应能方便行人和车辆行驶，不污染环境，因此要求花果无毒、无臭味、落果少、无飞毛。一般选择乔木或小乔木，要求主干通直，分支点高，冠大荫浓，萌芽力强、耐修剪，基部不易发生萌蘖，大苗移植易于成活（见臧德奎主编：《园林植物造景》)。如北京常见的行道树：国槐、银杏、栾树、白蜡等；南京常见的行道树：悬铃木、榉树、无患子、广玉兰、雪松等。

行道树的定干高度，根据其功能要求、交通状况，道路的性质、宽度及行道树距车行道距离而定。行道树绿带一般采用规则式配置，最常见的行道树形式为同一树种、同一规格、同一株行距的行列式栽植。

——路侧绿带

路侧绿带与沿路的用地性质或建筑物有着密切的关系。有的建筑物要求有植物景观衬托，有的建筑要求绿化防护，因此路侧绿带应采用乔木、灌木、花卉、草坪等，结合建筑群的平面、立面组合关系、造型、色彩等因素，根据相邻用地性质、防护和景观要求，采用自然式布局方式，进行配置设计，并在整体上保持绿带连续、完整和景观效果的统一。

——交通岛绿地

交通岛绿地分为中心岛绿地、导向岛绿地等。中心岛设置在交叉口中央，外侧汇集了多处路口，为保证清晰的视野，便于绕行车辆的驾驶员准确、快速识别路口，一般不种植高大乔木，以免影响视线；也不布置成供行人休息用的小游园或色彩缤纷的花坛，以免分散司机的注意力，成为交通事故的隐患。通常以草坪、花坛为主，或以低矮的常绿灌木组成简单的图案花坛，外围栽种修剪整齐、高度适宜的绿篱。但在面积较大的环岛上，为了增加层次感，可适当配置少许小乔木和灌木。

导向岛用以指引行车方向、约束车道、使车辆减速转弯，保证行车安全。导向岛植物景观布置常以草坪、花坛或地被植物为主，不可遮挡驾驶员视线。立体交叉绿岛的植物选择则可因地制宜地应用花卉、地被植物及垂直绿化植物。

（4）道路绿地率

道路绿地率是绿地面积与道路面积的比值，反映的是绿化水平的高低。在规划道路的红线宽度时候，应当确定道路的绿地率。根据相应的规范，园林景观路的绿地率一般不小于40%，红线宽度大于50m的道路绿地率不小于30%，红线宽度在40m~50m的道路绿地率不小于25%，红线宽度小于40m的道路绿地率不小于20%（图4.2-48）。

4.2.5 设计案例研究：日本筑波研究学园都市公园路

筑波研究学园都市位于东京都东北60km，成田国际机场西北40km处，是以科学研究、国际交流、教育为特征的科学城。它始建于1963年，作为第一次全国综合开发计划后规划建设的国家级项目，其建设目的是为了缓解东京都首位度过高和人口密度过大问题，发挥科技集中优势，提高教育研发水平。筑波研究学园都市总面积28400公顷，包括研究学园区和周边开发区两大部分。研究学园区是科学城中心地区，东西长6公里，南北长18公里，占地2700公顷。研究学园区包括3类功能区，分别为研究教育区、居住区和城市中心区。一条由广场、公共设施、公园绿地形成的中轴线步行公园路贯穿城市中心区。

图4.2-48　步行道路两侧的绿化

（1）公园路的路线

筑波研究学园都市的规划目标是形成科研为主的中枢据点型城市，具有高度自立性、便利性的中核都市，以及生态、宜居的田园城市。在城区，为了形成良好的景观风貌，提升行人安全性，共建成了48km长的步行者专用道路，连接了住宅、商业设施、学校和公园绿地。在研究学园区，由于公共服务型设施集中配置，为了避免高密度开发造成的环境景观秩序混乱，也为了生态城市、宜居城市的建设，从北部筑波大学到南部赤冢公园，规划建设了长4.7km的步行公园路，从北向南纵贯中心城区，形成城市的纵向结构中心轴线。

步行公园路开始于筑波大学中心图书馆广场，向南经过医疗急救中心与松见公园，逐渐进入中心城区范围。松见公园是步行公园路最北侧的城市公园，内部有大面积的散步草坪、松林与池塘，并建有标志性的展望塔。松见公园不仅是步行者与骑车者从筑波大学进入中心城区的入口，同时也为医疗急救中心提供活动场地和优美的景观。松见公园向南通过立交桥，穿越机动车流较大的北大路，即是筑波女子大学，其南侧配置中央公园。中央公园靠近步行公园路一侧，设计了大面积的池塘，增加了步行者的亲水体验与开阔的景观视廊。池塘驳岸采取缓坡入水的手法，体现日本造园的风格，西侧坡地上布置大面积的树林作为水体的背景。中央公园对面为筑波博览中心，为万国博览会纪念性建筑，里面主要展出人类科技成果。博览中心南侧沿步行公园路配置市立图书馆、美术馆等公共建筑。

中央大道南侧为“筑波中心”，建有宾馆、筑波中心大厦和交通枢纽。中心大厦内部有音乐厅和餐饮街，步行公园路与筑波中心广场将餐饮店、宾馆、大厦、交通枢纽连接起来。步行公园路贯穿“筑波中心”继续向南延伸，沿公园路依旧配置公共建筑，如市民会馆、三井大厦、国际会议中心和附属宾馆设施。“筑波中心”以南步行公园路东侧，公共建筑之间配置大清水公园和竹园公园，以石雕、喷泉为特色。竹园公园南侧尽管有大型超市，但是已经不属于中心城区，而是以研发机构与住宅为主。

步行公园路向南延伸，经过竹园公园，逐渐进入以森林景观为特征的区段。其东侧为宇宙开发事业团的基地，西侧为住宅用地，再往南为二宫公园和洞峰公园。洞峰公园为研究学园区最大的公园，周边为产业技术研究所、气象研究所以及大面积的林地。步行公园路在林地中向南穿行1km左右，到达南端终点——赤冢公园（图4.2-49，图4.2-50）。

（2）步行公园路设计的特点

——全面无障碍化设计

步行公园路的功能之一是在高密度中心城区提供完整、统一、优美的步行空间。因此，筑波中轴线步行公园路全面实施无障碍化设计。4.7km长的路段没有台阶，所有格差均采用斜坡处理，且全部贯通导盲道。步行公园路与城市机动车道路的交叉点基本采用人车空间分离方式，即通过立交桥确保步行路的完整性。

——沿线开放式公园、广场与水体

步行公园路从北向南沿线配置松见公园、中央公园、中心广场、大清水公园、二宫公园、洞峰公园和赤冢公园。这些公园广场全部采用开放式管理，行人可以自由进入。高密度的公园绿地和良好的步行公园路绿化使得步行公园路及其周边街区具有很高的环境品质。各个公园基本上建有池塘、喷泉、瀑布等不同风格的水体，注重步行公园路沿线的景观体验变化，

图 4.2-49　道路两侧的行道树

图 4.2-50　道路两侧的绿化带

提升了步行公园路的亲水性和观赏性。中心广场通过台阶、跌水将筑波中心大厦一层的餐饮街与地面二层的步行公园路连接起来。

——沿线建筑二层与步行者空间全面贯通

步行公园路的地面标高与沿线建筑地面二层持平。城市中心区公共性建筑比较集中，沿步行公园路的公共建筑，包括交通换乘中心、图书馆、中心大厦、音乐厅、宾馆、博览中心，以及北端点的筑波大学图书馆和研究教学大楼，其二层均面向步行公园路设置主出入口和玄关，且通过步行公园路将这些公共性建筑的地面二层连接成统一的无障碍化步行空间。因此，步行公园路的标高大部分与建筑地面二层持平，而建筑地面一层则用于停车和机动车乘用者出入。步行公园路沿线的建筑物，其地面二层标高均通过街区设计手段和特殊协定控制在相同的平面上。这样，日常建筑使用者，在徒步和骑自行车的时候，可以直接通过步行公园路到达沿线建筑的二层出入口，公共步行者空间与建筑二层连成统一的整体，与机动车道路实现了完全空间分离（图 4.2-51~ 图 4.2-61）。

图 4.2-51　筑波研究学园都市位置

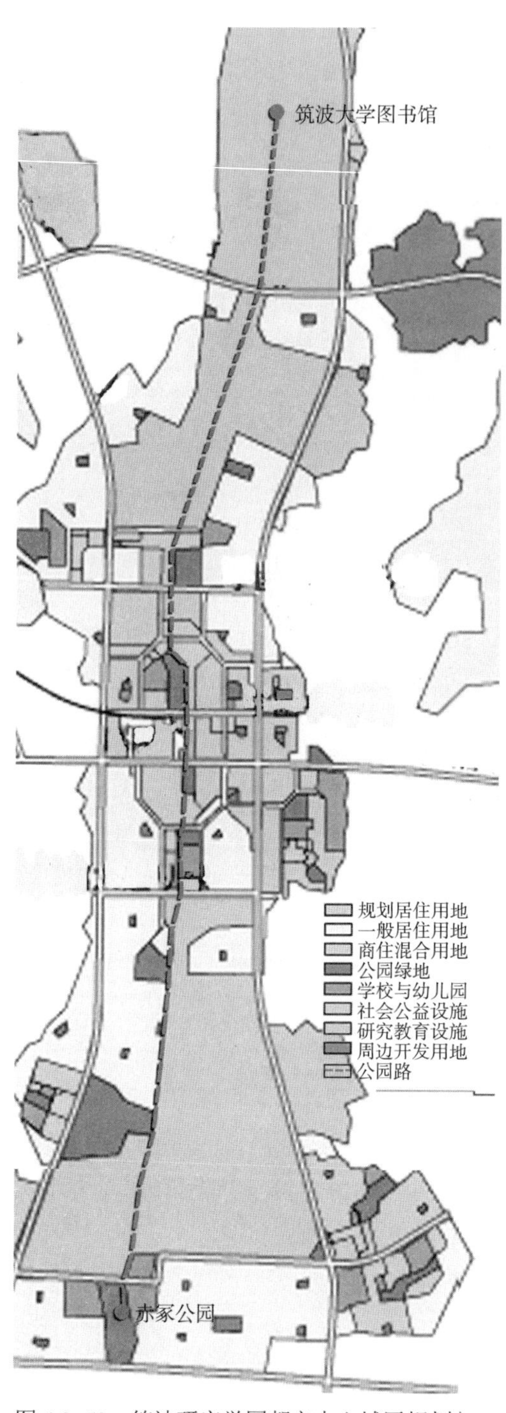

图 4.2–52　筑波研究学园都市中心城区规划与公园路路线图

图 4.2–53　筑波大学图书馆前绿地（右上）
图 4.2–54　公园路景观（右中上）
图 4.2–55　中央公园边的公园路（右中下）
图 4.2–56　有盲道的公园路立交（右下）

图 4.2-57　公园路的开放式池塘

图 4.2-58　筑波中心广场景观

图 4.2-59　公园路联结的开放式公园

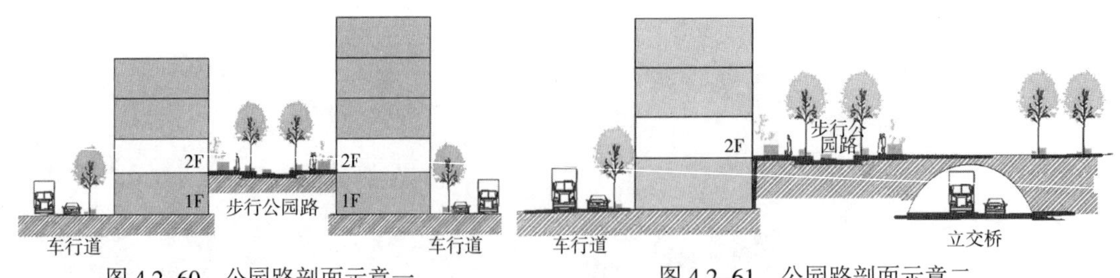

图 4.2-60　公园路剖面示意一　　图 4.2-61　公园路剖面示意二

4.3　居住区景观设计

4.3.1　居住区的基本概念

4.3.1.1　居住区的概念、等级与规模

居住区泛指不同居住人口规模的居住生活聚居地和特指被城市干道或自然分界线所围合，并与居住人口规模（30000~50000 人）相对应，配建有一整套较完善的、能满足该区居民物质与文化生活所需的公共服务设施的居住生活聚居地。根据人口规模或居民户数可以将居住区分为居住区、居住小区和居住组团三级。

居住小区一般称小区，是被居住区级道路或自然分界线所围合，并与居住人口规模（10000~15000 人）相对应，配建有一套能满足该区居民基本的物质与文化生活所需的公共服务设施的居住生活聚居地。

居住组团一般称组团，指一般被小区道路分隔，并与居住人口规模（1000~3000 人）相对应，配建有居民所需的基层公共服务设施的居住生活聚居地（表 4.3-1）。

4.3.1.2　居住区的环境构成

（1）居住区的环境要素

居住区的环境要素包括物质要素和精神要素。其中物质要素又分为自然要素和人工要素。

——**自然要素**：地形、水体、植被、土壤等；

——**人工要素**：建筑物、各类公共服务设施、道路、工程设施；

——**精神要素**：物业管理制度、社区组织、文化活动、风俗、居民道德、宗教信仰等。

（2）居住区的工程

居住区的工程包括建筑工程和室内、室外工程。

——**建筑工程**：住宅、公共建筑、生产性建筑、公用设施（如变压站、垃圾处理站、集

居住区分级控制规模表　　表 4.3-1

	居住区	小区	组团
户数（户）	10000~16000	3000~5000	300~1000
人口（人）	30000~50000	10000~15000	1000~3000
用地面积（公顷）	50~100	10~30	1~3

体供暖设施等）、建筑小品等；

——室外工程：道路工程、管线工程（包括煤气、燃气、给水、排水、供电、供暖等工程）、绿化工程、铺地工程；

——室内工程：水电工程、地板工程、墙体工程、吊顶工程等。

（3）居住区的用地组成

根据土地的不同功能，居住区用地基本分为住宅用地、公共服务设施用地、道路用地和公共绿地四大类。

——住宅用地：住宅建筑基底占地及其四周合理间距内的用地（含宅间绿地和宅间小路等）的总称。

——公共服务设施用地：一般称公建用地，是与居住人口规模相对应配建的、为居民服务和使用的各类设施的用地，应包括建筑基底占地及其所属场院、绿地和配建停车场等。

——道路用地：居住区道路、小区路、组团路及非公建配建的居民小汽车、单位通勤车等停放场地。

——公共绿地：满足规定的日照要求、适合于安排游憩活动设施的、供居民共享的游憩绿地，包括居住区公园、小游园和组团绿地及其他块状带状绿地等。

4.3.2 居住区规划设计的要求与内容

4.3.2.1 居住区规划设计的要求

居住区规划设计的主要内容包括用地规划、交通道路规划设计、住宅规划设计、公共服务设施规划和绿地规划设计。用地规划确定居住区的规模和结构，交通道路规划确定人、车、物的动线组织，住宅规划设计明确人的居住结构和形式，公共服务设施规划明确其位置、规模和形态，绿地规划设计是对环境功能和品质的进一步深化和补充。居住区规划设计的最终成果是以上内容的统一和综合，在设计过程中，必须贯彻以下要求。

（1）使用要求

居住区的规划设计首先要给居民提供便捷、合理的空间环境。居民的需求是多方面的，如根据居民的数量规模和需求确定公共设施的数量和位置，保证其利用的方便性；根据气候地形特点选择住宅类型；根据家庭人口的组成确定居住结构等。

（2）防灾要求

现实生活中会遇到各类自然灾害，如地震、火灾、水灾等。居住区由于人口密度大，应该特别注意防灾要求。如居住区应当避免布置在地质灾害地带内；严格按照相关的规范进行工程管线设计；建筑物之间的间距、涂料都应符合防火要求；绿地应具备避难功能；道路应该平缓畅通，并设置在建筑物范围之外。

（3）防空要求

除了自然灾害外，还应当考虑到在遭受军事打击时候，居住区应当具备一定的防空要求。居住区防空工程和规划是城市防空工程与规划的组成部分，应当符合城市防空工程总体规划和相关规范的要求。

（4）卫生要求

居住区的环境要达到相应的卫生标准，通过合理的规划布局减少各类污染源造成的污染。如对生活污水采取集中处理；尽量避免将规划区布置在工厂的下风区；通过绿化隔离带隔离污染源；改革燃料种类等。

（5）美观要求

居住区的规划设计应当符合居民的审美习惯，提高视觉愉悦感，创造令人舒适的居住环境。在规划阶段，要把握当地的风土人情，根据本地的特色进行总体规划；在设计阶段，应当精益求精，建筑单体、园林相得益彰，避免原来只注重建筑物单体设计的做法，避免形式的过分突出，注重居住区整体风貌的和谐统一。

（6）经济与耐用要求

住宅分为高档、中档和低档房。我国的基本国情决定住宅消费是以中低档住房为主。经济实用是住宅设计的必然要求。同时，无论何种住宅，都必须达到耐用的标准。如居住区园林设计时，应选用容易成活的本地植物种类，一定要避免为了外表美观大量采用外地或者国外的植物种类。住宅的建筑材料也要符合结实耐用的要求。

4.3.2.2 居住区用地规划

（1）规划结构

居住区规划组织结构有五种基本类型。具体规划结构形式如下：

——居住区—居住小区—组团（图 4.3–1）

以居住小区和组团为基本单元组织居住区，即居住区由若干居住小区组成，每个居住小区由若干组团组成，形成居住区—小区—组团的三级结构。这种结构容纳人口多，各级公用设施体系完善，内部自成体系，是最完整的居住结构。居住区级的公共服务设施设置在中心地带，保证各个小区的居民都能方便地使用。居住小区和居住组团都布置不同级别和服务半径的公共服务设施。

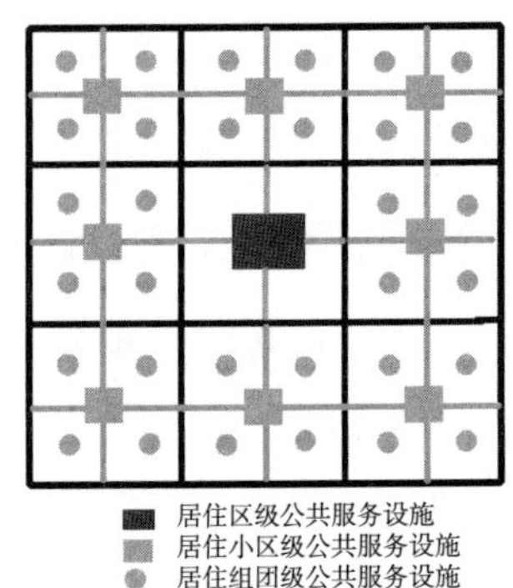

图 4.3–1　居住区—居住小区—组团结构模式

——居住区—居住小区（图 4.3–2）

以小区为基本单元组织居住区。小区内没有结构分明的组团。小区内设置小区级的公共服务设施。这种布局方式有利于保证居住小区的相对独立和安静以及居民生活的方便，也有利于城市交通组织。

——居住区—组团（图 4.3–3）

小区界限不明显，由若干居住组团直接组成居住区。每个组团内部有自己的公共服务设施，居住区级的公共服务设施供全区使用。

——居住小区—居住组团（图 4.3–4）

若干组团形成居住小区，但是人口总体规模不大，达不到形成居住区的标准。布置两级公共服务设施。这种结构形式占地不大，布局比较灵活。

——独立组团（图 4.3–5）

由一个居住组团构成，是人口规模最小的居住结构形式。布置有供组团内部居民使用的公共服务设施。由于占地面积少，所需要的公共服务设施少，多布置在城市中用地紧张的地块。

（2）用地分类

按照建设环境标准区分，居住区用地分为一类居住用地、二类居住用地、三类居住用地和四类居住用地。一类居住用地是市政设施齐全、布局完整、环境良好，以低层住宅为主的用地。二类居住用地是市政设施齐全、布局完整、环境较好，以多层、中层、高层住宅为主的用地。三类居住用地是市政公用设施比较齐全、布局不完整、环境一般，或住宅与工业等用地有混合交叉的用地。四类居住用地以简陋住宅为主。无论哪一类居住用地，都是由住宅用地、公共服务设施用地、道路用地和公共绿地构成。各类用地的比例规模根据下表指标进行控制（表 4.3–2）。

（3）用地布局结构形式

居住区的用地布局结构形式大致包括棋盘形、直线形、曲线形、混合形 5 种形式。基本特点如下：

——棋盘型（图 4.3–6）

这类形式如同棋盘状，道路平直，一般布置在平坦开阔的土地上，或者无视地形的变化。棋盘形布局交通比较便捷，地块容易划分，方向感强。缺点是景观较呆板，容易缺少生气和变化。

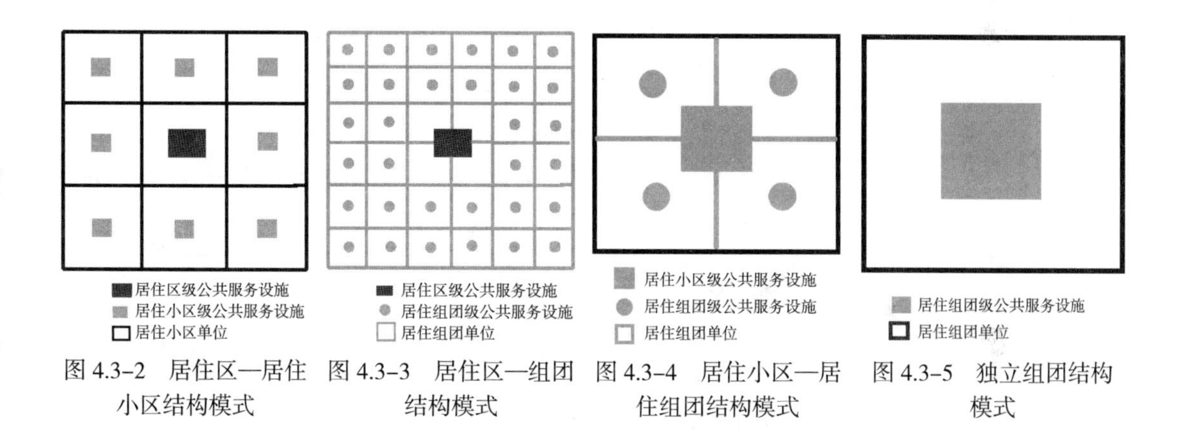

图 4.3–2　居住区—居住小区结构模式　图 4.3–3　居住区—组团结构模式　图 4.3–4　居住小区—居住组团结构模式　图 4.3–5　独立组团结构模式

用地的范围与平衡控制指标表　　表 4.3–2

用地	范围	用地平衡指标		
		居住区	居住小区	居住组团
住宅用地	住宅建筑基底占地及其四周合理间距内的用地（含宅间绿地和宅间小路等）	50%~60%	55%~65%	70%~80%
公共服务设施用地	一般称公建用地，是与居住人口规模相对应配建的、为居民服务和使用的各类设施的用地，应包括建筑基底占地及其所属场院、绿地和配建停车场等	15%~25%	12%~22%	6%~12%
道路用地	居住区道路、小区路、组团路及非公建配建的居民小汽车、单位通勤车等停放场地	10%~18%	9%~17%	7%~15%
公共绿地	满足规定的日照要求、适合于安排游憩活动设施的、供居民共享的游憩绿地，应包括居住区公园、小游园和组团绿地及其他块状带状绿地等	7.5%~18%	5%~15%	3%~6%

注：用地平衡指标为各类用地占总用地比例（引自：《城市居住区规划设计规范》GB 50180—93）

——**直线型**（图 4.3–7）

直线型布局是棋盘形的变化形式，由于受到地形地势或者其他周围建筑的影响，地块宽幅小，总体形状如同直线。住宅用地一般沿着主要道路布置。

——**曲线型**（图 4.3–8~ 图 4.3–10）

曲线型布局中，主要道路呈“S”形或者环状，地块形状不规则。其优点是可以根据地形变化进行布置，布局比较灵活，容易形成生动活泼的景观面貌。缺点是方向感差。

——**混合型**

根据地块特点对以上三种类型进行不同的组合，形成混合型布局。可以适应多种地形的变化和地块的形状，有利于形成多样统一的景观面貌。但是组织不好的话，容易显得凌乱。

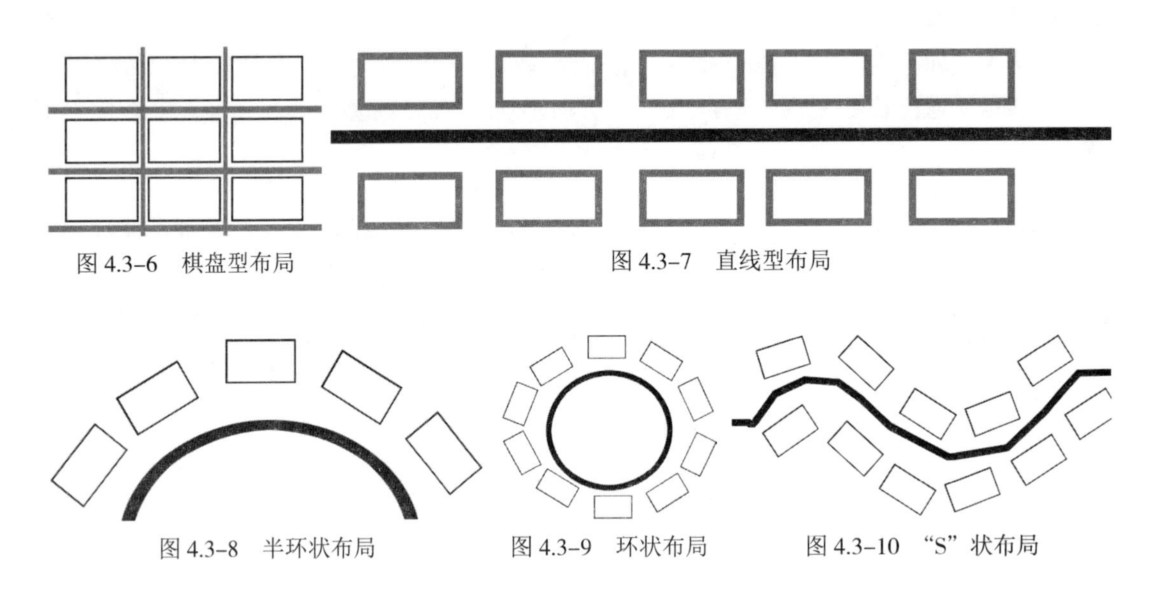

图 4.3–6　棋盘型布局

图 4.3–7　直线型布局

图 4.3–8　半环状布局

图 4.3–9　环状布局

图 4.3–10　“S”状布局

4.3.2.3　居住区交通道路规划设计

（1）居民区道路交通规划原则

——根据地形、用地规模、人口规模、周围交通状况确定道路系统形式；

——避免往返迂回，注意交通流畅，有利于车辆通行；

——预留足够的空间供消防车、救护车通行；

——尽量避免过境车辆穿过，减少噪声污染，保证居住区的安静；

——满足通风、日照和地下管线埋设的要求；

——满足地震火灾时疏散居民的要求；

——实行人车分流，保障居民步行安全，满足居民日常休闲散步的需要。

（2）居住区的道路分级

居住区内道路可分为：居住区道路、小区路、组团路和宅间小路四级。居住区道路解决居住区内外主要交通联系，宽度最大，一般道路红线宽度不少于 20m，有条件的地方可采用 30m；小区路解决居住区内部交通联系，其路面宽度为 6m~9m，建筑控制线之间的宽度、需敷设供热管线的不宜小于 14m，无供热管线的不宜小于 10m；组团路解决住宅群之间的交通联系，路面宽 3m~5m，建筑控制线之间的宽度、需敷设供热管线的不宜小于 10m，无供热管线的不宜小于 8m；宅间小路是各个单元联系的道路，路面宽度一般不低于 2.5m。居住区内也可以设计步行专用道路，宽度根据具体要求而定（图 4.3-11，图 4.3-12）。

（3）居住区道路规划设计的基本要求

——居住区道路的规划应该综合考虑人口规模、地形地貌和周围交通的状况，并且与地块划分、各类设施的配置相互结合起来；

——居住区内主要道路至少应有两个方向与外围道路相连；居住小区内主要道路至少应有两个出入口；机动车道对外出入口间距不应小于 150m；

——沿街建筑物长度超过 150m 时，应设不小于 4m×4m 消防车通道。人行出口间距不宜超过 80m，当建筑物长度超过 80m 时，应在底层加设人行通道；

——居住区内道路与城市道路相接时，其交角不宜小于 75°；当居住区内道路坡度较大时，应设缓冲段与城市道路相接；

——进入组团的道路，既应方便居民出行和利于消防车、救护车的通行，又应维护院落的完整性和利于治安保卫；

——在居住区内公共活动中心，应设置为残疾人通行的无障碍通道。通行轮椅车的坡道宽度不应小于 2.5m，纵坡不应大于 2.5%；

——居住区内尽端式道路的长度不宜大于 120m，并应设不小于 12m×12m 的回车场地；

——当居住区内用地坡度大于 8% 时，应辅以梯步解决竖向交通，并宜在梯步旁附设推行自行车的坡道；

——在多雪严寒的山坡地区，居住区内道路路面应考虑防滑措施；在地震设防地区，居住区内的主要道路，宜采用柔性路面。

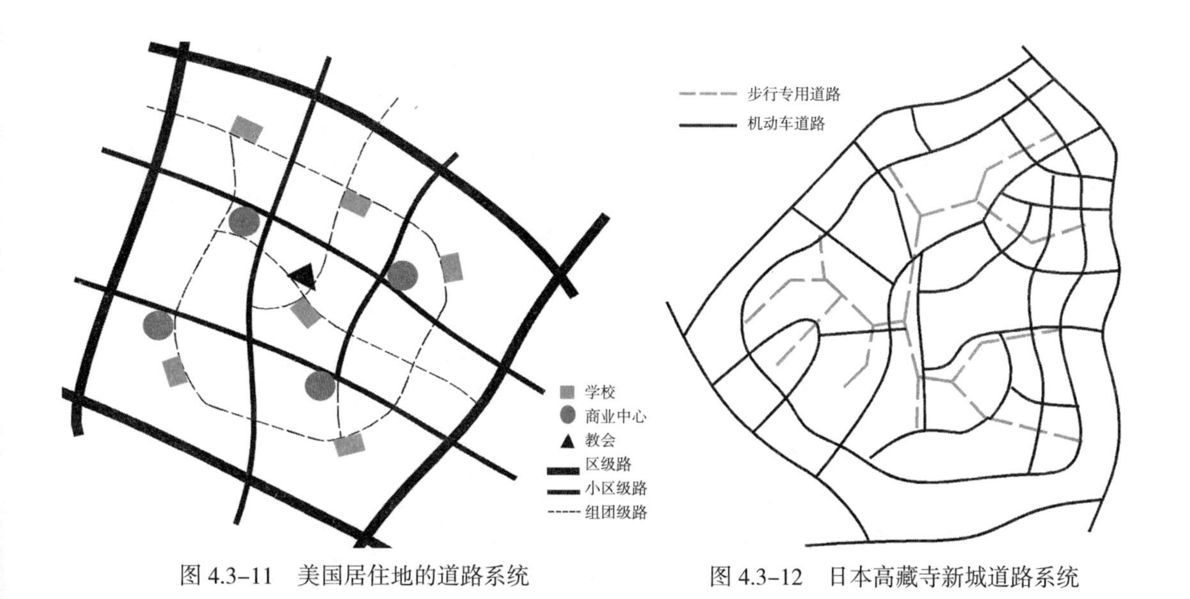

图 4.3-11　美国居住地的道路系统

图 4.3-12　日本高藏寺新城道路系统

道路边缘至建筑物和构筑物的最小距离应符合表 4.3–3 的要求。

道路的纵坡应当达到排水要求，还要符合人与车的安全通行要求。居住区纵坡设计应当符合表 4.3–4 的标准。

（4）停车场

随着经济迅速的发展，我国居民的机动车保有量大幅度增长，居住区内必须建设规模合理的停车场、库。居民停车场、库的布局应当以方便居民使用为前提，服务半径不宜大于 150m。居民汽车停车率不应小于 10%，地面停车率不宜超过 10%。自行车停放场的服务半径为 50m~100m。

居民区内的公共活动中心、商业中心等人流较多的公共建筑，应当配置公共停车场、库，具体控制指标如表 4.3–5，表 4.3–6。

4.3.2.4 住宅规划

（1）住宅的类型

按照住宅建筑的高度，住宅可以分为低层、多层、中高层和高层四类。低层是 1~3 层

道路边缘至建、构筑物最小距离　　表 4.3–3

			居住区道路	小区路	组团路及宅间小路
建筑物面向道路	无出入口	高层	5.0m	3.0m	2.0m
		多层	3.0m	3.0m	2.0m
	有出入口			5.0m	2.5m
建筑物山墙面向道路		高层	4.0m	2.0m	1.5m
		多层	2.0m	2.0m	1.5m
围墙面向道路			1.5m	1.5m	1.5m

引自：《城市居住区规划设计规范》GB 50180—93

居住区道路纵坡控制指标　　表 4.3–4

道路类别	最小纵坡	最大纵坡	多雪严寒地区最大纵坡
机动车道	≥ 0.2	≤ 8.0 L ≤ 200m	≤ 5 L ≤ 600m
非机动车道	≥ 0.2	≤ 3.0 L ≤ 50m	≤ 2 L ≤ 100m
步行道	≥ 0.2	≤ 8.0	≤ 4

注：L 为坡长（m）（引自：《城市居住区规划设计规范》GB 50180—93）

公共停车场、库的停车位指标　　表 4.3–5

	单位	自行车	机动车
公共中心	车位 /100m^2 建筑面积	≥ 7.5	≥ 0.45
商业中心	车位 /100m^2 营业面积	≥ 7.5	≥ 0.45
集贸市场	车位 /100m^2 营业面积	≥ 7.5	≥ 0.30
饮食店	车位 /100m^2 营业面积	≥ 3.6	≥ 0.30
医院、门诊所	车位 /100m^2 建筑面积	≥ 1.5	≥ 0.30

注：本表车为以小型汽车为标准当量，其他车型换算方法参照表 4.3–6（引自：《城市居住区规划设计规范》GB 50180—93）

各型车辆停车位换算系数 表 4.3-6

车型	换算系数
微型客、货车、机动三轮车	0.7
卧车、两吨以下货运汽车	1.0
中型客车、面包车、2t~4t 货运车	2.0
铰接车	3.5

引自：《城市居住区规划设计规范》GB 50180—93

的住宅，多层为 4~6 层的住宅，中高层为 7~9 层的住宅，10 层以上的住宅为高层。低层住宅包括独院式、并联式和联排式，多层住宅有梯间式（含一梯两户、一梯三户、一梯四户）、外廊式、内廊式、跃层式和集中式（点式），高层住宅包括单元组合式、长廊式、塔式和跃廊式（表 4.3-7）。

（2）住宅的布局

住宅的布局是在符合用地规划结构的基础上，在单位地块内对住宅位置、朝向、大小的布置和安排。住宅的布局方式一般有周边式、行列式、点群式、组团式、自由组合式。

——周边式

住宅沿地块周边布置，中间形成较为封闭、私密的公共空间，便于布置园林绿化、室外活动场地等，由于建筑物布置在周边可以形成挡风的效果，较适用于北方寒冷多风沙的地区。周边式有利于节约用地，缺点是部分住宅朝向差，不利于通风散热，不适合建设在湿热地区。周边式包括单周边、双周边、自由周边和混合式 4 种基本形式。

——行列式

是建筑物按照一定的朝向和间距成排布置的方式。由于每户可以获得良好的通风与

住宅的类型与特点 表 4.3-7

基本分类	住宅类型	特点	交通
低层住宅	独院式	每户有独立院落，建筑四面临空，采光通风好，便于绿化	直接进入
	并联式	由两个独院式拼合而成，每户三面临空，采光通风好，便于绿化	直接进入
	联排式	三户以上的独院式拼合而成，每户两面临空	直接进入
多层住宅	梯间式	由电梯或者楼梯直接进入分户门	楼梯或者电梯
	外廊式	各户并列组合，每户朝向、通风、采光良好	楼梯或者电梯
	内廊式	内廊两侧布置各户，采光与通风受到影响	楼梯或者电梯
	跃层式	每户面积大，占用两层以上，通过户内小楼梯连接	楼梯或者电梯
	集中式（点式）	数户围绕一个楼梯（电梯）布置	楼梯或者电梯
高层住宅	单元组合式	单元内以楼梯（电梯）为核心布置	电梯或者楼梯
	长廊式	与多层住宅类似	电梯或者楼梯
	塔式	与点式住宅类似	电梯或者楼梯
	跃廊式	每隔 1~2 层设置有公共走廊	电梯或者楼梯

采光，又方便布置道路和管线施工，因而被各地广泛采用。缺点是空间容易显得呆板。具体布置手法包括平行排列、交错排列、单元错接、扇形排列、曲线排列、分向排列、折线排列。

——点群式

如同点状的分散布置方式，适用于独院式、多层及高层的点式、塔式住宅。点群式布置灵活，可以适用于地形变化复杂的地区，容易取得丰富的景观效果。

——组团式

以成组成团的住宅群为基本单位进行布置的方式。每个组团有中心绿地或者室外活动场地。组团式的空间围合感强，比较容易组织居住区的结构。

——自由组合式

将以上类型有机组合，同时顺应地形地势的要求，形成灵活、自由的布局形态。多适用于面积大、户数多、地形复杂的居住区（图 4.3–13~ 图 4.3–26）。

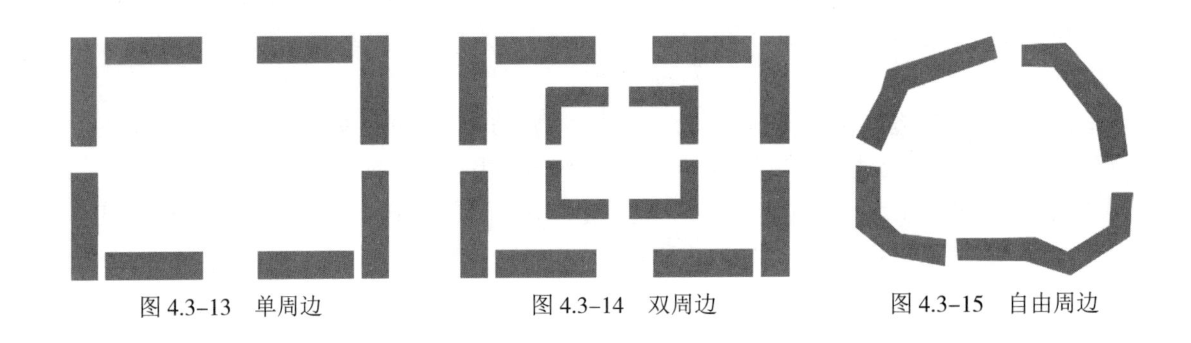

图 4.3–13　单周边　　图 4.3–14　双周边　　图 4.3–15　自由周边

图 4.3–16　混合周边　　图 4.3–17　平行排列　　图 4.3–18　交错排列

图 4.3–19　单元错接

图 4.3–20　扇形排列

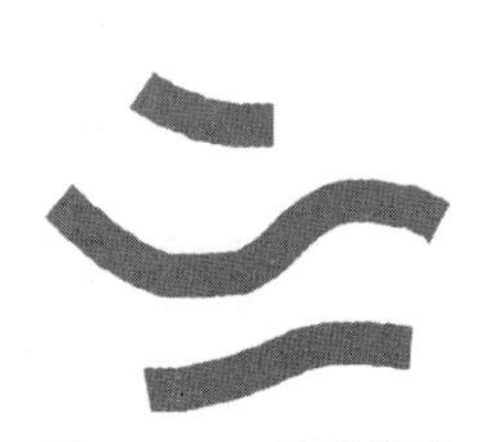

图 4.3–21　曲线排列

图 4.3–22　分向排列

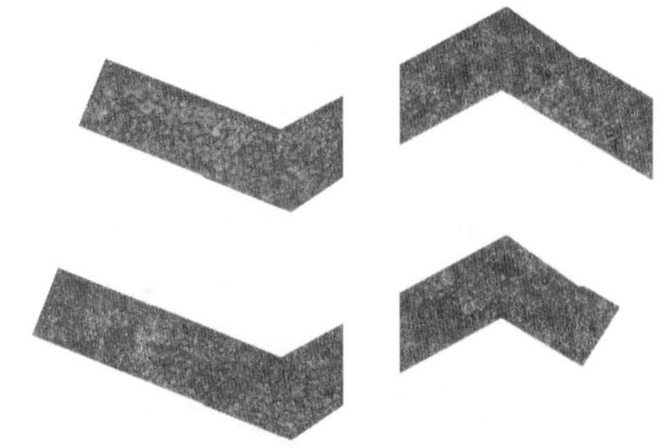

图 4.3–23　折线排列

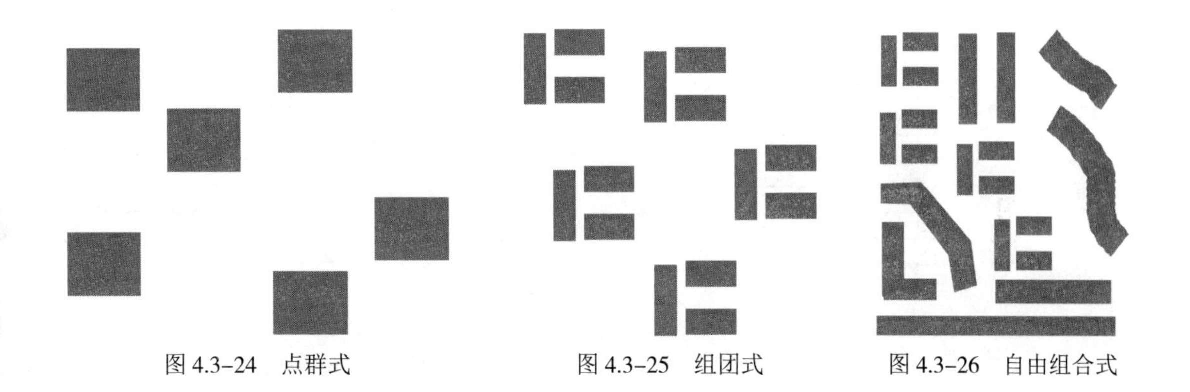

图 4.3–24　点群式　　图 4.3–25　组团式　　图 4.3–26　自由组合式

（3）住宅与地形

在确定住宅布局的基础上，还应当根据地形合理选择住宅建筑的基本形态。一般来说，地形平坦的地区有利于建设大规模的居住区，但是容易造成景观风貌单调。地形起伏变化，有利于形成多样化的景观效果。因此，在坡地环境中，住宅的规划应当充分利用现有地形，采用丰富多样的手段，通过对建筑物组合、入口、楼层等局部处理，发挥坡地建筑的优势（图 4.3–27~ 图 4.3–29）。

（4）住宅的朝向与间距

建筑的朝向与间距，是确保住宅通风、日照、防火的基本条件之一。应该根据通风、日照和防火的标准合理规划和确定住宅建筑的朝向与间距。

——住宅建筑的朝向

从通风条件看，建筑的朝向应与当地夏季主导风向一致，这样有利于获得“穿堂风”，同时要注意在干旱寒冷地区防止风沙的危害。如果附近有工厂等排放有害气体，则建筑的朝向应注意避开有害气体源头的方向。

从日照条件看，对于我国大部分地区，最适宜采用南向建筑和东南向建筑。南向建筑在冬季可以获得大量日照，夏季则阳光少，东南向建筑在全年都可以获得充足的日照。北向建筑阳光少、西南向建筑冷热不均、东西向建筑夏季过热，一般较少采用。

——住宅建筑的间距

建筑间距的确定需要综合考虑日照和防火因素。根据民用建筑设计相关通则规定：住宅每户至少有一个居室在冬至日满窗日照不少于 1 小时，老年人、儿童、残疾人的主要居室在冬至日满窗日照不少于 3 小时。住宅建筑日照标准如表 4-10。住宅的日照间距可以通过日照间距系数来确定。其算术式为：

$$D = L \times H$$

其中，D 为日照间距，L 为日照间距系数，H 为建筑檐口至地面的高度。日照间距系数见表 4.3-9。

住宅的间距还要满足防火的要求，相关标准见表 4.3-10。

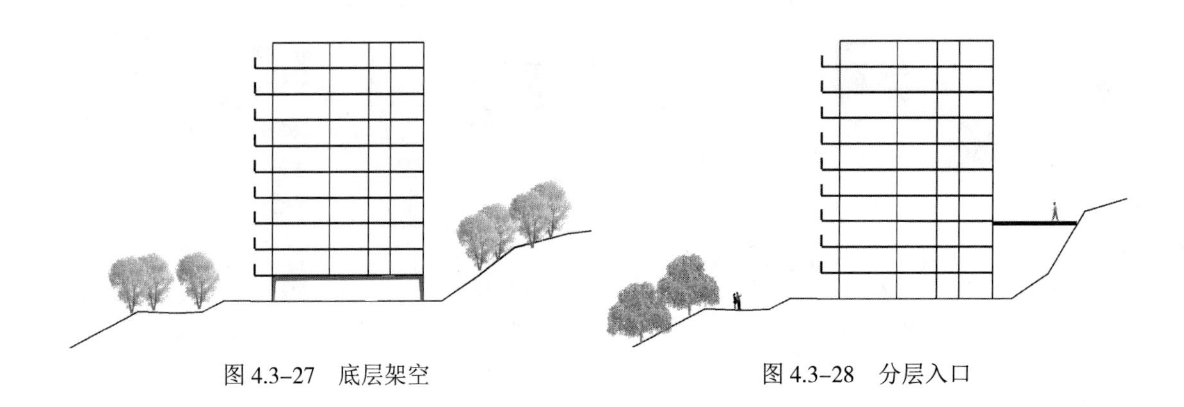

图 4.3-27　底层架空

图 4.3-28　分层入口

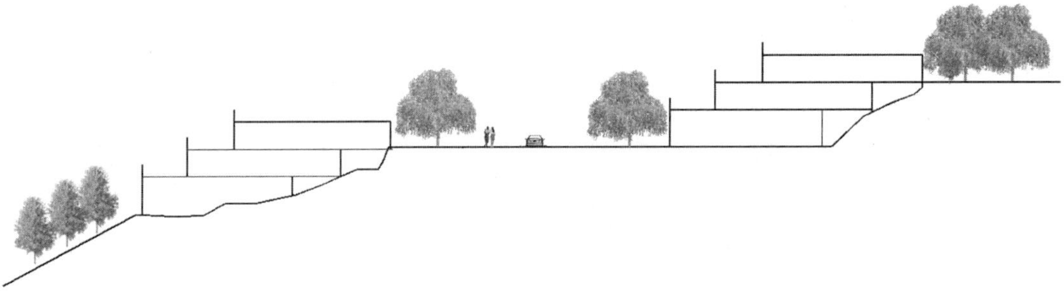

图 4.3-29　错层后退

住宅建筑日照标准　　**表 4.3-8**

建筑气候区划	Ⅰ、Ⅱ、Ⅲ、Ⅶ气候区		Ⅳ气候区		Ⅴ、Ⅵ气候区
	大城市	中小城市	大城市	中小城市	
日照标准日	大寒日			冬至日	
日照时数（h）	≥ 2	≥ 3		≥ 1	
有效日照时间带（h）	8~16			9~15	
日照时间计算起点	底层窗台面				

引自：《城市居住区规划设计规范》GB 50180—93

部分主要城市不同日照标准的间距系数　　表 4.3–9

城市名称	冬至日	大寒日		
	日照 1h	日照 1h	日照 2h	日照 3h
哈尔滨	2.46	2.10	2.15	2.24
长春	2.24	1.93	1.97	2.06
沈阳	2.02	1.76	1.80	1.87
呼和浩特	1.93	1.69	1.73	1.80
北京	1.86	1.63	1.67	1.74
天津	1.80	1.58	1.61	1.68
保定	1.78	1.56	1.60	1.66
银川	1.75	1.54	1.58	1.64
石家庄	1.72	1.51	1.55	1.61
太原	1.71	1.50	1.54	1.60
济南	1.62	1.44	1.47	1.53
西宁	1.62	1.43	1.47	1.52
兰州	1.58	1.40	1.44	1.49
郑州	1.50	1.33	1.36	1.42
西安	1.48	1.31	1.35	1.40
南京	1.36	1.21	1.24	1.30
合肥	1.35	1.20	1.23	1.29
上海	1.32	1.17	1.21	1.26
成都	1.29	1.15	1.18	1.24
武汉	1.29	1.15	1.18	1.24
杭州	1.27	1.14	1.17	1.22
重庆	1.24	1.11	1.14	1.19
南昌	1.20	1.07	1.11	1.16
长沙	1.18	1.06	1.09	1.14
贵阳	1.11	1.00	1.03	1.08
福州	1.10	0.98	1.01	1.07
昆明	1.06	0.95	0.98	1.03
厦门	1.03	0.93	0.96	1.01
广州	0.99	0.89	0.92	0.97
南宁	0.98	0.88	0.91	0.96
海口	0.89	0.80	0.83	0.88
拉萨	1.25	1.11	1.15	1.20

引自 :《城市居住区规划设计规范》GB 50180—93

住宅建筑物的防火间距　　表 4.3–10

耐火等级	耐火等级		
	一、二级	三级	四级
	防火间距（m）		
一、二级	6	7	9
三级	7	8	10
四级	8	10	12

引自 :《城市规划相关知识》

4.3.2.5 居住区公共服务设施规划

（1）居住区公共服务设施的分类和内容

居住区的公共服务设施又称为配套公建，包括教育、医疗卫生、文化体育、商业服务、金融邮电、社区服务、市政公用和行政管理及其他共 8 类设施。

教育设施包括幼儿园、托儿所、小学、中学等；

医疗卫生设施包括医院、诊所、卫生所等；

文化体育设施包括健身馆、活动场、球场、图书馆、阅览室、棋牌室，青少年活动中心等；

商业服务设施包括集贸市场、百货店、小卖店、餐厅、超市、理发店、美容店、裁缝店等；

金融邮电设施包括银行、储蓄所、邮电局等；

社区服务设施包括社区服务中心、老年设施、居委会设施等；

市政公用设施包括变电室、高压水泵房等；

行政管理及其他类包括物业管理中心以及其他不好计入以上分类的公共服务设施。

（2）居住区公共服务设施布局的原则

居住区公共服务设施的布局应该以方便居住区居民利用为基本前提，同时综合考虑各类设施的不同功能，因地制宜地规划设施用地与建筑。具体来说，应当符合以下原则：

——方便性

考虑到居民使用的便利性，公共服务设施应尽可能设置在交通节点和人流集中的地段，或者布置在居住区的中心地带，有利于所有居民的使用。

——适当集中

相对于分散布置的住宅，公共服务设施应该适当集中布置，这样有利于方便居民使用和对设施的日常管理维护，有利于形成一定的规模。但是，集中布置还应该考虑到各类设施的不同功能。如学校和老人设施，需要有相对安静的环境，不适宜与集中成片的公共服务设施距离太近。

——分级布局

根据服务区域和服务对象范围的大小，公共服务设施可以分成居住区级、居住小区级和居住组团级 3 个级别。居住区级公共服务设施的服务范围是居住区，其服务半径为 800m~1000m，居住小区级的服务半径为 400m~500m，居住组团级的服务半径为 150m~200m。应根据服务半径布置各级公共服务设施。

——均等性

为了有利于所有居民平等方便地使用，居住区的公共服务设施的配置应遵循均等性原则，也就是说，在适当集中的基础上，各级公共服务设施的服务半径应均等地全部覆盖整个居住区，不能过分集中在某个局部地段内。

除了遵循以上原则外，居住区公共服务设施规模还应当符合表 4.3–11 中的指标规定。

（3）居住区公共服务设施布局

居住区的公共服务设施，应相对集中，形成居住区的中心。居住区的中心主要由文化商业类服务设施组成。

公共服务设施控制指标（m^2/千人）　　表 4.3–11

类别＼居住规模		居住区		居住小区		居住组团	
		建筑面积（m^2）	用地面积（m^2）	建筑面积	用地面积（m^2）	建筑面积（m^2）	用地面积（m^2）
总指标		1668~3293（2228~4213）	2172~5559（2762~6329）	968~2397（1338~2977）	1091~3835（1491~4585）	362~856（703~1356）	488~1058（868~1578）
其中	教育	600~1200	1000~2400	330~1200	700~2400	160~400	300~500
	医疗卫生	78~198（178~398）	138~378（298~548）	38~98	78~228	6~20	12~40
	文体	125~245	225~645	45~75	65~105	18~24	40~60
	商业服务	700~910	600~940	450~570	100~600	150~370	100~400
	社区服务	59~464	76~668	59~292	76~328	19~32	16~28
	金融邮电	20~30（60~80）	25~50	16~22	22~34		
	市政公用	40~150（460~820）	70~360（500~960）	30~140（140~720）	50~140（450~760）	9~10（350~510）	20~30（400~550）
	行政管理及其他	46~96	37~72				

引自：《城市居住区规划设计规范》GB 50180—93

居住区的文化商业服务设施的布局主要有沿街线状布置、成片集中布置和沿街与集中成片相结合 3 种方式。

——沿街线状布置

沿街线状布置主要指沿着主要道路布置文化商业服务设施。由于主要道路是人流集中的地段，有利于为附近的居民提供便捷的服务，通过对文化商业设施空间形态的精心设计以及增加绿化、设置广场等手段，可以更好地丰富、组织、强化主要道路的景观。但是该方式容易造成对道路交通的影响。当道路交通量和道路幅度较大时，可以采取沿道路一侧布置；当道路交通量和道路幅度较小时，可以采取沿道路两侧布置；也可以在某个时间段（如周末）禁止机动车穿行，形成步行街。

——成片集中布置

在某个地块集中成片地布置文化商业服务设施，有利于形成居住区的中心和独立、成规模的文化商业服务地段。成片集中有 3 种布置方式：位于主要出入口处、位于中心和分散在道路四周。文化商业服务设施集中在主要出入口处和中心，可以更加方便居民使用，也有利于提高商铺的经营效益。文化商业服务设施分散在道路四周，有利于全区居民使用，但是面积分散，难以形成规模，同时增加了往来的交通成本。

——沿街线状布置与集中成片相结合

沿街线状布置和集中成片布置各有利弊。沿街线状布置有利于改善道路景观，可以充分利用住宅建筑的底层，能够充分节约用地；集中成片布置在统一经营管理方面更加有利，缺点是占用土地面积较大，不利于节约用地。根据现场的特点，将沿街线状布置与集中成片相结合，可以发挥各自的优势（图 4.3–30~ 图 4.3–34）。

居住区公共服务设施的设置应遵循表 4.3–12 的要求。

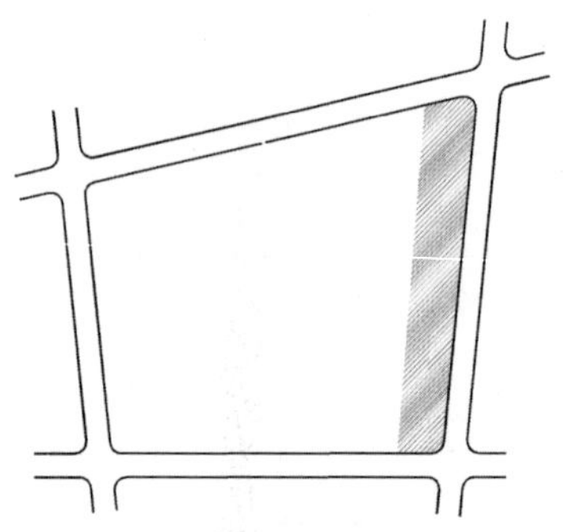

图 4.3–30　文化商业服务设施沿街线状布置

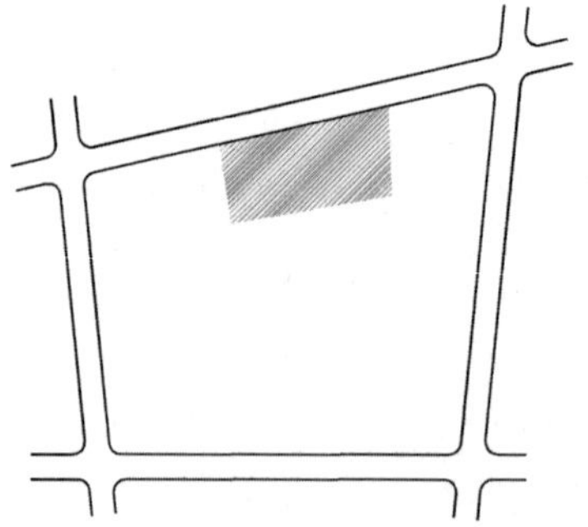

图 4.3–31　文化商业服务设施成片集中在主要出入口

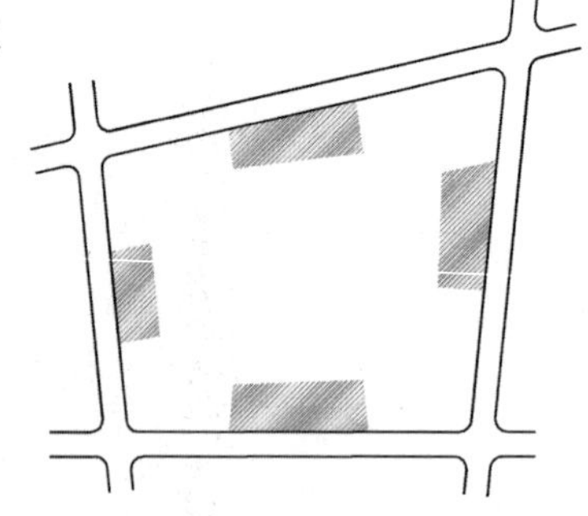

图 4.3–32　文化商业服务设施成片布置在四周

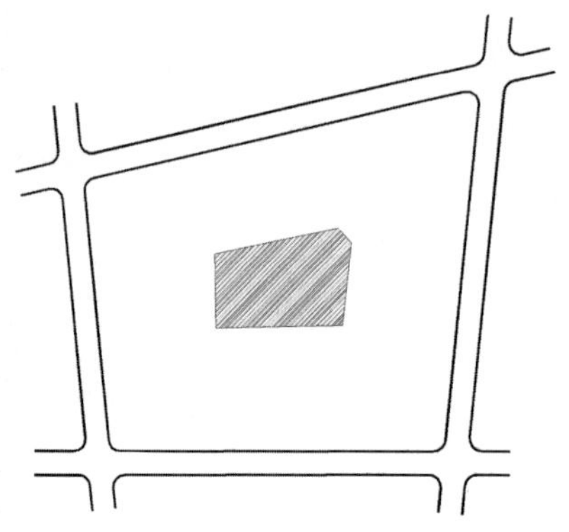

图 4.3–33　文化商业服务设施成片集中在中心

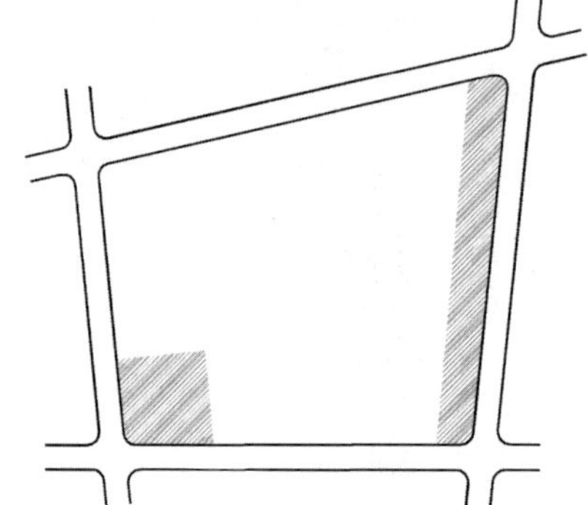

图 4.3–34　文化商业服务设施沿街线状布置与集中成片相结合

4.3.2.6　居住区绿地规划设计

（1）居住区绿地的组成与功能

居住区绿地是城市绿地系统的组成部分，其绿地率不低于 30%，旧区改建不宜低于 25%。根据《城市居住区规划设计规范》（GB 50180—93），居住区绿地应包括公共绿地、宅旁绿地、公共服务设施所属绿地和道路绿地，其中包括满足当地植树绿化覆土要求、方便居民出入的地下或半地下建筑的屋顶绿地，不应包括其他屋顶、晒台的人工绿地。

居住区绿地的基本功能为净化空气、改善居住环境的小气候，遮阳、隔断噪音、防风降尘、提供活动休闲场地、美化居住环境等。

（2）居住区绿地的植物设计

①居住区绿地植物设计的原则

——功能性原则

居住区绿化与居民的日常生活密切相关。在植物设计中首先要满足绿地的功能，布局合理，起到遮阳、隔音降噪和美化环境等作用。同时应充分考虑建筑的通风、采光以及与生活相关的各种设施的关系。例如，植物种植位置要考虑与建筑、地下管线等设施的距离，避免有碍植物的生长和管线的使用与维修。

——生态性原则

居住区植物设计应注重生态效益，以生态学理论为指导，以改善和维持小区生态平衡为宗旨，从而提高居民小区的环境质量。

居住区的植物设计一般宜采用自然式配置，根据不同植物的生态学特点和生物学特性，科学配置，表现植物的层次、色彩、疏密和季相变化等，形成优美的植物群落景观。

——人性化原则

人是居住区的主体，植物设计要符合居民的需求。从方便居民使用出发，居住区植物的选择与配置应满足提供休息、遮阴和休闲活动等多项功能。如行道树及庭院休息活动区，宜选用遮阴效果好的落叶乔木；青少年和儿童活动场地忌用有刺、有毒、有安全隐患的植物；体育运动场地则避免采用大量飞絮、落果的植物。

——文化性原则

居住区绿化宜营建丰富的文化景观，体现文化气息。植物是意境创作的主要素材之一，因为园林植物不仅具有姿态美，色彩美，季相美，更具有风韵美，代表着不同的寓意，是人们感情的寄托。“庭院皆植松，每闻其响，必欣然为乐”，居民可赏花、听声、观色、闻香，漫步其中，赏心悦目、情景交融。

②不同类型居住区绿地的植物设计

——公共绿地

公共绿地以植物材料为主，与自然地形、山石、水体和建筑小品设施等构成不同功能、变化丰富的空间。

居住区公园一般面积较大，设施比较完善，居民使用频率较高。植物配置应选用夏季遮阴效果好的落叶乔木，结合活动设施布置疏林地。可用常绿绿篱分隔空间和绿地外围，并成行种植大乔木以减弱喧闹声对周围居民的影响。观赏树种宜选择无刺、无毒、无异味的树木，乔灌木结合，配以草花、草坪等。

居住区小游园的植物设计，多采用自然式布置形式，自由活泼，营造自然而别致的环境。植物配置大多模仿自然群落，与建筑、山石、水体融为一体，体现自然美。当然，根据需要，也可采用规则式或混合式，因地制宜地设置花坛、花境、花台、花架、花钵等植物应用形式，与周围建筑相协调，又能兼顾其景观效果。

居住区组团绿地常设在周边及场地间的分隔地带，多是宅间绿地的扩大与延伸。植物设计要考虑景观及使用上的需要，如铺装场地及其周边可适当种植落叶乔木以遮阴；入口、道路的节点可植花灌木或花丛、花境；周边需障景或创造相对安静空间的地段则可密植树木，或设置中高绿篱。

——宅旁绿地

宅旁绿地的主要功能是美化生活环境，阻挡外界视线、噪声和尘土，为居民创造一个安静、舒适、卫生的生活环境。

宅旁绿地植物设计要根据建筑的类型、风格、层数、间距的不同，选择形态优美的植物以打破住宅建筑的僵硬感；应用具有主题特色的植物以凸显组团标识；确定基调树种，既保证绿化风格的整体协调，又体现各幢住宅之间的绿化特色，创造出美观、舒适的宅旁绿地空间。

公共服务设施的设置规定与分级配建 表 4.3–12

类别	项目	服务内容	设置规定	建筑面积（m^2）	用地面积（m^2）	居住区	小区	组团
教育	托儿所	保教小于 3 周岁儿童	（1）设置于阳光充足、接近公共绿地，便于家长接送的地段 （2）托儿所每班 25 座计；幼儿园每班 30 座计 （3）服务半径不大于 300m；层数不宜高于 3 层		4 班≥ 1200 6 班≥ 1400 8 班≥ 1600		应配建	宜设置
	幼儿园	保教学龄前儿童	（4）3 班和 3 班以下的托、幼园所，可混合设置或者附设于其他建筑，但应有独立院落与出入口，4 班及 4 班以上托、幼园所的用地应独立设置 （5）8 班及以上幼、托园所，其用地按照每座不小于 $7m^2$ 或 $9m^2$ 计 （6）幼、托建筑宜布置于可挡寒风的建筑物背风面，生活用房满足底层满窗冬至日不小于 3h 的日照标准 （7）活动场地应有不小于 1/2 的活动面积在标准建筑日照阴影线之外		4 班≥ 1500 6 班≥ 2000 8 班≥ 2400		应配建	
	小学	6~12 周岁儿童入学	（1）学生上下学穿越城市道路时，应有响应的安全措施 （2）服务半径不宜大于 500m （3）教学楼满足冬至日不小于 2h 的日照标准		12 班≥ 6000 18 班≥ 7000 24 班≥ 8000		应配建	
	中学	12~18 周岁青少年入学	（1）在拥有 3 所或 3 所以上中学的居住区内，应有 1 所设置 400m 环形跑道的运动场 （2）服务半径不宜大于 1000m （3）教学楼满足冬至日不小于 2h 的日照标准		18 班≥ 11000 24 班≥ 12000 30 班≥ 14000	应配建		
医疗卫生	医院	含社区卫生服务中心	（1）适宜设置于交通方便、环境安静的地段 （2）10 万人左右则应设置 1 所 300~400 床医院 （3）病房楼满足冬至日不小于 2h 的日照标准	12000~18000	15000~25000	应配建		
	门诊所	或社区卫生服务中心	（1）一般 3 万 ~5 万人设 1 处，设医院的居住区不再设独立门诊 （2）布置在交通便捷、服务距离适中的地段	2000~3000	3000~5000	应配建		
	卫生站	社区卫生服务中心	1 万 ~1.5 万人设 1 处	300	500		应配建	
	护理院	健康状况较差或恢复期老年人日常护理	（1）最佳规模为 100~150 床位 （2）每床位建筑面积≥ $30m^2$ （3）可以与社区卫生服务中心合设	3000~4500		宜设置		
文化体育	文化活动中心	小型图书馆、科普知识宣传与教育；影视厅、舞厅、游艺厅、球类、棋类活动室；科技活动、各类艺术训练班及青少年和老年人学习活动场地、用房等	宜结合或靠近同级中心绿地安排	4000~6000	8000~12000	应配建		

续表

类别	项目	服务内容	设置规定	建筑面积（m^2）	用地面积（m^2）	居住区	小区	组团
文化体育	文化活动站	书报阅览、书画、文娱、健身、音乐欣赏、茶座等主要供青少年和老年人活动	（1）宜结合或者靠近同级中心绿地安排 （2）独立性组团也应该设置本站	400~600	400~600		应配建	
	居民运动场、馆	健身场地	宜设置 60m~100m 直跑道和 200m 环行跑道及简单的运动设施		10000~15000	宜设置		
	居民健身设施	篮、排球及小型球类场地，儿童及老年人活动场地和其他简单运动设施等	宜结合绿地安排				应配建	宜设置
商业服务	综合食品店	粮油、副食、糕点、干鲜果品等	（1）服务半径：居住区不宜大于 500m；居住小区不宜大于 300m （2）地处山坡地的居住区，其商业服务设施的布点，还应该考虑上坡空手、下坡负重的原则	居住区：1500~2500 小区：800~1500		应配建	应配建	
	综合百货店	日用百货、鞋帽、服装、布匹、五金及家电等		居住区：2000~3000 小区：400~600		应配建	应配建	
	餐饮	主食、早点、快餐、正餐等				应配建	应配建	
	中西药店	汤药、中成药及西药等	（1）服务半径：居住区不宜大于 500m；居住小区不宜大于 300m （2）地处山坡地的居住区，其商业服务设施的布点，还应该考虑上坡空手、下坡负重的原则	200~500		应配建	宜设置	
	书店	书刊及音像制品		300~1000		应配建	宜设置	
	市场	以销售农副产品和小商品为主	设置方式应根据气候特点与当地传统的集市要求而定	居住区：1000~1200 小区：500~1000	居住区：1500~2000 小区：800~1500	应配建	宜设置	
	便民店	小百货、小日杂	宜设置在组团的出入口附近					应配建
	其他第三产业设施	零售、洗染、美容美发、照相、影视文化、休闲娱乐、洗浴、旅店、综合修理以及辅助就业设施等	具体项目、规模不限			应配建	应配建	

续表

类别	项目	服务内容	设置规定	建筑面积（m^2）	用地面积（m^2）	居住区	小区	组团
金融邮电	银行	分理处	宜与商业服务中心结合或邻近设置	800~1000	400~500	宜设置		
	储蓄所	储蓄为主		100~150			应配建	
	电信支局	电话及相关业务等	根据专业规划需要设置	1000~2500	600~1500	宜设置		
	邮电所	邮电综合业务	宜与商业服务中心结合或邻近设置	100~150			应配建	
社区服务	社区服务中心	家政服务、就业指导、中介、咨询服务、代客订票、部分老年人服务设施等	每小区设置 1 处，居住区也可以合并设置	200~300	300~500		应配建	
	养老院	老年人全托式护理服务	（1）一般规模为 150~200 床位 （2）每床位建筑面积≥ 40m^2			宜设置		
	托老所	老年人日托	（1）一般规模为 30~50 床位 （2）每床位建筑面积 20m^2 （3）宜靠近集中绿地安排，可以与老年活动中心合并设置				宜设置	
	残疾人托养所	残疾人全托式护理				宜设置		
	治安联防站		可以与居委会合设	18~30	12~20			应配建
	居（里）委会（社区用房）		300~1000 户设 1 处	30~50				应配建
	物业管理	建筑与设备维修、保安、绿化、环卫管理等		300~500	300		应配建	
市政公用	供热站或热交换站			根据采暖方式而定		宜设置	宜设置	宜设置
	变电室		每个变电室负荷半径不应大于 250m；尽可能设置于其他建筑内	30~50			应配建	宜设置
	开闭所		1.2 万 ~2.0 万户设 1 所；独立设置	200~300	≥ 500	应配建		
	路灯配电室		可以与变电室合设置于其他建筑内	20~40			应配建	
	燃气调压站		按每个中低调压站负荷半径 500m 设置，无管道燃气地区不设	50	100~120	宜设置	宜设置	
	高压水泵房		一般为低水压区住宅加压供水附属工程	40~60				宜设置
	公共厕所		每 1000 户 ~1500 户设 1 处，宜设置于人流集中处	30~60	60~100	应配建	应配建	宜设置

续表

类别	项目	服务内容	设置规定	建筑面积（m^2）	用地面积（m^2）	居住区	小区	组团
市政公用	垃圾转运站		应采用封闭设施，力求垃圾存放和转运不外露，当用地规模为 0.7 km^2~1km^2 设置 1 处，每处面积不小于 100m^2，与周围建筑物间隔不小于 5m			宜设置	宜设置	
	垃圾收集点		服务半径不应大于 150m					应配建
	居民存车处	存放自行车、摩托车	宜设于组团内或者靠近组团设置，可以与居委会合设于组团的入口处	1~2 辆 /1 户；地上 1.2m^2/辆；地下 1.5 km^2~1.8m^2/ 辆				应配建
	居民停车场、库	存放机动车	服务半径不宜大于 150m			宜设置	宜设置	宜设置
	公交始末站		根据具体情况设置			宜设置	宜设置	
	消防站		根据具体情况设置			宜设置		
	燃料供应站	煤或罐装燃气	根据具体情况设置			宜设置	宜设置	
行政管理及其他	街道办事处		3 万 ~5 万人设 1 处	700~1200	300~500	应配建		
	市政管理机构	供电、供水、雨午睡、绿化、环卫等管理与维修	适宜合并设置			应配建		
	派出所	户籍治安管理	3 万 ~5 万人设 1 处；应有独立院落	700~1000	600	应配建		
	其他管理用房	市场、工商税务、粮食管理等	3 万 ~5 万人设 1 处；可结合时常或街道办事处设置	100		应配建	宜设置	
	防空地下室	掩蔽体、救护站、指挥所等	在国家确定的 1、2 类人防重点城市中，凡高层建筑下设满堂人防，另以地面建筑面积 2% 配建。出入口宜设置于交通方便的地段，考虑平战结合			宜设置	宜设置	宜设置

引自：《城市居住区规划设计规范》GB 50180—93

——道路绿地

居住区道路绿化的主要功能是美化环境、遮阴、减少噪音、防尘、保护路面等。应根据道路级别、性质、断面组成、地下设施等进行绿化植物设计。

主干道道旁的绿化可选用枝叶茂盛、枝下高不妨碍交通的乔木作为行道树，以行列式栽植为主。次干道以居民上下班、儿童上学、休闲散步等人行为主，通车为次，绿化树种宜选择开花或色叶乔、灌木。宅间或住宅群之间的小道以人行为主，可种植小乔木、灌木、宿根花卉和地被植物等，体现时序更替的季相美。尤其注意靠近住宅的小路旁绿化，种植不能影响室内采光和通风。

（3）居住区绿地的植物设计

①居住区绿地植物设计的原则

——生态性原则

居住区植物设计应把生态效益放在第一位，以生态学理论为指导，以改善和维持小区生态平衡为宗旨，从而提高居民小区的环境质量。

居住小区的植物景观应采用自然植物群落景观，表现植物的层次、色彩、疏密和季相变化等，形成以生态效益为主导的生态园林，根据不同植物的生态学特点和生物学特性，科学配置，使单位空间绿量达到最大化。

——人性化原则

人是居住区的主体，植物设计要符合居民的需求。从使用方面考虑，居住区植物的选择与配置应体现提供休息、遮阴和休闲活动等多项功能。如行道树及庭院休息活动区，宜选用遮阴效果好的落叶乔木，成排的乔木可遮挡住宅西晒；儿童游戏场和青少年活动场地忌用有毒和带刺的植物；而体育运动场地则避免采用大量扬花、落果、落叶的树木。

——功能性原则

居住区与人们的日常生活密切相关，在植物配置中要充分考虑建筑的通风、采光，以及与生活相关的各种设施的布置。例如，植物种植位置要考虑与建筑、地下管线等设施的距离，避免有碍植物的生长和管线的使用与维修。

——文化性原则

居住区绿化应营建丰富的文化景观，体现文化气息。植物是意境创作的主要素材之一，因为园林植物不仅具有优美的姿态，丰富的色彩，浓郁的芳香，而且园林植物是有生命的活机体，代表着不同的寓意，是人们感情的寄托。例如合肥西园新村分成6个组团，按不同的绿化树种命名为:“梅影”“竹荫”“枫林”“松涛”“桃源”“桂香”。居民可赏花、听声、观色、闻香，漫步其中，赏心悦目、情景交融。

——美观性原则

居住区绿化应充分发挥园林植物的美化功能。利用植物的姿态、色彩、季相，按照群植、丛植、对植、孤植、垂直绿化、花坛、花境等不同的配置方式，营建优美宜人的居住区景观。

②不同类型居住区绿地的植物设计

——住宅绿地

住宅绿地的主要功能是美化生活环境，阻挡外界视线、噪声和尘土，为居民创造一个安静、舒适、卫生的生活环境。其绿地布置应与住宅的类型、层数、间距及组合形式密切配合，既要注意整体风格的协调，又要保持各幢住宅之间的绿化特色。

住宅绿地植物设计要注意庭院的尺度感，根据庭院的大小、高度、色彩、建筑风格的不同，选择适合的树种。选择形态优美的植物来打破住宅建筑的僵硬感；选用一些铺地植物来遮挡地下管线的检查口；以富有个性特征的植物景观作为组团标识等，创造出美观、舒适的住宅绿地空间。

——道路绿地

居住区道路绿化的主要功能是美化环境、遮阴、减少噪音、防尘、保护路面等。绿化的布置应根据道路级别、性质、断面组成、走向、地下设施和两边住宅形式而定。

主干道道旁的绿化可选用枝叶茂盛的落叶乔木作为行道树，以行列式栽植为主。次干道（小区级）以居民上下班、购物、儿童上学、散步等人行为主，通车为次，绿化树种应选择开花或富有叶色变化的乔、灌木，其形式与宅旁绿化、小花园绿化布局密切配合，以形成互相关联的整体，并方便识别各幢建筑。宅间或住宅群之间的小道可以在一边种植小乔木和灌木，一边种植花卉、地被植物。特别是转弯处不能种植高大的绿篱，以免遮挡人们骑自行车的视线。靠近住宅的小路旁绿化，种植不能影响室内采光和通风。

——公共绿地

公共绿地以植物材料为主，与自然地形、山水和建筑小品等构成不同功能、变化丰富的空间。

居住区公园一般面积较大，设施比较完善，居民使用频率较高。植物配置应选用夏季遮阴效果好的落叶大乔木，结合活动设施布置疏林地。可用常绿绿篱分隔空间和绿地外围，并成行种植大乔木以减弱喧闹声对周围住户的影响。观赏树种避免选择带刺的或有毒、有异味的树木，应以落叶乔木为主、配以少量的花灌木、草坪、草花等。

居住区小游园的植物设计，多采用自然式布置形式，自由、活泼、易创造出自然而别致的环境。植物配置大多模仿自然群落，与建筑、山石、水体融为一体，体现自然美。当然，根据需要，也可采用规则式或混合式，因地制宜地设置花坛、花境、花台、花架、花钵等植物应用形式，与周围建筑相协调，又能兼顾其景观效果。

居住区组团绿地常设在周边及场地间的分隔地带，楼宇间绿地面积较小且零碎，要在同一块绿地里兼顾四季序列变化，不仅杂乱，也难以做到，较好地处理手法是一片一个季相。并考虑造景及使用上的需要，如铺装场地上及其周边可适当种植落叶乔木为其遮阴；入口、道路、休息设施的对景处可丛植开花灌木或常绿植物、花卉；周边需障景或创造相对安静空间地段则可密植乔、灌木，或设置中高绿篱。

4.3.3 设计案例——苏州水路十八湾景观设计

4.3.3.1 项目概况

本节以水路十八湾景观项目为例，主要以图解方式阐述景观方案、细部设计以及实景效果。水路十八湾项目位于苏州临湖镇腾飞路北侧，靠近太湖。其占地面积 64940m^2，建筑面积 50145m^2，容积率 0.59，建筑密度 24.86%，是以现代中式风格为特色的度假型居住区。小区东临新径港，原本为大片水网。相传古时候当地人去寒山寺上香，一般要走水路，需要经过 18 个回转处，故本项目取名“水路十八湾”，以水作为小区的景观主题。

本项目位于江南苏州太湖文化区内，具有丰富的文脉传统。苏州古城有 2500 多年历史，具有“水陆相邻、河街平行”的双棋盘式古城格局。2500 年持续发展的历史，稳定的城址和空间结构格局赋予了苏州浓厚的吴文化底蕴，孕育了极具特色的江南水乡文化景观。

开发建设前，现场地形比较平坦，无明显起伏。植被较少，仅有野生草类和野生花卉类植物，无保留价值。

北侧与东侧为小区外河道。北河道为上游，东河道为下游，水流方向自西北流向东南。北侧河道水质观感较好，东南角桥下游处水质明显变差，且有异味。应在外围种植绿化带进行一定程度的隔离（图 4.3–35）。

图 4.3–35　基地建设前状态

4.3.3.2 设计思路

突出水的底蕴，强调水的意境，紧扣水乡、水湾的景观主题，在有限的空间内营造休闲、宜人、舒畅、生态的生活居住环境。

以水道、道路线形要素界定景观空间，重点处理四个景观节点和四条景观轴线。私家庭院借鉴日式园林特点，充分发挥石材、植被的天然特性，追求精致天然景观。

注重景观水体处理，结合生物处理和植被净化方法，使水质达到可观、可赏、可玩的效果。形成瀑、泉、塘、池多种水体形态，增强人的亲水性。

张扬植被个性，乔灌木、地被、草坪、花卉有机搭配，形成不同主题性植被区域。公共空间形成多重绿化体系形成生态屏障，消除建筑的人工性。

4.3.3.3 设计目标

通过景观塑造提升小区生活品位，展示绿色、文化的人居环境形象。

满足小区居民居住、休闲、休憩、观景的需求，形成景观精致优美、自然生态、功能合理的户外景观空间。

延续地域文脉、打造水湾景观形象，凸现水路十八湾的品牌特色。

4.3.3.4 景观布局与结构

在小区内形成“两主、两次、四轴”的景观结构。主入口会所、叠泉翠瀑形成两处主要景观节点，道路交点形成南北两处次要景观节点，沿着景观河道和主要道路布置四条景观轴线，纵向的为主要景观轴线，横向为次要景观轴线（图 4.3–36）。

4.3.3.5 中心景观区的设计与建构

中心景观区包括主入口和叠泉翠瀑两个主景观节点。小区会所位于主入口处，会所西侧规划大片的人工池塘，形成开阔的入口景观效果，同时可以通过茂密的植被和大片的水面隔离机动车的污染和噪音干扰。主入口景观池采取规整式样式，西侧为 6 个临水树池，北侧为黄蜡石堆砌的假山瀑布。树池采用米黄色板岩乱纹样式、黄锈石压顶，池底铺设花岗岩。叠泉翠瀑为双向喷水的水景，面向主入口的是 5 层跌水，背向主入口的垂直泻下的瀑布。跌水以外以坡地绿化造景为主，驳岸采用圆卵石砌筑，部分以黄蜡石点景（图 4.3–37~ 图 4.3–49）。

4.3.3.6 水道设计与建构

（1）水质处理

本项目景观水系的水面面积为 7200m^2，平均水深采用 0.6m，景观水总水量为 4320m^3。每天补水量为 36m^3，每年的用量为 13140m^3，加上初次充水，每年的补水量达到 17460m^3。

从生态、经济、节能角度出发，本项目不采用自来水补水，而是采用自然河道的水为水源。苏州当地多雨，雨水也是景观水系的补水源之一。河道水和雨水经水处理设备处理和植被净化后达到符合要求的景观水质，多余的水经过溢流口排出。为使水系水体充分流动，整个水系设定上游和下游，下游安装循环水泵。通过水泵使景观水充分循环流动起来，增加水体溶解氧，避免景观水发黑发臭。

此外，水处理设备能够通过曝气溶氧功能使景观水充分溶氧（大于 8mg/l），去除氨、氮、二氧化碳等有害气体和有机污染物。通过发泡浮选功能去处 N、P 和有机污染物、蛋白质、脂肪、酶、叶绿素、阴离子合成剂等，控制景观水中富营养因素。经过综合水处理系统处理后，水质处理的预期目标：通过综合措施的实施，使景观水的水质达到《地表水环境质量标准》（GB3838—2002）中Ⅳ类水水质标准，景观水能见度达到1m以上，水质清澈自然。

图 4.3-36　景观设计总平面图

图 4.3-37　中心景观区方案设计图

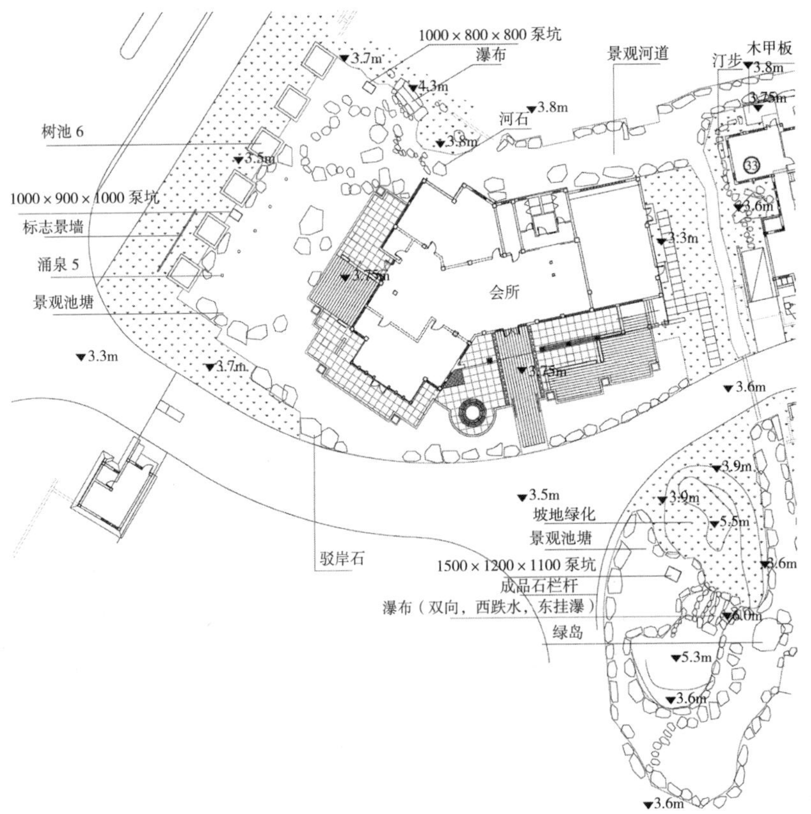

图 4.3-38　中心景观区详细设计图

图 4.3–39　主入口景观池剖面设计图

图 4.3–40　叠泉翠瀑剖面设计图

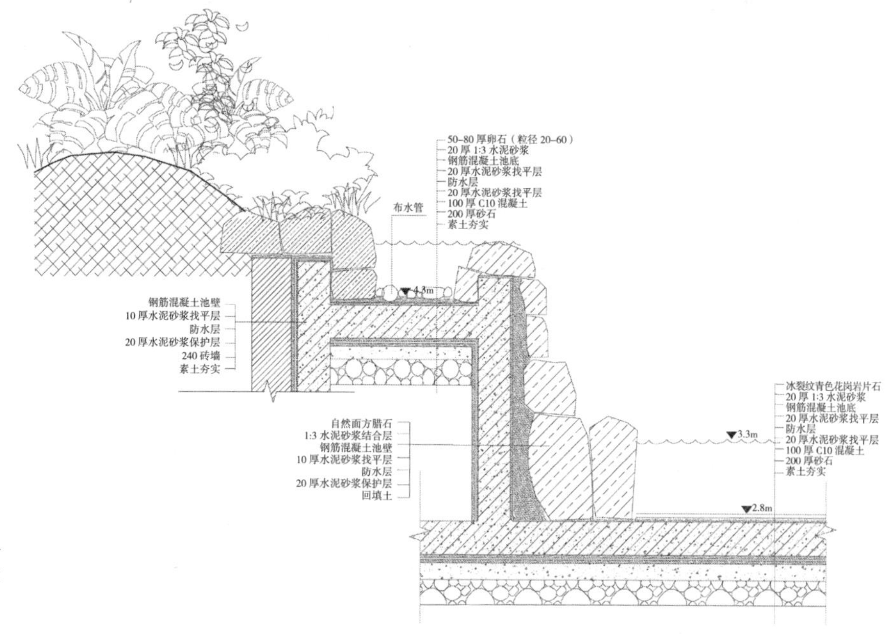

图 4.3–41　主入口景观池挂瀑详细做法

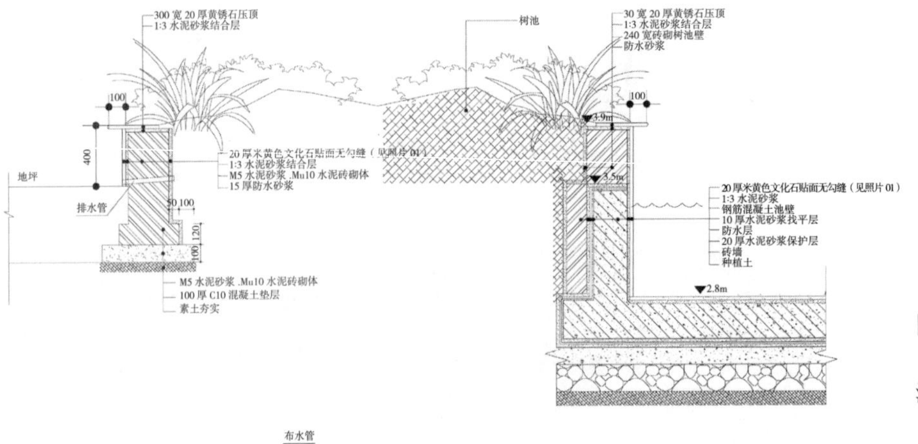

图 4.3–42　主入口景观池临水树池详细做法

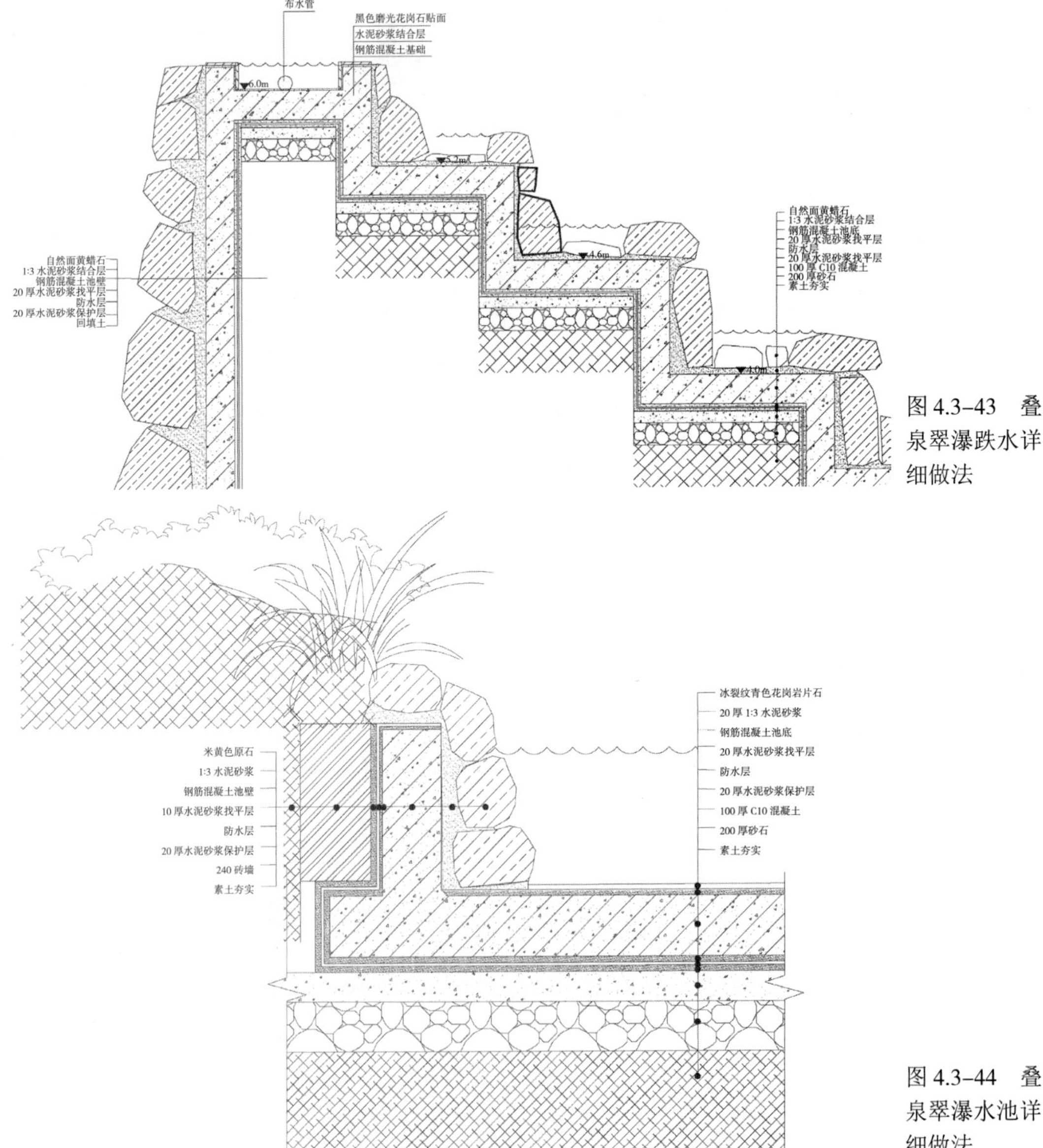

图 4.3–43　叠泉翠瀑跌水详细做法

图 4.3–44　叠泉翠瀑水池详细做法

图 4.3–45　完工后的主入口景观池

图 4.3–46　完工后的主入口景观池挂瀑

图 4.3–47　完工后的主入口景观池临水树池

图 4.3–48　叠泉翠瀑的跌水

图 4.3–49　叠泉翠瀑的挂瀑

基地北侧河道设置补水泵，从河道中抽水补充到基地的水系中。水处理设备设置在主入口南侧，此处也作为整个水系的下游。经过处理后的水经过给水管道排入景观水道之中。主要的给水口设置在水系上游，即主入口景观池中。在其他水道位置，均衡地布置给水口，避免出现死水区域。

（2）水道的给排水系统

水池补水水源近期取自小区市政给水管和周围河道，管端设防污隔断阀；远期待小区水系循环系统建成后，接处理系统出水作为补水。水池设溢流井，溢流排水接至附近雨水检查井。水池通过设置泄水管放空，泄水管接至附近雨水检查井，特殊情况采用移动潜水泵抽排放空。

动态水景均采用水泵提水。水泵选用潜污泵，潜水泵进水口外加设过滤网箱，栅条间距不大于 10mm，用以防止杂物被吸入水泵。瀑布顶部补水管采用不锈钢管，侧壁间隔穿孔作为出水孔，自然形景观石材遮蔽住出水孔。喷泉给水管采用焊接钢管，加工后整体热镀锌，防止水体对管材的腐蚀。所有穿越水池底板、侧壁的管道均预埋刚性防水套管。

（3）驳岸处理与水生植被

整个水系为钢筋混凝土结构，以防止出现渗水，或者缓慢渗水现象，并强化驳岸的荷载能力。驳岸和池底尽量采用仿自然样式，驳岸以卵石、河石砌筑，局部点缀景观石。池底铺碎石用以降低蓝藻，使整个水系尽量接近自然河道，促进微生物的新陈代谢，尽量形成自然生境。

水道的植被多采用花叶芦苇、睡莲、荷花、鸢尾、水葱、水生美人蕉等具有净化水质作用的植被。除了睡莲以外，水生植被尽量布置在水道边转角处，对池壁起到一定的遮掩效果，也可以起到更好地模拟自然生境的效果（图 4.3–50~ 图 4.3–54）。

4.3.3.7　庭园的设计与建构

（1）庭园景观的定位

庭园是景观建构的重要组成部分。由于建筑物以现代中式、汉唐风格为特色，因此，庭院设计总体借鉴东方园林、和式庭园的风格特点。根据建筑户型特点和总体景观布局，设计七种庭园形式。在七种庭园形式的基础上，通过不同植被的搭配，营造每户独具特色的私家庭园。

庭园主要由前庭、中庭、后花园三部分组成。前庭具有迎客的功能，因此，根据环境条件适当种植赏心悦目、开花、常绿的植被。中庭的日照与面积有限，因此通过景石、砂、植被组景，形成具有和式庭园特点的中庭。也有的中庭面积较大，因此以草坪、绿化为主，形成适于活动的场地。后花园为亲水花园，除了通过院墙、植物保证私密性以外，尽量布置开阔的活动场地和亲水木甲板，保证家庭成员的户外活动空间（图 4.3–55~ 图 4.3–61）。

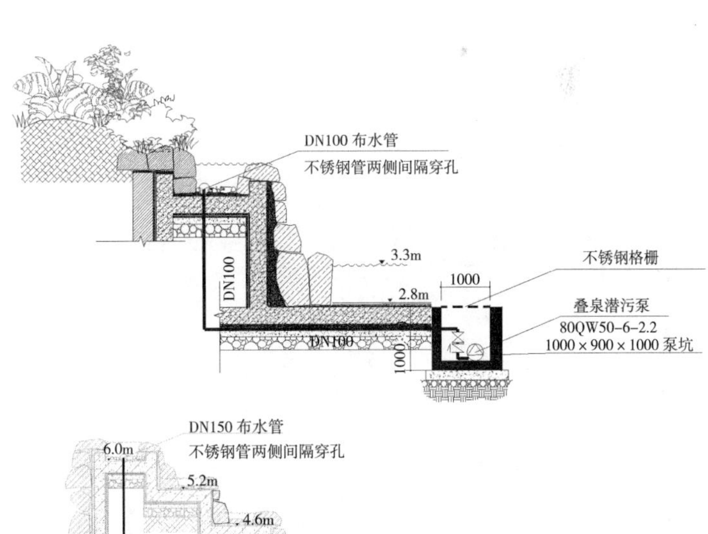

图 4.3–50　入口景观池瀑布的给水系统图

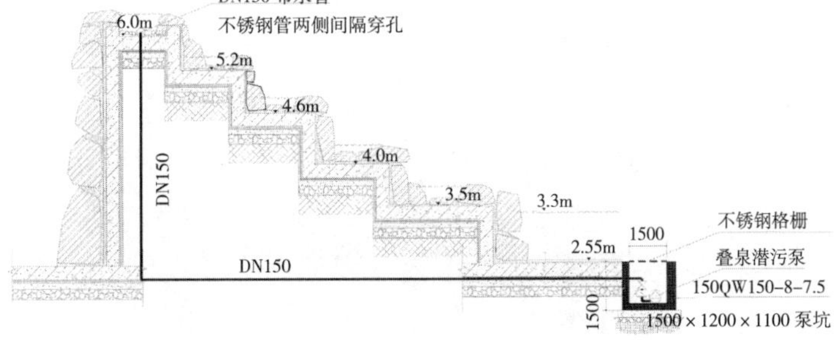

图 4.3–51　叠泉翠瀑的给水系统图

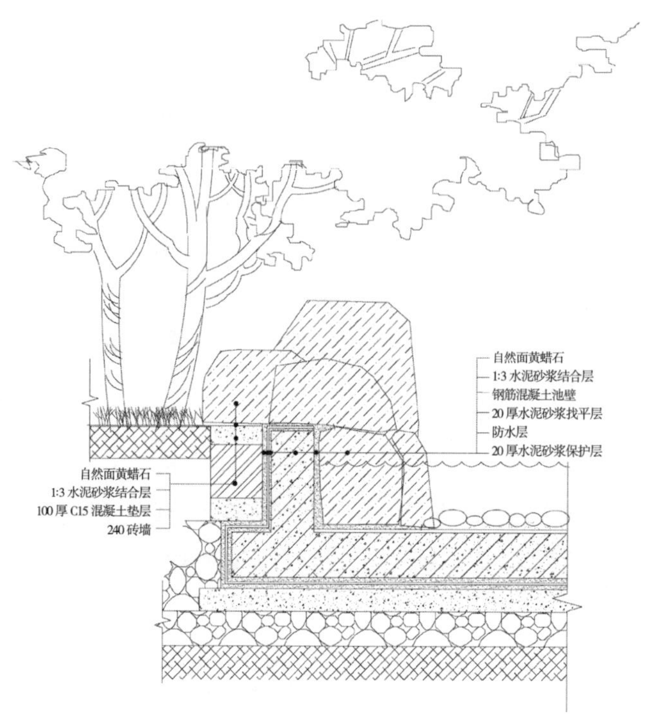

图 4.3-52　水系驳岸做法一

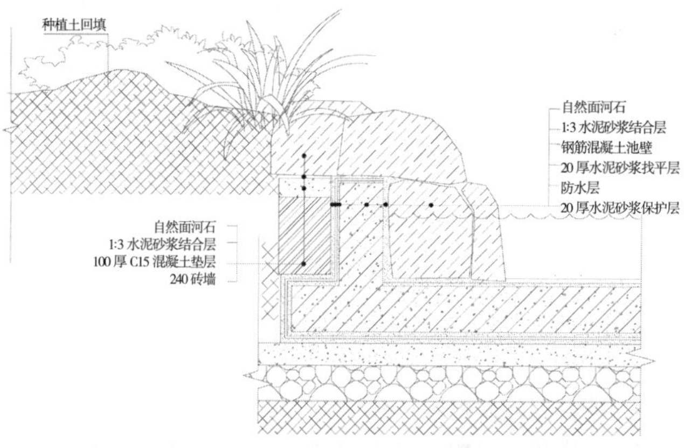

图 4.3-53　水系驳岸做法二

图 4.3-54　完工后的水道景观石与植被

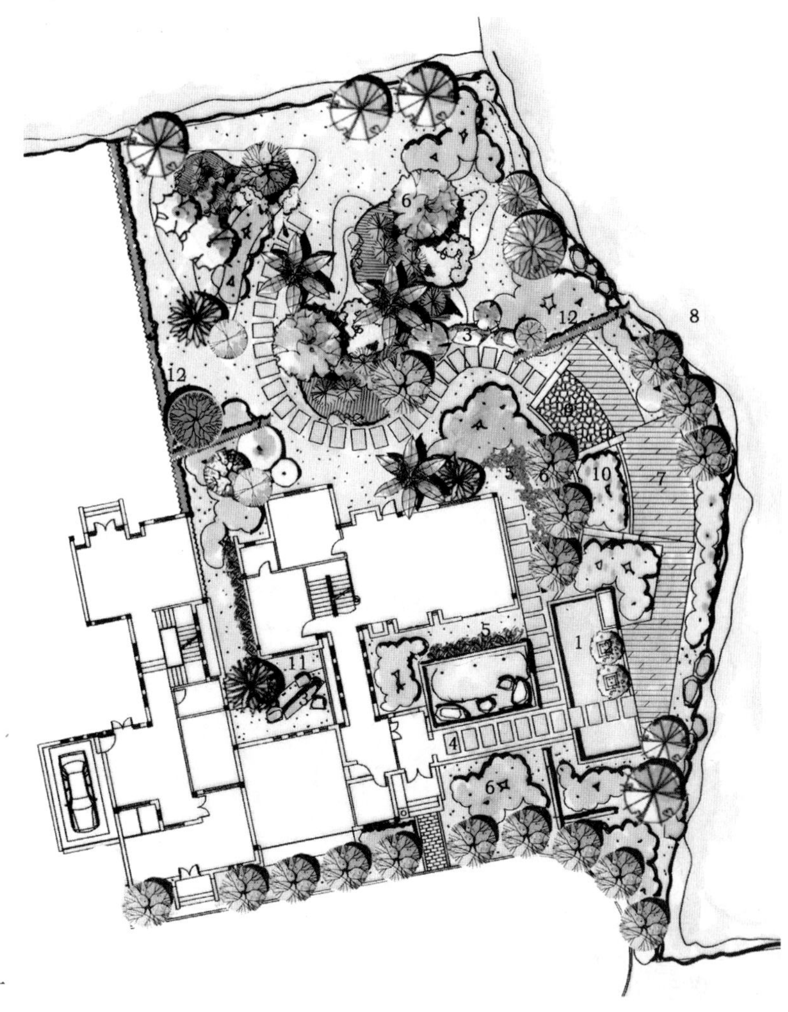

图 4.3-55　庭园设计一

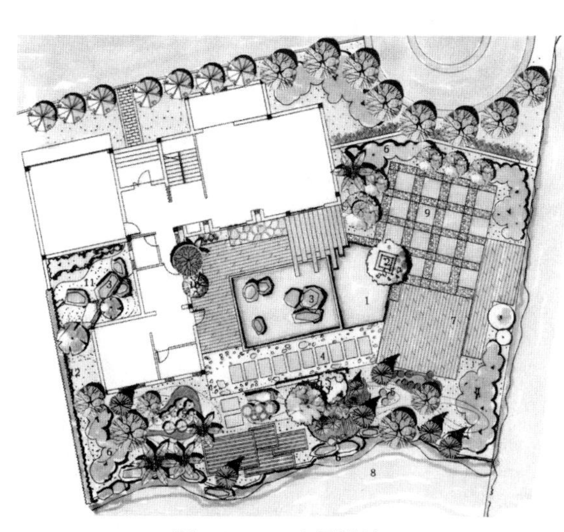

图 4.3-56　庭园设计二

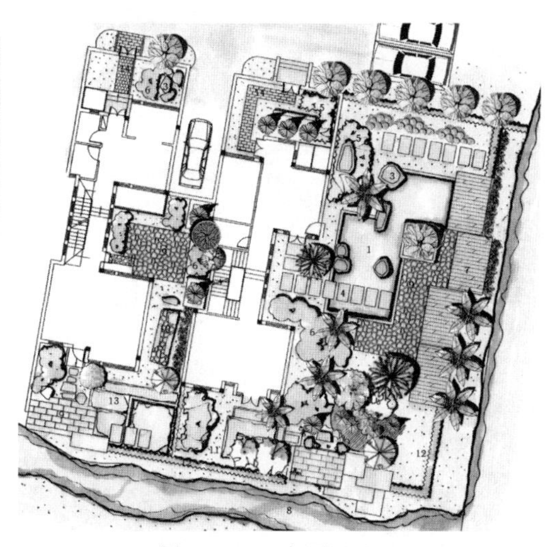

图 4.3-57　庭园设计三

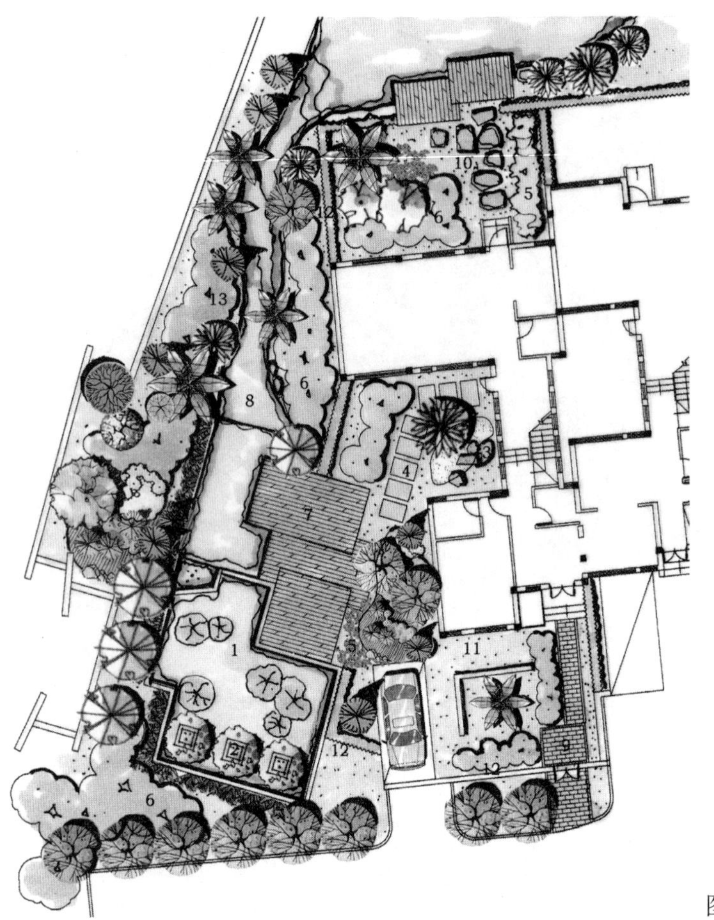

图 4.3-58　庭园设计四

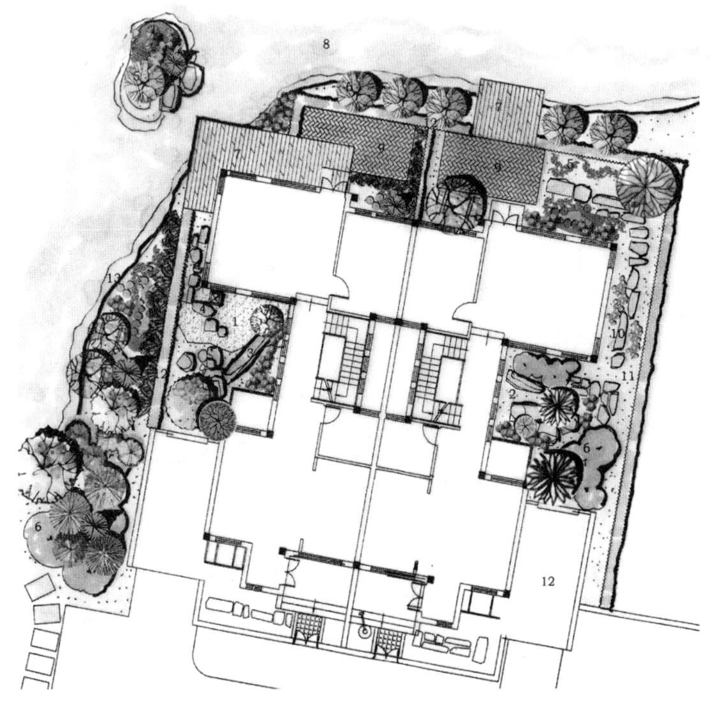

图 4.3-59　庭院设计五

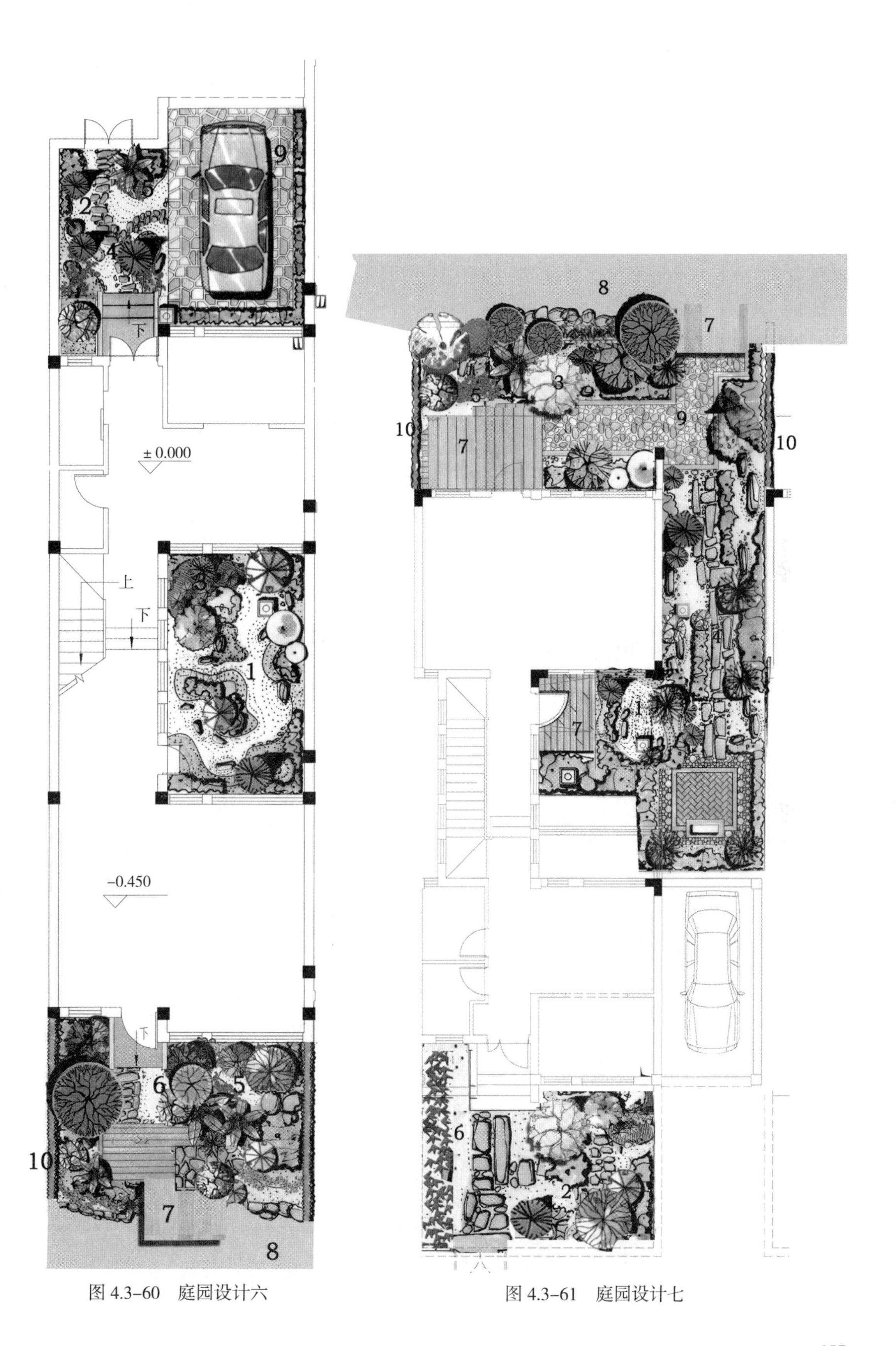

图 4.3-60　庭园设计六

图 4.3-61　庭园设计七

（2）庭园景观的建构

庭园景观包括院墙、园路、水池、木甲板平台、植被、台阶、廊架等。院墙、园路、甲板、廊架等属于硬质景观材料，植被、土壤、水属于软质景观材料。硬质材料主要以石、砂、木材等天然性材料为主。

院墙包括两个类型：入口景墙与分户隔离院墙。入口景墙位于主入口，除隔离作用外，还起到提升入口景观效果的作用。入口景墙以高档荔枝面黄锈石贴面，局部为自然面。分户隔离院墙主要作用为区别地权与保护私密空间，需要兼顾美观与造价。因此采用米黄色水洗石贴面。

园路的功能为通行，因此采用石材饰面，样式包括规则式汀步、自然式汀步、砂石园路等（图 4.3-62~ 图 4.3-66）。

4.3.3.8　植被景观

绿化以常绿成片灌木搭配乔木、花灌木，形成多层次、立体的绿化空间。植被设计注重高、中、低三个视觉空间层次均有绿量。以毛竹、刚竹、大香樟、杏树形成绿化背景，垂丝海棠、桂花、香橼、碧桃、茶花、樱花、罗汉松、花石榴、木槿作为中景。毛鹃、洒金桃叶

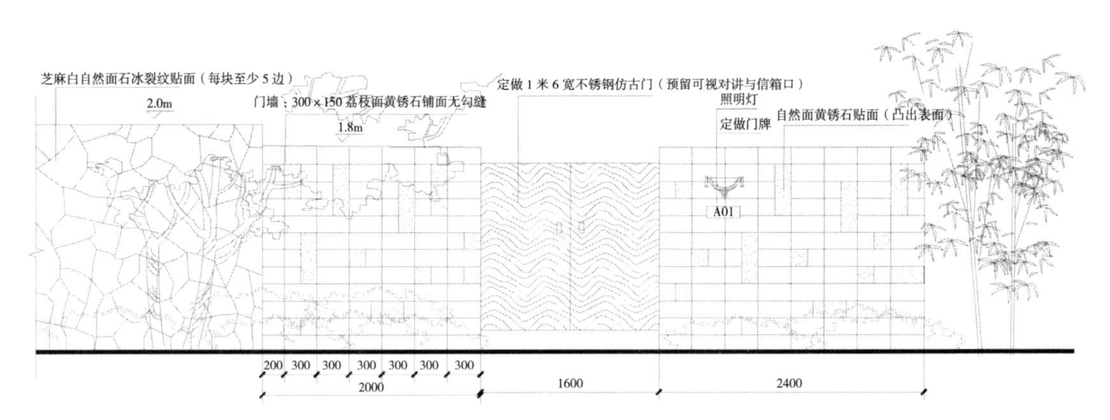

图 4.3-62　入口景墙立面设计一

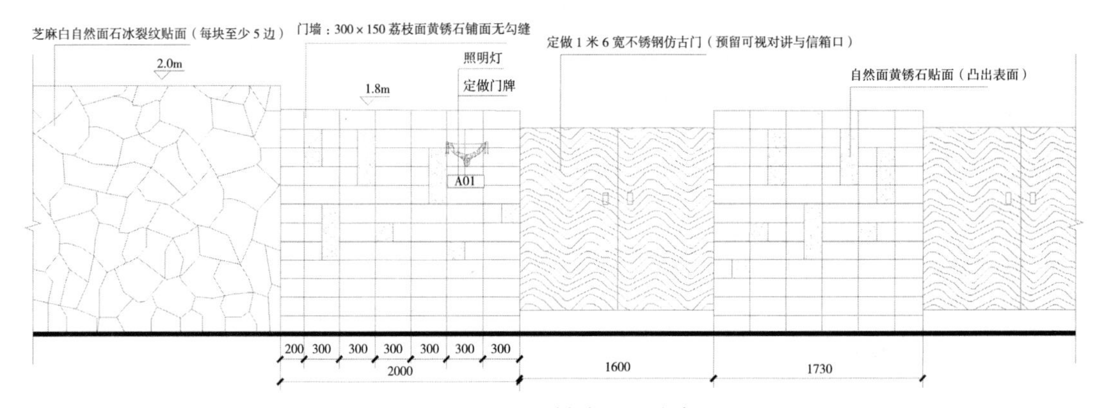

图 4.3-63　入口景墙立面设计二

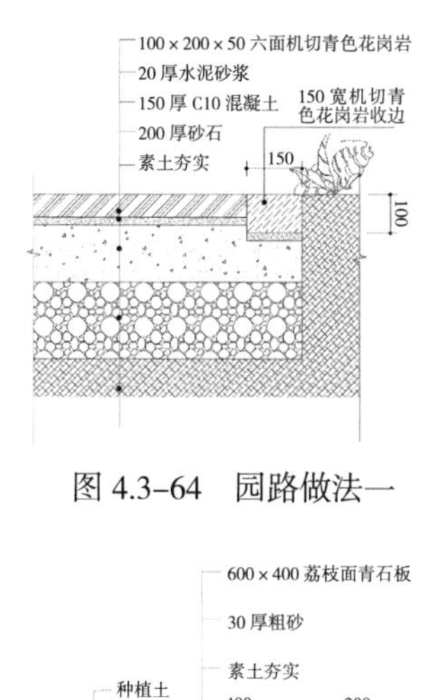

图 4.3-64　园路做法一

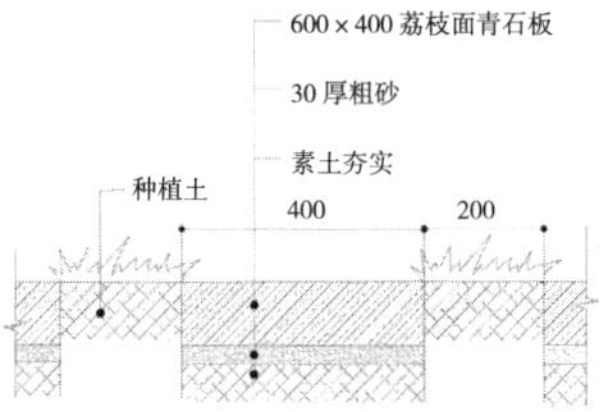

图 4.3-65　汀步园路做法

图 4.3-66　分户入口景观

珊瑚、红花继木、茶梅、龟甲冬青、八角金盘等常绿成片植被作为地景。

成片灌木和地被植被以女贞、冬青、黄杨等常绿植物为主，确保四季不褪色。局部以毛鹃、茶梅等开花常绿植被形成随季节变化的景观色块。点状植被中，球类一般采用常绿的无刺枸骨球、海桐球、黄杨球、小叶女贞球等，乔木和点状灌木除了常绿植被以外，也采用垂丝海棠、杏树、碧桃、梅花等落叶开花植物，以便形成四季不同的植被景观效果。树木均要求规格统一、树形均衡美观、无病虫害。

作为低层联排别墅产品，由于建筑间距有限，采用毛竹、刚竹等直立性植物适当遮挡视线，保护住户的私密性。

4.4　城市公园绿地规划设计

4.4.1　城市公园绿地的概念与分类

《辞海》中对绿地的表述为：配合环境，创造自然条件，使之适合于种植乔木、灌木和草本植物而形成的一定范围的绿化地面或地区，包括公共绿地、专有绿地和居住绿地等。绿地系统为各种园林绿地所构成的体系，是城乡建设规划中的重要组成部分。在建设部 2002 年新颁布的《城市绿地分类标准》中将绿地按照功能分为公园绿地、生产绿地、防护绿地、附属绿地以及其他绿地共 5 大类，每个大类有细分为中类和小类，并明确了各类绿地的范围内容和服务半径。

日本学者较注重对绿地概念的分析，而我国学者在这方面的分析较少，基本沿用了日本的概念。总的来说，中日两国在绿地概念方面没有大的差异，所不同的只是分类和范围。绿地的特性基本可以总结为：自然性、空地、绿化、非建筑性。

我国城市绿地分类标准中的公园绿地构成　　　　表 4.4-1

大类别	中类别	小类别	内容与范围
公园绿地	综合公园	全市性公园	为全市居民服务，活动内容丰富、设施完善的绿地
		区域性公园	为市区内一定区域的居民服务，具有较为丰富的活动内容和设施完善的绿地
	社区公园	居住区公园	服务于一个居住区的居民，具有一定活动内容和设施，为居住区配套建设的集中绿地
		小区游园	为一个居住小区的居民服务、配套建设的集中绿地
	专类公园	儿童公园	单独设置，为少年儿童提供游戏及开展科普、文体活动、有安全、完善设施的绿地
		动物园	在人工饲养条件下，移地保护野生动物，供观赏、普及科学知识，进行科学研究和动物繁育，并具有良好设施的绿地
		植物园	进行植物科学研究和引种驯化，并且供观赏、游憩及开展科普活动的绿地
		历史名园	历史悠久，知名度高，体现传统造园艺术并被审定为文物保护单位的园林
		风景名胜园林	位于城市建设用地范围内，以文物古迹、风景名胜点（区）为主形成的具有城市公园功能的绿地
		游乐公园	具有大型游乐设施，单独设置，生态环境较好的绿地
		其他专类公园	除以上各类专类公园外具有特定主题内容的绿地，包括雕塑园、盆景园、体育公园、纪念性公园等
	带状公园		沿城市道路、城墙、水滨等，有一定游憩设施的狭长绿地
	街旁绿地		位于城市道路用地以外，相对独立成片的绿地，包括街道广场绿地、小型沿街绿化用地等

引自：《城市绿地分类标准》CJJ/T 85—2002

4.4.2　公园内部的用地比例和设施标准

公园内部的用地包括园路和铺装场地、管理建筑用地、游览休憩（含公用建筑）用地和绿化用地。各类用地比例和公园内部设施根据公园的类型和陆地面积确定（表 4.4-2，表 4.4-3）。

公园内不应设置与性质无关、单纯以盈利为目的的建筑。面积≥ 10ha 的公园，按照游人容量的 2% 设置厕所蹲位，面积 <10ha 的公园按照游人容量的 1.5% 设置厕所蹲位，男女厕位比例为 1:1.5。厕所的服务半径不超过 250m，厕位数与游人分布密度相适应，在儿童游戏场所附近应设置供儿童用的厕所，园内应该设置无障碍厕所。

休息座椅的数量按照游人容量的 20%~30% 设置，座椅旁应设置轮椅停留位置，数量不小于休息座椅的 10%。垃圾箱应设置在人流集中场地的边缘、主要人行道路边缘和公用休息座椅附近。

标识系统的类型与数量应根据公园内容和环境特点而决定。主要出入口处设置平面信息图、信息板。在主要景点、游客服务中心和各类公共设施周边，应设置位置标志。无障碍设施周边应设置无障碍设施标志。可能对人身安全造成影响的区域，设置安全警示标志。主要出入口和道路交叉口设置道路导向标志，长距离无交叉口和路口的道路，应沿路设置位置标志和导向标志，间距不大于 150m。

游人容量的计算公式为：

$$C = (A_1/A_{m1}) + C_1$$

式中，C 为公园游人容量（人），A_1 为公园陆地面积（m^2），A_{m1} 为公园游人人均占有公园陆地面积（m^2/ 人），C_1 为公园开展水上活动的水域游人容量。水域游人容量按照 150m^2/ 人 -250m^2/ 人计算。人均占有公园陆地面积的指标如表 4.4-2 所示。

公园用地比例（%） **表 4.4-2**

陆地面积 A1（hm^2）	用地类型	公园类型					
		综合公园	专类公园			社区公园	游园
			动物园	植物园	其他专类公园		
A1 < 2	绿化	—	—	> 65	> 65	> 65	> 65
	管理建筑	—	—	< 1.0	< 1.0	< 0.5	—
	游憩建筑和服务建筑	—	—	< 7.0	< 5.0	< 2.5	< 1.0
	园路及铺装场地	—	—	15~25	15~25	15~30	15~30
2 ≤ A1 < 5	绿化	—	> 65	> 70	> 65	> 65	> 65
	管理建筑	—	< 2.0	< 1.0	< 1.0	< 0.5	< 0.5
	游憩建筑和服务建筑	—	< 12.0	< 7.0	< 5.0	< 2.5	< 1.0
	园路及铺装场地	—	10~20	10~20	10~25	15~30	15~30
5 ≤ A1 < 10	绿化	> 65	> 65	> 70	> 65	> 70	> 70
	管理建筑	< 1.5	< 1.0	< 1.0	< 1.0	< 0.5	< 0.3
	游憩建筑和服务建筑	< 5.5	< 14.0	< 5.0	< 4.0	< 2.0	< 1.3
	园路及铺装场地	10~25	10~20	10~20	10~25	10~25	10~25
10 ≤ A1 < 20	绿化	> 70	> 65	> 75	> 70	> 70	—
	管理建筑	< 1.5	< 1.0	< 1.0	< 0.5	< 0.5	—
	游憩建筑和服务建筑	< 4.5	< 14.0	< 4.0	< 3.5	< 1.5	—
	园路及铺装场地	10~25	10~20	10~20	10~20	10~25	—
20 ≤ A1 < 50	绿化	> 70	> 65	> 75	> 70	—	—
	管理建筑	< 1.0	< 1.5	< 0.5	< 0.5	—	—
	游憩建筑和服务建筑	< 4.0	< 12.5	< 3.5	< 2.5	—	—
	园路及铺装场地	10~22	10~20	10~20	10~20	—	—
50 ≤ A1 < 100	绿化	> 75	> 70	> 80	> 75	—	—
	管理建筑	< 1.0	< 1.5	< 0.5	< 0.5	—	—
	游憩建筑和服务建筑	< 3.0	< 11.5	< 2.5	< 1.5	—	—
	园路及铺装场地	8~18	5~15	5~15	8~18	—	—
100 ≤ A1 < 300	绿化	> 80	> 70	> 80	> 75	—	—
	管理建筑	< 0.5	< 1.0	< 0.5	< 0.5	—	—
	游憩建筑和服务建筑	< 2.0	< 10.0	< 2.5	< 1.5	—	—
	园路及铺装场地	5~18	5~15	5~15	5~15	—	—
A1 ≥ 300	绿化	> 80	> 75	> 80	> 80	—	—
	管理建筑	< 0.5	< 1.0	< 0.5	< 0.5	—	—
	游憩建筑和服务建筑	< 1.0	< 9.0	< 2.0	< 1.0	—	—
	园路及铺装场地	5~15	5~15	5~15	5~15	—	—

引自：《公园设计规范》GB 51192—2016

公园设施项目的设置 **表 4.4–3**

设施类型	设施项目	陆地面积 A1（hm^2）						
		A1 < 2	2 ≤ A1 < 5	5 ≤ A1 < 10	10 ≤ A1 < 20	20 ≤ A1 < 50	50 ≤ A1 < 100	A1 ≥ 100
游憩设施（非建筑类）	棚架	○	●	●	●	●	●	●
	休息座椅	●	●	●	●	●	●	●
	游戏健身器材	○	○	○	○	○	○	○
	活动场	●	●	●	●	●	●	●
	码头	—	—	—	○	○	○	○
游憩设施（建筑类）	亭、廊、厅、榭	○	○	●	●	●	●	●
	活动馆	—	—	—	—	○	○	○
	展馆	—	—	—	—	○	○	○
服务设施（非建筑类）	停车场	—	○	○	●	●	●	●
	自行车存放处	●	●	●	●	●	●	●
	标识	●	●	●	●	●	●	●
	垃圾箱	●	●	●	●	●	●	●
	饮水器	○	○	○	○	○	○	○
	园灯	●	●	●	●	●	●	●
	公用电话	○	○	○	○	○	○	○
	宣传栏	○	○	○	○	○	○	○
服务设施（建筑类）	游客服务中心	—	—	○	○	●	●	●
	厕所	○	●	●	●	●	●	●
	售票房	○	○	○	○	○	○	○
	餐厅	—	—	○	○	○	○	○
	茶座、咖啡厅	—	○	○	○	○	○	○
	小卖部	○	○	○	○	○	○	○
	医疗救助站	○	○	○	○	○	●	●
管理设施（非建筑类）	围墙、围栏	○	○	○	○	○	○	○
	垃圾中转站	—	—	○	○	●	●	●
	绿色垃圾处理站	—	—	—	○	○	●	●
	变配电所	—	—	○	○	○	○	○
	泵站	○	○	○	○	○	○	○
	生产温室、荫棚	—	—	○	○	○	○	○
管理设施（建筑类）	管理办公用房	○	○	○	●	●	●	●
	广播室	○	○	○	●	●	●	●
	安保监控室	○	●	●	●	●	●	●
管理设施	应急避险设施	○	○	○	○	○	○	○
	雨水控制利用设施	●	●	●	●	●	●	●

注："●"表示应设；"○"表示可设；"—"表示不需要设置（引自：《公园设计规范》GB 51192—2016）。

公园游人人均占有公园陆地面积指标 **表 4.4–4**

公园类型	人均占有公园陆地面积（m^2/人）
综合公园	30~60
专类公园	20~30
社区公园	20~30
游园	30~60

引自：《公园设计规范》GB 51192—2016

4.4.3　公园绿地规划设计的主要内容

公园绿地的主要功能是提供人们休闲、游憩、教育、进行户外体育娱乐活动的场所，另外，大量的植被可以带来较好的环境效益和生态效益，还有利于美化城市环境。公园绿地规划设计应该以充分发挥功能为基本前提。公园绿地规划设计的主要内容包括总体设计、地形设计、园路设计、种植设计、建筑设计 5 个方面的内容。

4.4.3.1　总体设计

总体设计包括平面布局和竖向控制，具体任务为：

（1）根据公园的性质和现状条件，进行功能景区的划分，同时确定各个分区的规模特点，进行总体平面布局；

（2）对园路系统进行总体布局，根据使用者不同，可以将园路分为供游人利用的和供管理人员利用的道路。游人利用的园路应该有利于其方便快捷的到达各个景点；管理人员利用的道路应该适宜车辆运送公园需要的设施和货物，并且与仓库和管理设施相连，最好与游人利用的园路隔离开。根据周围交通状况和内部布局的要求，确定主、次出入口位置和大小，必要时可以设置专门供管理人员使用的出入口；

（3）根据当地气候、土壤等状况，确定公园内的植物组群类型和分布；

（4）确定建筑的位置、高度、基本平面形式和出入口位置，以及其他建筑设施的位置和形式；

（5）在综合考虑周围道路规划标高、周围建筑物的高度、视觉廊道的走向等因素的基础上，确定公园中主要景物的高程和地形变化，地形变化要符合排水的要求；

（6）竖向控制中确定的高程为：山顶、最高水位、常水位、最低水位、水底、驳岸顶部、园路转折点 · 交叉点 · 变坡点、建筑底层、室外地坪、各个出入口内外地面、地下工程管线和地下构筑物的埋深等（图 4.4–1，图 4.4–2）；

4.4.3.2　地形设计

地形设计的目的是创造优美、合理的地形，是园路设计、种植设计和建筑物设施设计顺利进行的基础。地形设计应该根据总体设计确定的高程进行，并且考虑排水和景观因素（表 4.4–5）。

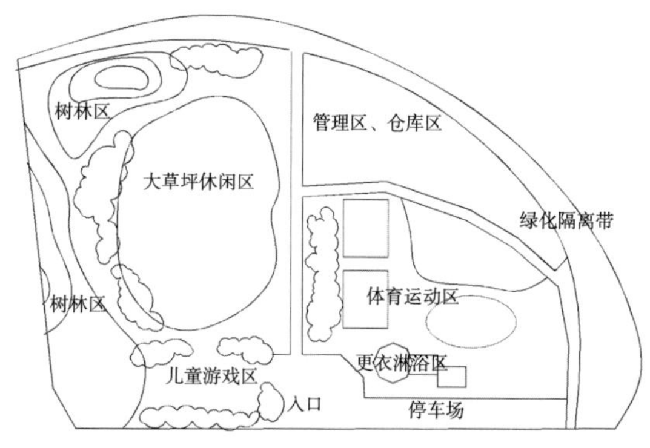

图 4.4–1　日本平和岛体育公园总体构思布局与功能分区

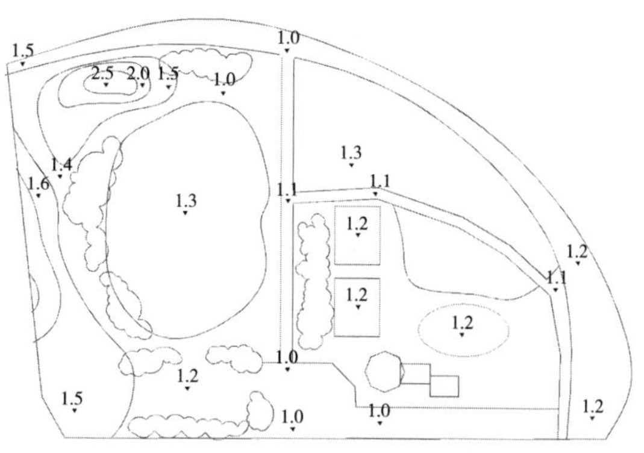

图 4.4–2　日本平和岛体育公园的高程控制

各类地表排水坡度 **表 4.4–5**

地表类型	最小坡度
草地	1.0%
运动草地	0.5%
栽植地表	0.5%
铺装场地	0.3%

引自 :《公园设计规范》GB 51192—2016

4.4.3.3 园路设计

（1）园路的形态

园路的形态有两种形式：直线式和曲线式。直线式园路一般位于平坦的地形上，由于到达目的地的距离最短，有利于疏散游客、方便游客通行、节省游客时在路上的时间，另外，宽阔的直线园路具有宏伟、壮观的景观特点，因此，古代大型的皇家园林，如凡尔赛宫、我国的故宫等，中心轴线往往采用直线式园路，缺点是不适用于起伏变化的地形，容易造成呆板、单调的氛围。曲线式园路使适用于坡地丘陵上，也可以使用在平坦地上，沿路布置不同的景物，易形成移步换景的境界。丘陵坡地上的公园，以及我国私家园林和日本的传统园林，采用曲线式园路比较普遍（图 4.4–3，图 4.4–4）。

（2）园路的等级、宽度、密度

根据承担的功能和宽度，园路分为主路、次路、支路和小路 4 个等级。公园面积小于 10ha 的时候，可设置三级园路。公园的陆地面积不同，各个等级的路幅宽度也不同，具体见表 4.4–6。

对园路进行纵断面设计，应注意主路不应设置台阶，主路、次路纵坡宜小于 8%，同一

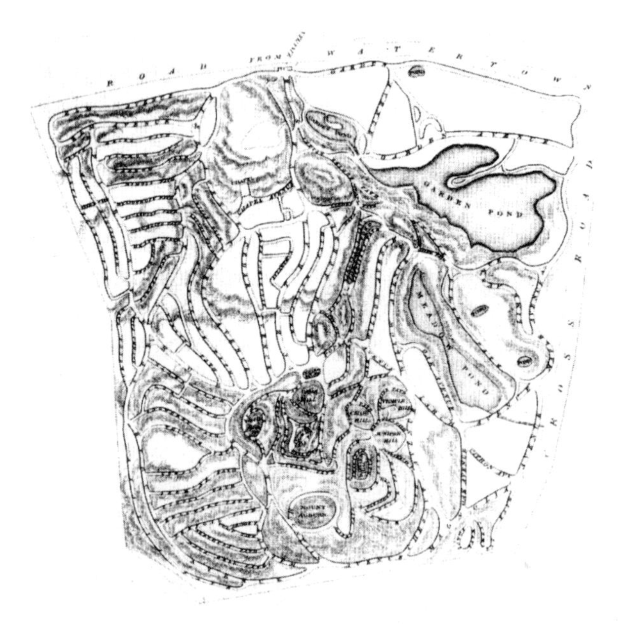

图 4.4–3 美国金棕山墓地公园

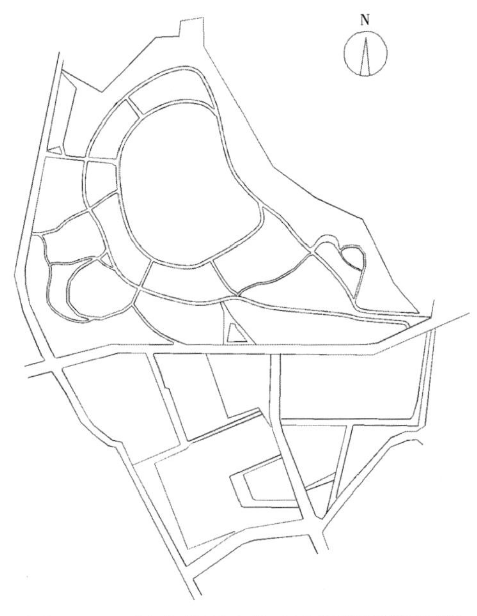

图 4.4–4 日本代代木体育公园的园路系统

园路的宽度（m）　　　　表 4.4-6

园路等级	公园总面积 A（hm^2）			
	A < 2	2 ≤ A < 10	10 ≤ A < 50	A ≥ 50
主路	2.0~4.0	2.5~4.5	4.0~5.0	4.0~7.0
次路			3.0~4.0	3.0~4.0
支路	1.2~2.0	2.0~2.5	2.0~3.0	2.0~3.0
小路	0.9~1.2	0.9~2.0	1.2~2.0	1.2~3.0

引自：《公园设计规范》GB 51192—2016

纵坡坡长不宜大于 200m；山地区域的主路、次路纵坡应小于 12%，超过 12% 应做防滑处理；积雪和冰冻地区道路纵坡不应大于 6%。支路和小路纵坡宜小于 18%，纵坡超过 15% 的路段应做防滑处理，纵坡超过 18% 的，应设计梯道。与广场连接的纵坡较大的道路，连接处应设计坡度不大于 2% 的缓坡。自行车专用道路坡度宜小于 2.5%，坡度超过 2.5% 时候，应按照《城市道路工程设计规范》（CJJ37—2012）的规范进行设计。

横坡以 1%~2% 为宜，最大不超过 4%。纵坡、横坡不能同时为零。

台阶踏步数不应少于 2 级，梯道净宽不宜小于 1.5m。纵坡大于 50% 的梯道应做防滑处理，并设置护栏设施。梯道每升高 1.5 m~2m，宜设计休息平台，平台进深不小于 1.2m。基地特别陡峭时，可以增加台阶数，但不宜超过 18 级。梯道连续升高 5m，宜设置转折平台，且进深不宜小于梯道宽度。

（3）公园的出入口设计

公园的出入口设计风格应该与公园绿地的主题相一致，单个出入口宽度不小于 1.8m，举行大规模活动的公园应设计紧急疏散通道。

4.4.3.4　种植设计

（1）种植设计的原则

公园绿地最大的特点是植被覆盖率远远高于其他建设用地。种植设计是公园绿地设计的主要内容，必须遵守以下原则：

——根据当地的气候、土壤等自然条件选择树种，尽量采用本地的植物；

——合理搭配形成稳定的生态群落；

——既要考虑植物的生态效益，也要兼顾其组织空间、卫生防护的功能；

——对植物的色彩和形态进行精心组合，充分发挥植物的景观美化功能

（2）植物配置的形式与技法

公园绿地中树木的配置形式主要有群植、丛植、列植、对植、孤植等。群植是将几十株以至数百株乔灌木组合在一起，形成高低错落的树丛，或者将数个树丛搭配在一起，形成生态关系更加复杂、空间层次更加丰富的树群。丛植是几株至一二十株同种或异种的树木按照一定的构图方式组合在一起，主要反映小规模树木组合的形象美。列植是等距离成行列地栽种树木，由于几何效果和方向感强烈，一般用于道路两侧、广场等空间。对植是将树形美观、体量相近的同一树种，分别种植在构图中轴线的两侧，以体现庄严的规整美。孤植是在空旷地或者视觉节点如路口、桥头、草坪、道路转折点等处单独种植高大的树木，表现树木优美的姿态。

在植物景观营造时，可采用以下几点技法：

把盛花植物配植在一起，形成花卉观赏区，让游人充分领略植物百花齐放，繁花似锦的美。

以水体为主景，营造喷泉、瀑布、湖泊、溪流等，配植不同的植物以形成不同情调的景致。

用植物组成不同外貌的群落，以体现植物群体美。

利用园林中借景物法，把园外的自然风景引入园内，形成内外一体的壮丽景观。如南京玄武湖公园借景紫金山，山因水更巍峨，水借山更柔美。

4.4.4 各类公园的特点与事例

4.4.4.1 儿童公园

儿童公园以儿童为主要利用者，以游玩、游戏为主要功能，同时可以作为组成城市绿地生态系统的原始单位，也可以成为社区人际交往的场所。儿童公园的标准规模为 2500m^2 左右，服务半径为 250m。

根据使用目的，儿童公园应该包括出入口、游戏（玩）区、运动区、休息区和交谈区。休息区和交谈区可以合并为 1 个功能区。基本设施主要有体育游戏设施（如秋千、转马、滑梯等）、儿童用体育场地（小型篮球场、网球场、足球场、排球场、羽毛球场等）、沙坑、草地、环卫设施（洗手处、垃圾箱、厕所）、休息椅（凳）等。在规划设计中可以考虑根据不同的儿童年龄层特点配置不同的设施（图 4.4-5~ 图 4.4-9）。

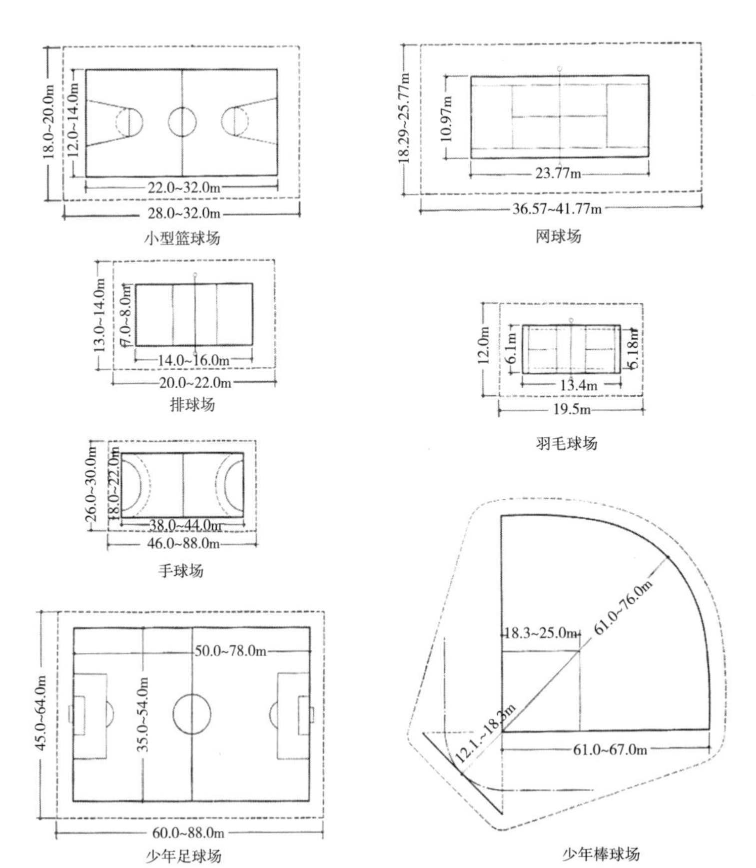

图 4.4-5 少年儿童用的户外运动场地尺寸

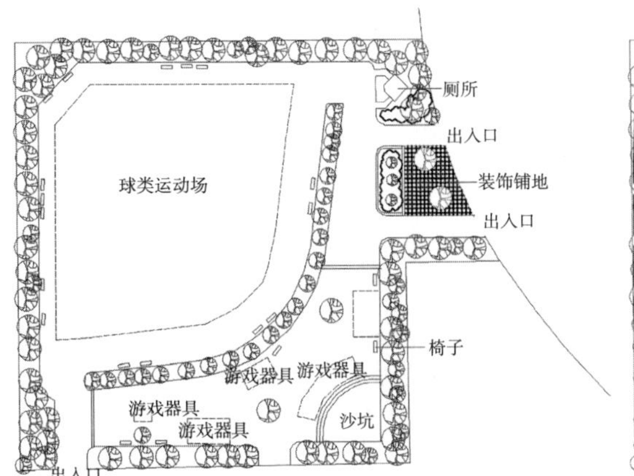

图 4.4–6　东京的新大冢儿童公园

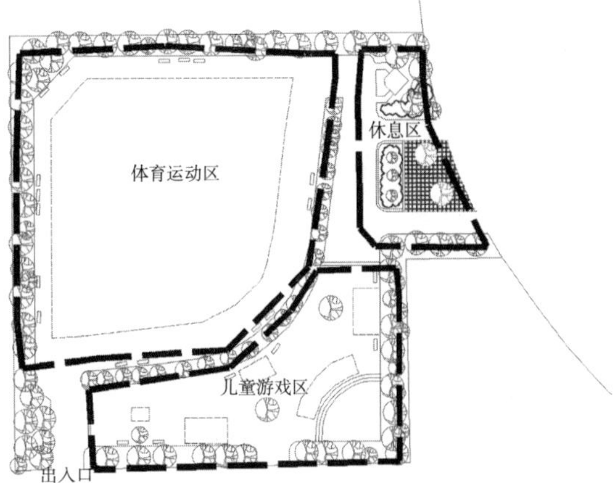

图 4.4–7　新大冢儿童公园的功能分区

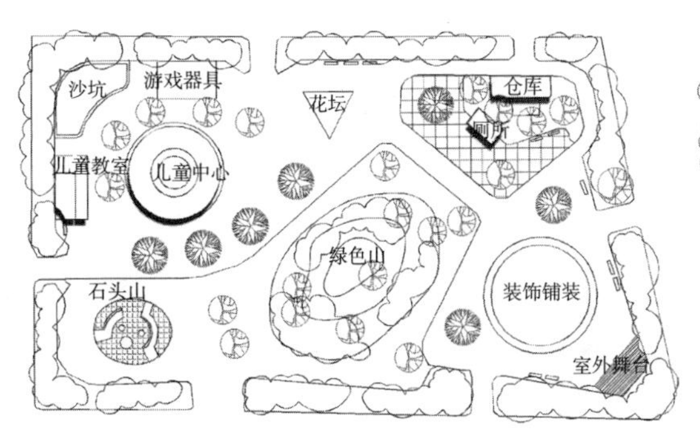

图 4.4–8　日本东京台东区某儿童公园

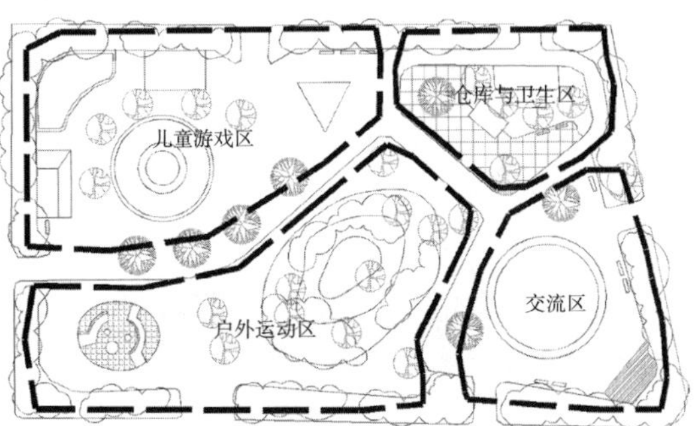

图 4.4–9　日本东京台东区儿童公园功能分区

4.4.4.2　综合公园

综合公园集休闲、娱乐、游戏、游玩、教育、体育运动诸功能于一身，是占地面积大、利用人数多、利用者年龄跨度大、设施设备最完整的公园。综合公园面积一般不小于 $10hm^2$，其中全市性综合公园的服务半径覆盖整个城市，区域性综合公园的服务半径覆盖整个区。为了方便人们的利用，必须设置足够的停车场、饮食店等设施。由于面积大设施多，需要布置专门的管理办公设施。综合公园是作为城市休闲体系和绿地生态系统的主要组成部分，其位置和规模对城市的绿地系统格局和景观风貌的形成有重要的影响。

综合性公园一般包括休息饮食区、游戏娱乐区、儿童活动区、管理区、生态林区等。必备的设施主要有公园管理建筑、成人游戏设施、儿童游戏设施、文化设施（博物馆、画廊等）、体育设施（室外运动场地、体育场馆）、餐饮店、休息座椅、环卫设施、公园指示和标识设施、停车场、入口建筑等（图 4.4–10~ 图 4.4–12）。

4.4.4.3　社区公园

社区公园是居住区绿地系统的主要组成部分，除了环境生态功能以外，社区公园作为居住区的公共活动用地的一部分，是居民进行日常休闲散步、娱乐、交往、体育运动的公共场所。在灾害来临时，社区公园是主要的室外避难地，应当配置基本的防灾救助器具。社区公园包括居住区公园和小区游园，居住区公园服务半径 0.5km~1.0km，面积一般不低于 4ha。小区游园的服务半径为 0.3km~0.5km，面积一般为 2ha。

社区公园为多目的利用、具有复合功能的绿地，一般包括运动区、休闲区、休息处，大的社区公园应该设置停车场。基本设施有儿童游戏设施、户外体育运动设施、座椅、环卫设施、救灾器具仓库等（图 4.4–13，图 4.4–14）。

4.4.4.4 体育公园

体育公园以体育运动为主要功能。利用者主要为除了儿童以外的各个年龄层的人群。相对于以竞技为目的的专业化的体育场（馆），体育公园的重点在于日常的健身活动。因此，体育公园对运动设施的标准可以适当降低，并适当增加餐饮、娱乐的活动项目。由于人流量大、设施较多，体育公园需要设置明确的标识指示系统和充足的停车场。

体育公园包括户外体育运动设施、体育场馆、草地、休息区、停车场等。运动设施面积不应超过总面积的一半（图 4.4–15，图 4.4–16）。

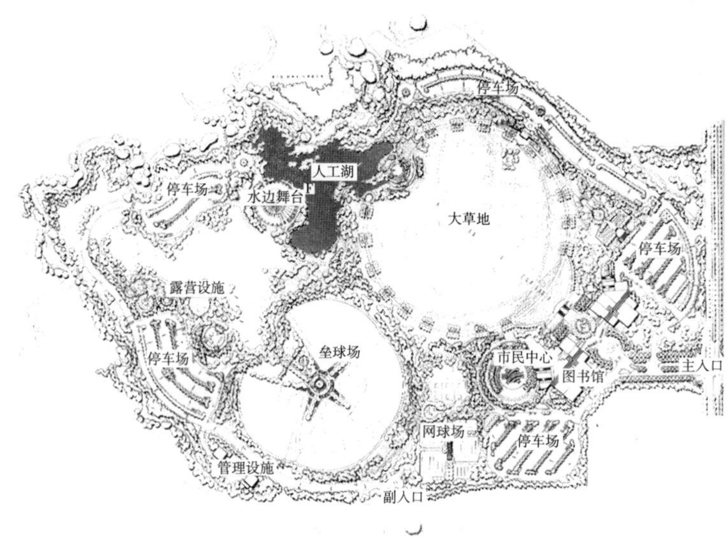

图 4.4–10 美国威斯敏斯特城市公园

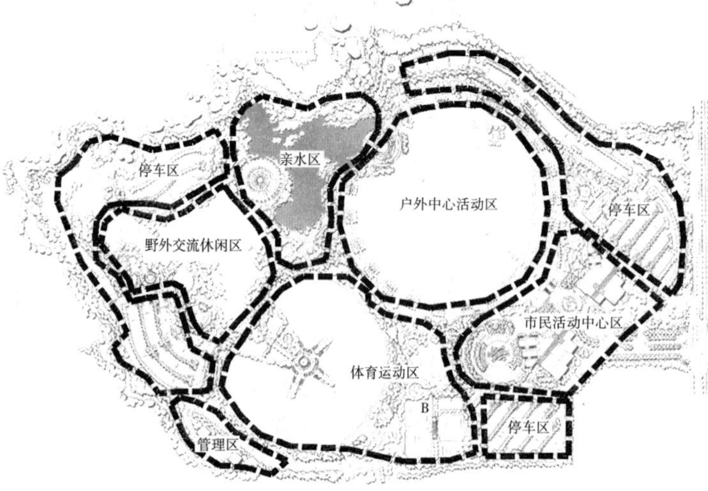

图 4.4–11 美国威斯敏斯特城市公园功能分区

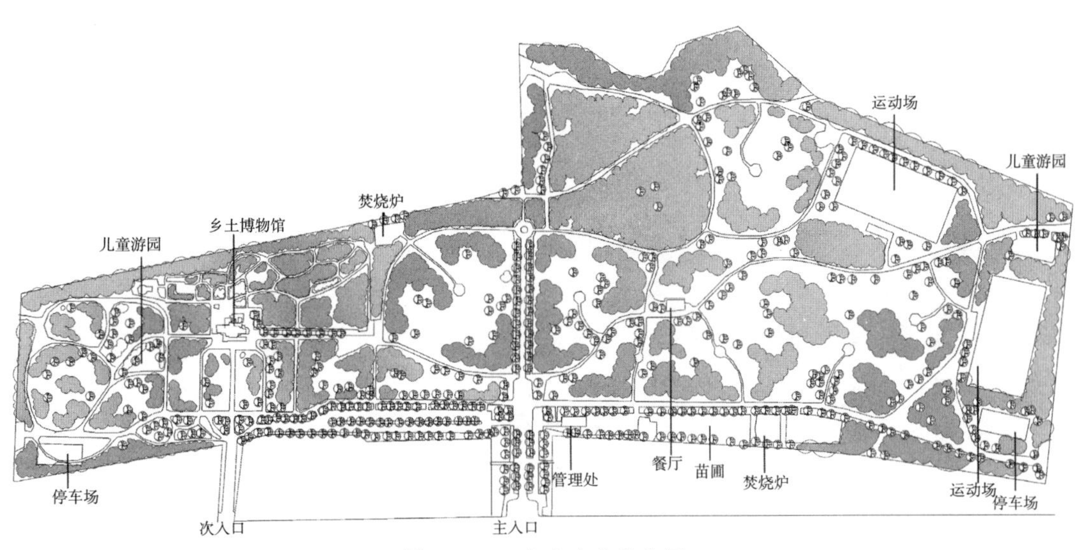

图 4.4–12　东京小金井公园

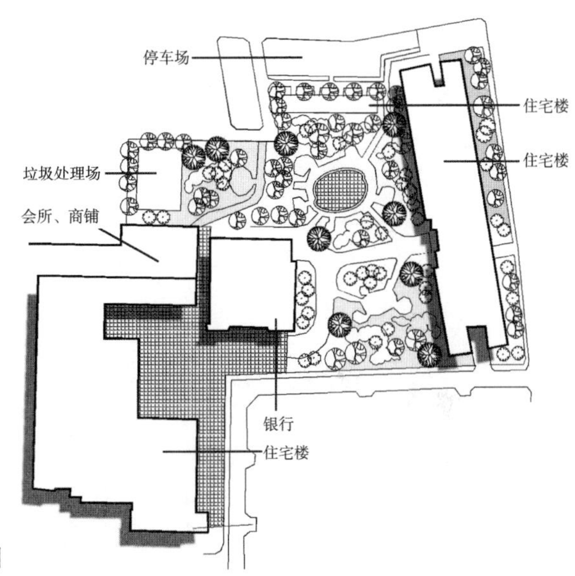

图 4.4–13　日本金町社区公园

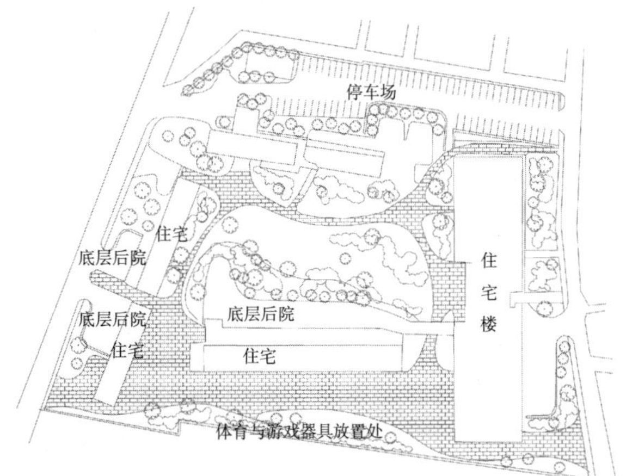

图 4.4–14　日本日出町社区公园

图 4.4–15　代代木体育公园

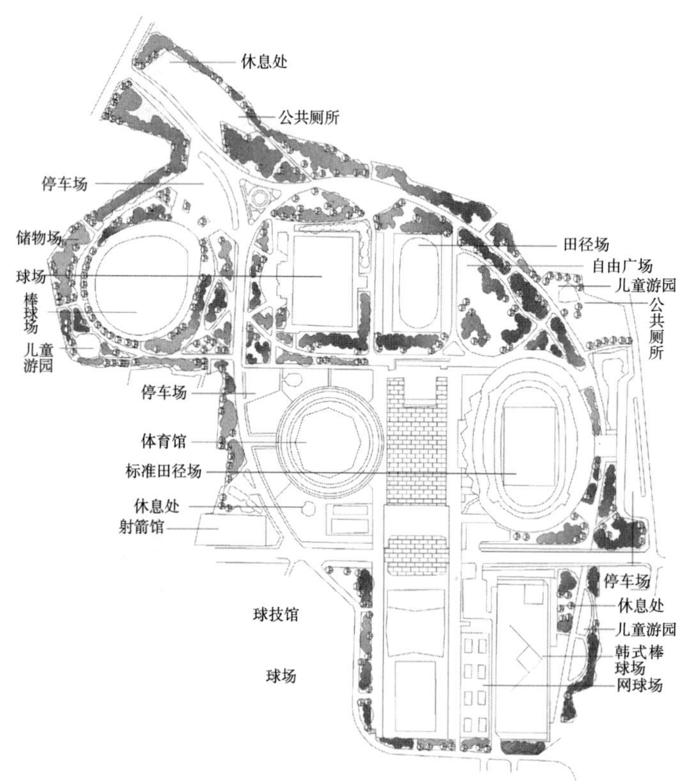

图 4.4–16　驹泽奥林匹克公园

4.4.4.5　动植物园

动植物园的主要功能包括动植物的观赏、研究和教育。植物园可以附设在大型综合公园内，动物园则要尽量与其他类型的公园绿地分开单独设置。动物园的选址应该考虑安全性，有猛兽的动物园要远离居住密集区，周围设置缓冲绿地和防护网，面积上要保证动物有足够的户外活动空间。动植物园要有足够的停车场，设置游客休息处和餐饮店，配备明确的标识指示系统和解说系统。

动植物园一般包括游览区、休息区、管理办公区、学术研究区和室内展示区。管理办公区、室内展示区和学术研究区应尽可能靠近。植物园还可以设置温室作为主要的室内展示区，学术研究区设置苗圃、实验室等研究性设施（图 4.4–17，图 4.4–18）。

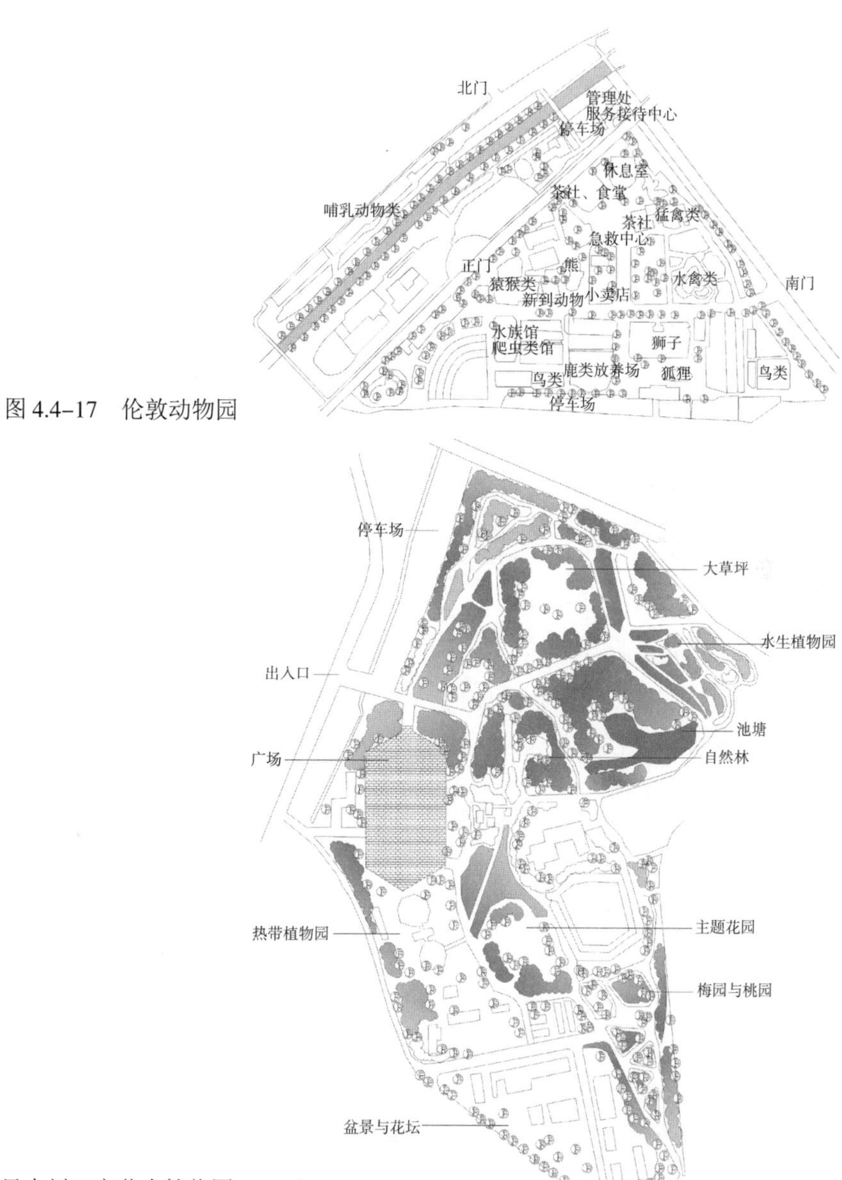

图 4.4–17　伦敦动物园

图 4.4–18　日本川口市花木植物园

4.5 广场设计

4.5.1 广场的功能与分类

广场、公园绿地、道路共同构成城市的开敞空间系统。广场作为城市的职能空间，提供人们集散、交通、集会、仪式、游憩、商业买卖和文化交流的场所。广场往往位于城市的节点上，广场设计的好坏对城市的景观风貌品质有很大的影响。

根据所承担的功能，广场大致分为市民广场、交通广场、纪念性广场、商业广场、街道广场、建筑广场等。

（1）市民广场

市民广场是供广大市民集会、交流、公众信息发布的场所，一般位于城市的核心区。市民广场所处的地理位置是城市公共建筑集中的地段，广场的周围一般布置各级政府行政办公建筑、文化体育建筑（博物馆、图书馆、美术馆、体育馆等）以及公共服务性建筑（如邮电大楼、银行、商场等）。市民广场作为市民的聚集场所，人流量大，应该综合考虑周围的交通线路和交通设施，与城市的其他地区有通畅的交通连接，还要根据不同的活动划分空间，组织好人流动线和视线关系。

（2）交通广场

交通广场是交通节点，以疏散、组织、引导交通流量，转换交通方式为主要功能的广场。最常见的交通广场是车站广场。车站广场一般紧靠交通枢纽车站，与车站的出入口相接，或者直接位于交通枢纽车站的某一层，通过垂直、水平的交通工具疏导人流。车站广场的设计要充分运用人车分离技术，合理组织人流、物流和车流的动线，最大限度地保障乘客安全、便利地换乘和出站。交通广场一般要附设一定数量的机动车停车场地，并配置座椅、餐厅、小卖部、书刊报纸零售处、银行自动取款机等设施，以方便人们在出行过程中享受到生活的便利。

（3）纪念性广场

纪念性广场一般是举行国家或者城市的重要庆典活动和纪念仪式的场所，具有较强的政治意义。有的纪念性广场成为国家精神的象征，如我国北京的天安门广场、俄罗斯莫斯科的红场等。纪念性广场的设计要体现庄严肃穆的气氛，往往采取中轴对称、等级序列的布局，植物的配置也采用象征意义强，或者形态高大肃穆的植物。

（4）商业广场

商业广场是位于城市商业区的节点，是人们进行商品买卖和休闲娱乐的集散广场。布置商业广场的目的不仅是组织商业街区的人流，更多的是为了形成商品买卖市场。商业广场的周围大多为百货、超市、旅馆、餐饮等建筑，在设计上要追求活泼醒目的商业氛围，组织好人们的行走，留有足够的出口以疏散客流，并设置休息区供人们在购物之余休息。

（5）街道广场

街道广场是道路人行系统的组成部分，为行人提供休息、交谈、等候的场所。街道广场一般设置休息座椅、花坛，种植树木，形成一定的绿化空间。有的街道广场还设置喷泉、雕塑等公共艺术品，以增加场所的趣味。

（6）建筑广场

建筑广场与建筑位于同一地块内，是建筑物后退形成的开敞空间，其设计风格需要兼顾建筑的需要和道路景观的需要。卢原信义在其所著的《街道美学》一书中，认为建筑广场能够大大地丰富道路的景观。建筑广场是建筑物和道路相互联系的过渡空间，往往通过设置室外雕塑、花坛、喷泉、标牌加强引导交通、方向暗示和空间隔离的作用。

4.5.2 广场的形式

4.5.2.1 规则型广场

规则型广场一般用地形状比较整齐，有明确的轴线，布局对称，具体的形态包括矩形、圆形广场。规则型广场的中心轴线会产生强烈的方向感，主要建筑和视觉焦点一般位于中心轴线上。城市中具有历史意义、宗教意义、纪念意义和革命教育意义的广场大多采取规则型的布局。

矩形广场的形态严整、肃穆、稳重，缺少灵活变化的趣味。广场四周一般为建筑群，至少有一处出入口与城市道路相连。周围的建筑围合会形成封闭和半封闭的广场空间，因此，周围建筑的高度应有所控制，建筑形态和风格应该追求统一性，避免造成强烈的压抑感和凌乱感。矩形广场往往作为举行重要庆典和纪念仪式的场所，可以结合轴线的走向适当布置花坛、绿带、喷泉、雕塑、纪念碑等物，但是不宜布置过多的广告、游戏设施、餐饮处等。

中华人民共和国成立后建设的天安门广场是矩形广场的代表。天安门广场规划面积52ha，采取中轴对称格局，天安门、人民英雄纪念碑位于中轴线上，两侧的人民大会堂和博物馆建筑高度为30m~40m。

圆形广场的基本形状为正圆或者椭圆形，往往位于放射型道路的焦点，由建筑围合形成的开敞空间。广场的轴线感不如矩形广场强烈，视觉焦点位于圆形广场的圆心，圆形广场的中心一般配置雕塑、喷泉、纪念碑等物（图4.5–1~图4.5–3）。

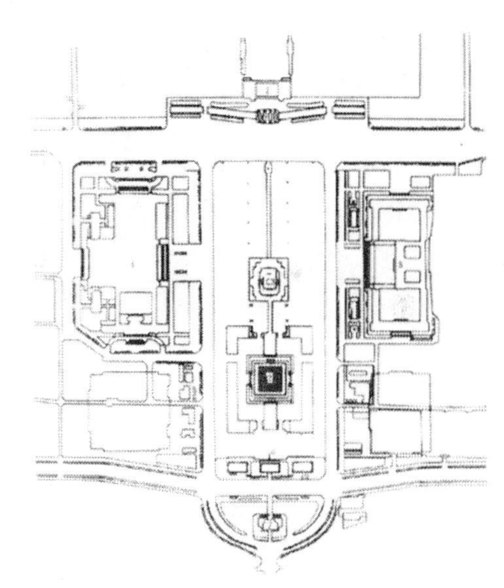

图4.5–1　天安门广场平面

4.5.2.2 不规则形广场

由于土地建设条件、周围建筑物状况和长时期的历史发展，导致广场的形状不规则。不规则广场的设置地点比较自由，可以广泛设置于街边、建筑前、道路交叉口等处。不规则广场的布局形式也比较自由，可以与地形地势充分结合。

也有一些城市的中心广场采用不规则形状。如意大利的堪波广场。堪波广场位于意大利古城西耶那的市中心，是3条城市主要道路的交汇点。广场一侧的市政厅，是整个广场的视觉焦点（图4.5–4，图4.5–5）。

图 4.5-2　巴黎的一个圆形广场

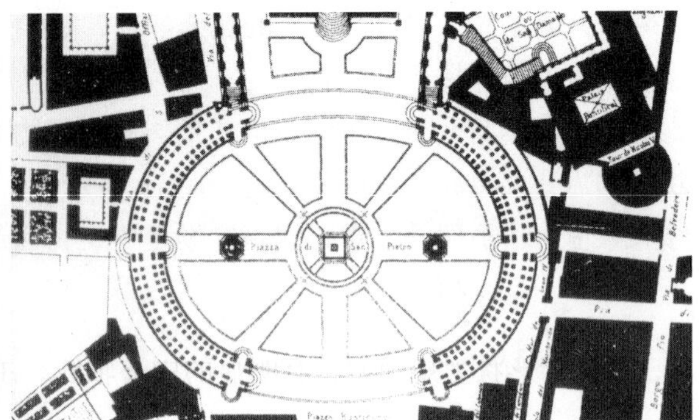

图 4.5-3　圣彼得广场平面

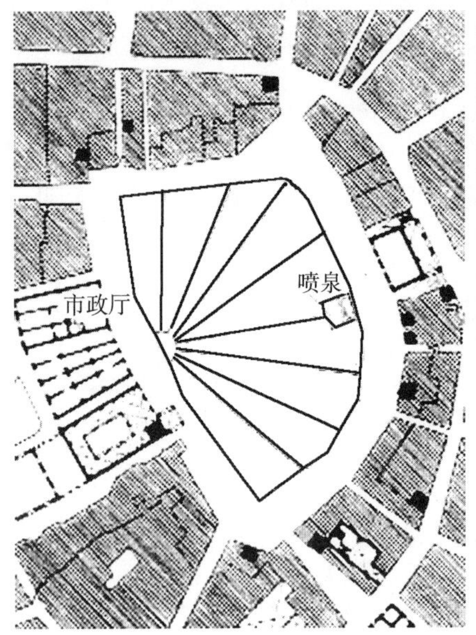

图 4.5-4　堪波广场平面

图 4.5-5　堪波广场鸟瞰

4.5.3　广场设计的内容

（1）地形设计

地形不仅影响广场的功能布局，也影响人的动线组织。广场的地形有两种：平面式和立体式。平面式广场是广场处于同一个平面空间，又分为平地广场和坡地广场两种类型。平地式广场的地形没有变化，适于规模人群的集会和各类仪式庆典活动，市政广场和纪念性广场大多是平地式。坡地广场一般位于缓坡上，是顺应原来自然地形的变化而设计的广场形式。立体广场跨越不同平面空间的广场，国外很多交通枢纽都是通过立体式广场连接处于不同水平空间的交通站台。

地形设计首先要考虑广场的用途，如果是政治或者纪念性广场，或者广场主要用于集会，广场的人流量巨大，地形不宜起伏，一般采取平地广场形式。商业广场和街道广场一般要顺应地形的变化，为了营造层次丰富的空间效果，可以有意识地采取坡地形式。如果土地的地形高低变化大，则可以考虑采取立体式。

（2）空间布局

广场的功能不宜过于复杂，在布局上应该突出主要功能，其他功能的安排不能够干扰主要功能的发挥。广场的空间布局形式应该综合考虑各个功能的相互关系，还受到用地形状和地形的影响。布局的形式有对称、平衡、周边、线型等。

——对称布局

广场的形状为规则型，有明显的中心轴线，主要景物分布在中心轴线上，或者位于轴线两侧对称分布。

——平衡布局

广场的形状为规则型或者接近规则型，主要景物位于轴线两侧，呈非对称分布，但是两侧景物的体量感平衡，视线焦点还是集中在中心轴线上。

——周边布局

主要景物和人的活动集中在广场四周，中间地带仅仅作为人的通行使用。商业广场多采用周边布局方式。

——曲线布局

线型布局有两种情况。第一种是广场的用地形状受到周围建筑物或者其他因素的影响，呈条状延伸，主要景物和人的活动沿着广场用地呈直线或者曲线分布。第二种是广场的用地很开阔，但是为了丰富空间层次，提高景观的趣味性，有意识地将主要景物和人的活动沿曲线布局（图 4.5–6）。

（3）绿化设计

根据广场的性质、功能、规模和周围环境进行广场绿化设计。广场绿地具有空间隔离、美化景观、遮阳降尘等多种功能。应该在综合考虑广场的功能空间关系、游人路线和视线的

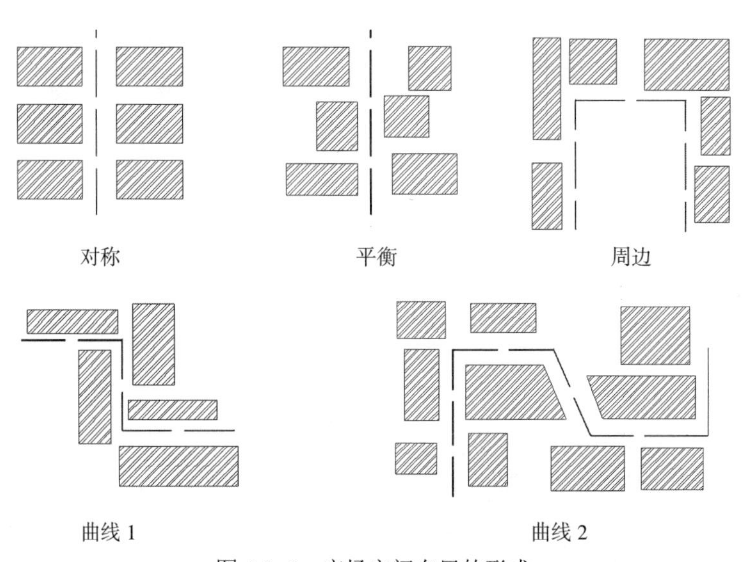

图 4.5–6　广场空间布局的形式

基础上，形成多层次、观赏性强、易成活、好管理的绿化空间。公共活动广场周围宜栽种高大乔木，并且宜设置成为开敞绿地，植物配置通透疏朗。车站、码头、机场的集散式广场应该种植具有地方特色的植物，在满足功能的同时，反映地域风格。纪念性广场的绿化应该有利于衬托主体纪念物。

市民广场的植物种植设计，应根据其交通流线和功能空间，突出标志性建筑物或者构筑物，以加强广场的气氛。如南京鼓楼广场，在盛大节日常使用临时的花坛、花柱，以营建节日的主题景观。

交通广场的主要目的是有效地组织城市交通。植物景观设计应能疏导车辆和行人有序通行，保证交通安全。大多数站前广场以花台、树池的形式点缀，以强调铺装地面的功能。面积较小的广场可采用以草坪、花坛为主的封闭式布置，面积较大的可用树丛、灌木和绿篱组成不同形式的优美空间，但在车辆转弯处，不宜用过高、过密的树丛，以免影响司机的视线；也不宜用过于艳丽的花卉，以免分散司机的注意力。

纪念性广场的植物配置应以烘托纪念气氛为主，植物不宜过于繁杂，以突出纪念主题为好。在布置形式上多采用规则式，具体树种以常绿为佳，并配合有象征意义的雕塑、小品等，形成庄重、肃穆的环境空间。

商业广场的植物造景设计，应根据休息小品设施，种植遮荫树，体现四季变化的观花、观叶植物。将植物种植与雕塑、喷泉、坐凳等设施相结合，营建现代简约、大气时尚、充满活力的空间环境。

街道广场的植物景观设计，植物配置多采用自然式布局，灵活自由，植物选择宜明确基调树种，采用花灌木、花卉和地被植物相结合，形成树丛、花丛等形式；也可以设立花架，种植枝繁叶茂的藤本植物，以丰富竖向空间结构。总之，街道广场的植物设计宜体现植物的地域性和多样性，反映时空变幻的季相美。

（4）景物和环境小品设计

景物包括雕塑、柱、碑、水景等，是广场空间景观的节点，其设计的成败关系到广场品质的高低。环境小品既包括独立的小型艺术品，也包括经过艺术处理、具有特色的建筑物和构筑物，如具有艺术特点的报刊亭、电话亭、垃圾筒等，对广场景观起修饰和补充作用。景物和环境小品的设计要遵守以下原则：

——主题的设定

景物与环境小品应设定统一的主题，主题应该符合广场的氛围。纪念性广场可以在轴线上设置具有纪念意义的碑、柱等景物，形成视觉焦点。商业广场、街头广场切忌布置严肃主题的景物，应该以活泼、具有生活性、大众化的题材为主。交通广场可以考虑布置具有地区标志性的景物，如通过雕塑、标志等表现当地某一著名的事件、人物，或者著名的风景，这样有利于加强人们对地区的印象。

——风格的统一与变化

景物和环境小品的风格应当统一并富有变化。广场人流量大，如果风格如果相差很大，会给人们造成凌乱感。风格包括色彩、材质、体量、造型、手法等要素，对风格进行统一设计，在基调不变的前提下追求多样变化，避免单调和重复。纪念性广场应控制环境小品的数量，以简约、稳重、肃穆的风格为主，商业广场应追求活跃的气氛，造型和色彩上应当体现商业的氛围。

——位置的选择

景物与环境小品的摆放位置应系统化，考虑人的走动路线和空间的组织，切忌随意摆放。景物与环境小品的朝向应该面向主要人流，还可以与绿化、设施组合，形成趣味空间（图 4.5–7~ 图 4.5–13）。

图 4.5–7 大阪樱广场的环境小品

图 4.5–8 东京都厅广场小品

图 4.5-9　横滨和平广场的涌泉

图 4.5-10　横滨 MM21 车站广场小品

图 4.5-11　新西兰基督城广场雕塑

图 4.5-12　南京山西路广场水景与植被

图 4.5-13　南京鼓楼广场

4.5.4　广场设计案例

4.5.4.1　日本筑波研究学园都市中心广场

筑波研究学园都市中心广场由日本著名设计师矶崎新主持设计。该广场位于筑波研究学园都市南北向的公园路与中心主要建筑群（宾馆、剧场、酒店）的交点，共分为两层。顶层与公园路连接，底层与主要建筑的各个出口相通，螺旋状的铺地形式将视线焦点集中在中间的小型涌泉上。两层之间的阶梯采取了叠石理水的手法，瀑布喷涌而下与底层的小型涌泉连成统一的水系统（图 4.5-14~ 图 4.5-19）。

4.5.4.2　美国波特兰市的爱悦广场与演讲堂前广场

爱悦广场（lovejoy plaza）与演讲堂前广场（auditorium forecourt）由美国景观设计师哈普林设计。两个广场位于波特兰市的重要公共区，是该地区重建规划项目的一部分。步行者专用道路连接这两处广场和一处公园。广场的设计重视亲水性，对水体的设计占有重要的地位（图 4.5-20~ 图 4.5-24）。

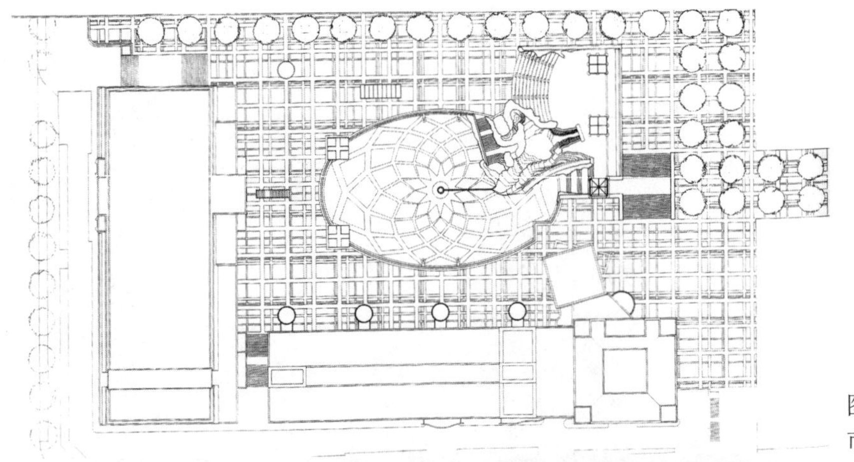

图 4.5-14　筑波学园都市中心广场平面

图 4.5-15　筑波学园都市中心广场局部

图 4.5-16　筑波学园都市中心广场局部

图 4.5–17　筑波学园都市中心广场局部

图 4.5–18　筑波学园都市中心广场局部

图 4.5–19　筑波学园都市中心广场局部

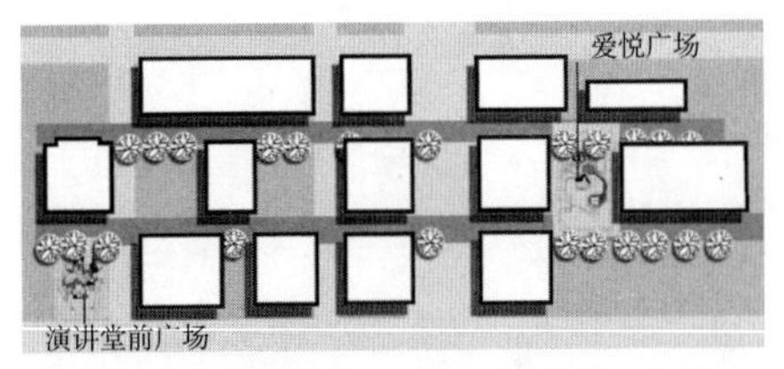

图 4.5-20　爱悦广场与演讲堂前广场的位置关系

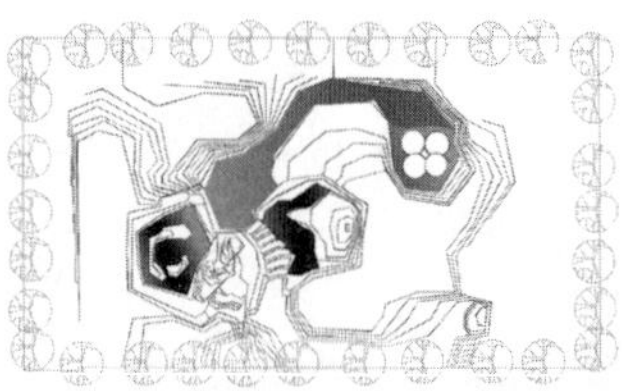

图 4.5-21　爱悦广场平面

图 4.5-22　爱悦广场鸟瞰

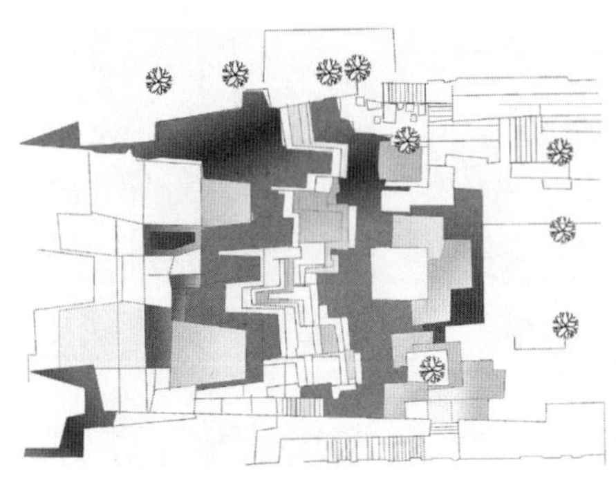

图 4.5-23　演讲堂前广场平面

图 4.5-24　演讲堂前广场鸟瞰

4.6　城市中心区、滨水区设计

4.6.1　城市中心区

4.6.1.1　城市中心区概念与结构

城市中心区又称为核心区、中心商务区，英文简称“CBD”。CBD 是城市的标志和中心核，土地价格最高，具有比其他地区更加密集的高层建筑，吸引机动车与人流向 CBD 集中。CBD 是城市最重要的功能区，对城市景观风貌的形成具有至关重要的影响。对于 CBD 的形成，有 3 种城市结构理论给予了解释。

（1）伯吉斯的同心圆理论

美国社会学家伯吉斯 1920 年代提出了同心圆理论，认为城市在发展中地域不断分离，其基本结构模式为 5 个同心圆式的功能区。由内向外分别为 CBD、过渡区、工人住宅区、中产阶级居住区、通勤者居住区；CBD 包括百货店、时装店、银行、博物馆等，是现代城市的中心，其不断向四周边缘扩展推动城市的不断发展（图 4.6-1）。

（2）霍伊特的扇形理论

霍伊特对伯吉斯的同心圆模型进行修正，进一步考虑了土地价格和租金，以及主要交通路线对城市结构的影响，在此基础上发展了扇形理论。霍伊特认为 CBD 是城市的核心，CBD 形成的原因是土地价格和租金的升高。从 CBD 区向外，土地价格具有下降的趋势，由 CBD 向外扩展的不同功能类型受到主要交通路线的影响，最终形成扇形结构（图 4.6-2）。

（3）多核理论

同心圆和扇形理论都认为城市只有一个核心，即 CBD。多核理论则认为在 CBD 以外，城市还存在其他中心。产生多个核心的原因在于不同行业的区位过程、聚集效应、行业分离和地价房租因素。多个核心中有主核心和亚核心之分。CBD 依旧是城市的主核心，但是不一定是几何中心。独立的金融区、商业区等可能成为城市的亚核心（图 4.6–3）。

4.6.1.2 城市中心区组成

CBD 的功能包括中心商务功能和非中心商务功能。中心商务功能是 CBD 的主要功能，具体包括零售、服务、金融和办公 4 大功能。非中心商务功能包括工业、仓储、永久居住功能，在 CBD 内比例极低。

根据赫伯特和托马斯的研究，CBD 可以分为 6 个功能区：专业零售区、次级零售区、商业办公区、娱乐及旅馆区、批发和仓储区、公共管理及办公机构区。专业零售区位于 CBD 中交通最方便的位置，其商品与服务等级最高，常常聚集大型百货店、连锁店。次级零售区一般靠近专业零售区，商品为耐用品和日用品。商业办公区集中了金融和保险业，往往位于环境最好的地块。娱乐及旅馆区紧靠商业办公区和零售区，与这两个区相互依赖进行商业活动。批发和仓储区靠近交通枢纽，附近有小规模轻工业。公共管理及办公机构区一般位于 CBD 的边缘。功能 6 分区的模式是概念化的模式，实际情况复杂得多。

4.6.2 城市滨水区

4.6.2.1 城市滨水区的特点与功能

城市滨水区是临海、临湖、临河的城市区域。滨水地区具有城市中最宝贵的自然风景资源，成功的滨水区开发不仅会大大改善一个城市的空间环境质量，而且在促进城市功能转变、提升城市竞争力方面起到重要作用。

城市滨水区的主要功能有：

（1）物流功能

滨水区紧靠水体资源，具有航运和物流的功能。早期的滨水区是依托航运业发展起来的，现代社会，航运依旧是最主要的交通运输手段之一。除了航运枢纽，大型滨水地区的腹地往往建设有物流基地。

（2）旅游功能

水体、岸线是优美的景观资源，再配备以人文景观，滨水地区能够发挥城市旅游的作用。

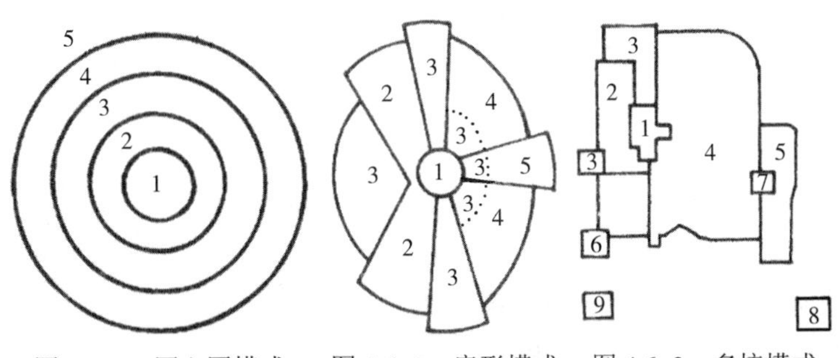

图 4.6–1 同心圆模式　图 4.6–2 扇形模式　图 4.6–3 多核模式

许多著名城市的滨水地区经过大力改造，已经成为旅游胜地。如伦敦泰晤士河两岸、巴黎塞纳河两岸、日本横滨 MM21 滨海带等。

（3）休闲娱乐功能

通过对滨水区丰富的自然景观资源进行改造，将其建设成为具有娱乐休闲功能的公共地带，能够有效地提升城市的环境品质。滨水地带在发展旅游业的同时，也进一步推动发展了当地的休闲娱乐业。

4.6.2.2 我国城市滨水开发的主要问题

近年来我国不少城市投入巨大的成本对滨水区进行开发建设。但是，由于体制、经验等方面的原因，在规划设计层面上存在种种不足之处，严重影响了我国城市滨水区建设的效果。我国城市滨水地区开发建设和规划设计应注意以下问题：

（1）滨水地区的公共性

由于地块的特殊性，滨水地区是稀缺的景观资源。由于景观优美，具有较高的居住价值，近年来大量的居住区、高级别墅区挤占了滨水地区，使其沦为少数人的“后花园”。滨水资源的私有化不利于其发挥更大的社会价值。滨水区更应该作为整个城市公共空间系统的核心或主轴。国外著名的滨水地区有大量的私人地块，但是通过城市法规的约束和建设公共步行道路提高滨水地区的公共性。我国城市应该根据国情适当地控制滨水地区用地性质，并且通过法规保证其公共性。

（2）进一步完善城市设计中的物质控制手段

滨水地区的开发建设需要强有力的物质形态控制。城市区域景观设计在我国处于摸索阶段，和国外相比，设计的技术手段比较单一薄弱，难以发挥对物质空间设计的控制引导作用。今后，应当针对滨水区的特点完善城市设计技术手段，特别需要加强色彩、建筑形态和高度、天际线、步行网络、视觉廊道方面的控制力度，注重整体风格的把握和提升。滨水空间应合理降低建筑密度，增加娱乐休闲设施，减少机动车的通行，创造完整的步行与绿化系统。

（3）严格规划和保护体系

对滨水区特别是城市滨水区的开发建设应建立完整而严格的规划与保护体系。既要有切实可行的宏观指导性规划，又要有具体的设计大纲与标准以及定量指标，还要在法律上予以保证执行。

（4）提高环境质量

滨水地带功能复杂，其中航运业、工业、机动车交通容易造成水污染和大气污染。环境质量的好坏是滨水区能否成功的根本所在。城市滨水区的改造开发要以整个自然环境的改善为前提。不仅要减少污染源与污染物排放量，更要注重整个流域的生态系统建设与环境保护，并从法律与法令上予以保证。

（5）加强艺术品位

滨水区应该提高艺术品位，增加人文含量。在公共空间适当增加公共艺术作品，已经是大多数国家开发滨水空间的常用手法。与建筑一样，公共艺术作品具有一定的标志性，是提高城市文化品位、强化城市形象的重要手段。对于跨江、跨河发展，或者滨水岸线长的大城市，应考虑在滨水区设置标志性公共艺术和公共艺术系统。

（6）注重滨水地区社会和经济发展的协调

由于滨水区功能的多样化，应当合理分配岸线功能，做到经济效益、社会效益的统一。这就要求城市规划建设部门根据城市发展的要求，确定滨水地区的主次功能。在设计层面上，根据功能确定空间控制的准则，同时，积极促进滨水地区社会和文化的发展，避免地价过高造成城市空心化等现象的发生。国外城市滨水地区走的是先开发后治理的路子，花费了巨额的资金。现在，我国的城市决策部门已经充分认识到滨水区的价值，可以采用跳跃式发展，对临水的建设项目严格把关，尽量避免不必要的投入。

4.6.3 城市中心区、滨水区规划设计的要点

中心区、滨水区的特点是功能聚集，景观规划设计的核心在于物质空间形态的综合设计。应注意以下要点：

（1）高效、立体的交通体系

中心区、滨水区的人流量大，必须有高效率的交通体系支撑。一般在这类地区采取立体、平面相互结合的人车分离方式，配置足够的停车场。立体的交通体系能够有力地保证中心区、滨水区的高效运转。同时，应该在主要地段规划公共交通枢纽和交通广场。公共交通枢纽是人流最多的地方，应该充分利用各类交通手段，组织好空间布局，便于人们的换乘和出站进站。

（2）步行系统

步行系统是否优美、可达性如何，已经成为衡量城市休闲水平、环境水平高低以及是否适宜居住的重要标志。中心区、滨水区的人行道路、步行者专用道路、地下通道、广场、公园绿地应当相互连接，形成能够深入到各个主要建筑物内部的步行系统。步行系统的设计应该注意景观的连续性和变化，增加绿化比例。合理布置休息处、茶座、环境小品等，提高道路的休闲性。

（3）建筑物的高度控制

建筑物的轮廓形成城市的天际线，建筑高度是对城市天际线影响最大的人为因素。不仅规定建筑高度的上限，也要规定其高度的下限，防止建筑物的高低变化过于突兀。对建筑高度进行统一规划、严格管理，促进具有整体韵律感的城市天际线的形成。

（4）景观定位

中心区、滨水区应该致力于形成特点鲜明、具有高度统一感的景观风貌。在景观定位方面应该加强对本地文化特点的挖掘，并与国内外其他城市进行比较研究，以便找到最准确的景观定位，并形成对色彩、外观、风格等的总体规定。在统一的景观基调基础上，对道路、建筑、广场、公园绿地的风格和景观进行更加细致的划分，形成更加具体的设计目标。

4.6.4 中心区与滨水区设计事例

4.6.4.1 横滨 MM21 滨海区景观规划

（1）基于城市设计的街区景观控制

1）横滨的城市设计制度

1970 年横滨市政府规划科正式设立城市设计制度，横滨因此成为日本第一个采用城市设

计制度的城市。城市设计制度确立了七大目标：塑造以步行者为中心的环境空间，提高安全性与舒适性；珍惜城市的自然特征、地形和植被；确保高密度城区开敞空间、增加绿量；增加广场空间，促进人与人的交流与交往；保护、利用海洋、河流、池塘等滨水空间，提高城市的亲水性；保护历史资源，重视文化资产；追求城市形态美感。

2）MM21 城市设计中的景观控制内容

为了形成良好的滨海区城市环境，城市设计工作在 MM21 地区的整地之前已经开始进行，并贯穿于整个规划、设计与建设过程中。由大高正人出任委员长的 MM21 城市设计委员会负责地区整体空间构成规划和建筑群形态的总体规划，MM21 公共设施设计委员会负责道路、公园绿地、桥梁、路灯以及标识物等公共设施的设计，最终通过《MM21 街区基本协定》确定具体的空间构成与建筑形态规范。

从城市设计的内容看，街区物质环境景观规划与控制是城市设计的中心内容。根据"MM21 街区基本协定"及其他资料，具体体现在以下方面。

——岸线与总体用地轮廓的规划。工厂、铁路搬迁后进行的填海工程，是形成街区物质轮廓的基础，因此填海工程开始时即按照未来景观意向和面向海域的视觉廊道要求，将原来直线式的港口岸线取消，形成阶层后退式的曲线式海岸轮廓线。

——土地利用规划。土地利用是决定景观总体形态的根本因素之一。土地利用分为商务区、漫步休闲区、国际交流区、商业区、临水区 5 个分区。商务区位于靠近城市内部的南部区域，沿城市干道形成商务办公建筑群与商业服务设施，吸引总部经济体进入。漫步休闲区位于 MM21 中央，为美术馆等文化设施集中的区域，沿道路引进时尚店、咖啡店等业态，街区内部配置住宅建筑。国际交流区位于中心偏北，北靠临海公园，是公共设施最集中的区域，包括旅店宾馆、主题游乐场、会议中心、展览中心等业态，也包括一部分商务与住宅的混合用地。商业区为靠近轨道枢纽与车站的商业地带。临水区为沿着水岸线的公园绿地区域和相关码头设施所在地。

——街区景观要素的控制。街区景观由建筑物、广告物和停车场等要素共同构成。沿城市主要道路轴线积极配置高层建筑，形成城市商务性景观。从大海向内陆方向，建筑物形成从低往高的天际线，建筑物高度不得阻挡街区与大海之间的景观视觉廊道。高低层建筑搭配容易损害街道景观连续性，因此需注意其衔接部位的设计。为确保视觉廊道，主要街道的建筑物后退 2m~4m。建筑物后退的空地，规划为连续的公共开敞空间，不得设置破坏街道连续感的设施。适度的户外广告可以提升街区的活力，但是大量的广告牌和广告案板容易破坏街区景观的统一性，因此规划不得设置屋顶广告，沿城市干道的建筑物 3 层以上不得设置广告板。停车场也是妨碍景观的因素，因此规划不得设置空中停车场，停车场原则上设置在地面或者地下，或者专用停车楼内，且出入口不得面对主要街道。

——步行空间。规划形成连贯的、贯穿街区的步行专用道路，在交叉口设置空中通道，连接相邻建筑物的二层公共空间。提高滨水区的亲水特征，大力导入各种形态的绿地与水体，与步行空间相结合。

（2）基于景观法的景观规划

1）《景观法》

城市设计制度为 MM 21 滨海区的基本框架奠定了基础。21 世纪初期，日本确立了景观法体制，为 MM 21 地区的景观规划奠定了基础。

城市设计制度属于城市规划体制下的产物，其基本依据是《都市计画法》，该法规包含了城市街区景观建设的内容。对于公园绿地，日本已有《自然公园法》《都市公园法》《绿地保全法》等基本性法规。但是对于滨海区这种既包括建筑要素、又包括道路、公园、广告物等要素的综合性环境空间，这种分项法规难以有效发挥全面的景观控制作用。2004 年，日本通过了《景观法》，确定了景观规划的主体、编制的程序，并将景观规划的对象扩大到城区、农村、道路、山地等全体物质空间，使全国的景观建设纳入了专项法规框架，同时也为综合、全面的滨海区景观控制与规划提供了制度基础。

《景观法》确定景观规划的主体为“景观行政团体”，具体包括都、道、府、县、市、町、村等各级行政机关。“景观行政团体”有权力依法确定“景观规划区域”，并进行景观规划。《景观法》还规定了一系列关于听证会、意见吸纳等公众参与和规划协调的相关措施。

2）MM 21 的景观规划

根据《景观法》的要求，横滨编制了城市景观规划，并确定了景观导则。导则是景观规划内容在实施层面的具体反映，提供了实际操作时的依据。根据横滨都市整备局网站公布的《横滨景观规划》与《MM 21 都市景观形成导则》文本资料，其主要内容体现在以下几个方面。

——景观的总体规划。

明确景观规划的性质是在前期城市设计与街区协定的基础上的继续深化，确定景观建设的总体目标为：创造集聚复合功能、促进人类交流交往的街区环境景观；创造宜人优美的街区环境景观；创造具有 MM 21 地区特征并能够代表横滨港口文化形象的街区环境景观。

鉴于前期建设已经形成基本的街区轮廓，规划提出景观建设的重点在于创造步行空间，尤其是从规划区建筑底层空间创造促进人的交流交往的活动空间，并通过与步行者专用道路无缝结合，形成贯穿街区的高品质步行空间。从横滨车站至海洋之间的城市轴线沿线规划，形成统一、连续的景观，并布置相应的步行空间。

确定重要的景观公共设施为临港公园、日本丸纪念公园、林荫公园、高岛中央公园、临海步行道等，并提出 MM 21 大道作为连接该区域与城市内部街区的主要干道，具有入口形象的作用，通过政策引导形成超高层建筑天际线。

——步行空间规划。

步行空间包括步行者专用道、建筑物底层的活动空间、街头广场和人行道。步行者专用道完全不受机动车交通干扰，往往设置在建筑物二层标高位置，与建筑物地面二层入口玄关相连。建筑物底层尽量配置商店、餐饮店、书店、服务设施，或者能够容纳人们进行文化艺术活动的开放性空间，在底层靠近外部步行空间处采用大型橱窗、玄关、柱廊、立面后退等通透性的外壁设计手法，使得底层活动空间融通到外部步行空间网络中。街头小广场配置在建筑出入口与玄关前面、建筑底层活动空间一侧、街道拐角处和步行专用道路沿线，作为步行路线中的休憩、交流空间，配置中、高乔木以发挥遮阴效果，空间设计注重与周围的交通衔接，并引入公共艺术雕塑、花池、喷泉水池等趣味性的景观装置。

——色彩规划。

色彩规划是景观规划的重要内容。早在1986年，横滨港湾局就成立了“港湾色彩规划策定委员会”，该委员会制定了港湾总体色彩规划。该规划中根据功能将横滨港湾分成商业文化区、工业区、海与绿地区。各个区需要确定基础色调和重点突出的色彩。规定商业文化区色彩突出明亮和活泼感，工业区基础色调厚重沉着，海与绿地区色调突出舒适、宜人感。商业文化区境界线上的标志性建筑物使用纯白色。

MM 21地区以孟塞尔表色系统为色彩表述与建设的依据。总体环境色彩追求轻快、宜人效果，能够映射丰富的海洋色调变化。建筑物以浅灰色、米色等稳重的色调为主，不得使用荧光色，基准色调被定量控制在一定的范围。海边与水际的建筑物，以低饱和度的色调和白色为主，色彩明度控制在8.5~9，饱和度在1以下，追求明快、开放的视觉效果。中央地区的建筑物，明度控制在7~8.5，饱和度不超过2，适当追求稳重、亲切的视觉效果。MM21大道两侧建筑物，明度控制在6~8，饱和度不超过3，使用石材、砖等偏暖的米色系材料，偏向沉稳的视觉风格（表4.6–1）。

MM 21地区基准色调 **表4.6–1**

色相	明度	饱和度
5YR–5R	6~9.5	3以下
其他		0.5以下

规划要求MM 21所有的建筑物和人工搭建的物体，不论是公共的还是私人的，在进行改造和外观装修时，必须遵从色彩规划的规定。

——建筑外观与天际线控制。

MM 21地区的建筑物较多，且中高层建筑比例较大，建筑的体量容易给人造成压迫感和闭塞感，因此规划道路两侧的高层建筑外立面体现纵向、垂直的分层结构，低层建筑外立面体现横向、水平方向的分段结构，接近步行空间的低层立面使用有肌理感的、自然感的石材、砖等贴面材料，丰富建筑表情，避免建筑立面的单调性。中高层建筑的1~3层外立面是街道景观的主要组成部分，其材料、窗洞形态与色调应与4层以上外立面有所区别。

MM 21大道是连接横滨车站与樱木町车站的城市干道，也是港湾区与内陆区的边界线。大道两侧通过政策引导形成超高层建筑群，是MM 21地区天际线的制高点所在。自MM 21大道向海湾地区建筑天际线逐渐降低，保证MM 21大道的超高层建筑与大海之间的眺望廊道。超高层建筑地面31m以上的部分统一后退4m，以确保MM 21大道的开敞性，底层采用有稳重感的立面装饰。

——历史资源的保护与恢复。

横滨港在日本城市里具有独特的历史与文化，港区附近已有多处历史文化广场。作为日本最早的开港港口与近代造船业的发源地，MM 21地区保存有2处石造船渠码头，已经有140余年的历史，同时也是横滨港口发展历史的见证物。随着港口功能转变，这2处遗迹成为重要的景观纪念物。其中，为了石造1号码头遗迹的保护与重新利用，原规划市政道路特意绕开了遗迹所在地，并将其设置为景观公共设施——日本丸纪念公园。日本丸是建于1930

年的船舶，将其动态保存在石造 1 号码头遗迹处，并在旁边配置了海事博物馆。石造 2 号码头靠近市政道路，将其设计为向地下挖空的船型下沉广场，人们可通过步行者专用道路进入该广场。为促进该广场的利用，中央可设置活动舞台形成演出广场。

——公园绿地的建设。

公园绿地主要包括临港公园、日本丸纪念公园、林荫公园、高岛中央公园和临海步行道。临港公园位于海边，是水与绿的交融地带，也是人们充分体验海景和游憩的场所。日本丸纪念公园靠近运河边，内部包括海事博物馆、日本丸船舶原型等。临海步行道为沿着水际线的步行专用道，连接了日本丸纪念公园与临港公园。林荫公园与高岛中央公园为街区内部公园，主要功能为形成开敞空间节点，增加绿量，提供游憩和活动空间，并为内部街区建筑物提供面向海洋的眺望视觉廊道。

（3）对我国滨水区设计与建设的启示

我国没有《景观法》这类法规作为景观建设的依据，对于滨水区这类综合性较强的项目，应考虑将控制性规划、城市设计、色彩专项规划、园林规划等协调起来，发挥这些规划设计不同的控制作用。通过多种手段相互结合达到景观建设的目的，需要细致的制度设计与精巧的规范组合。MM21 地区景观建设的启示在于以下几点。1）滨水区景观控制以建筑群的形态控制为中心。建筑物形态和人类的建设活动是影响城市滨水景观最主要的因子。因此，对建筑和建设行为进行控制和调节是景观控制的核心。2）应采取定量、定性相结合，刚性控制、柔性引导相结合等多方面的技术手段，以应对各类景观因素的复杂性。3）长远来看，应注重景观评价的制度化建设，进行景观方面的立法工作，规范政府、团体与个人在景观建设方面的权利和义务（图 4.6–4~ 图 4.6–13）。

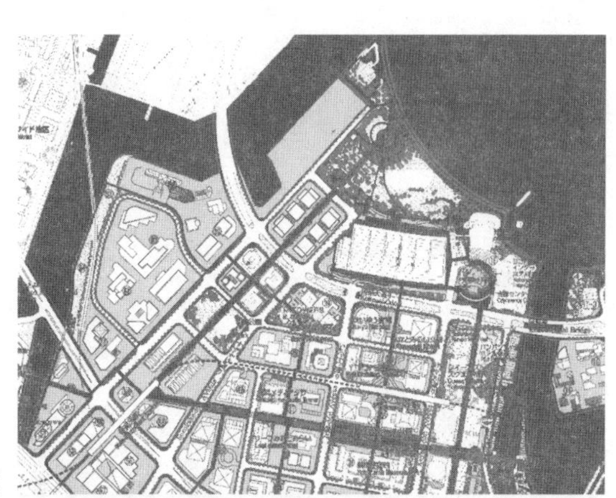

图 4.6–4　MM21 地区平面图

图 4.6–5　MM21 地区设计模型

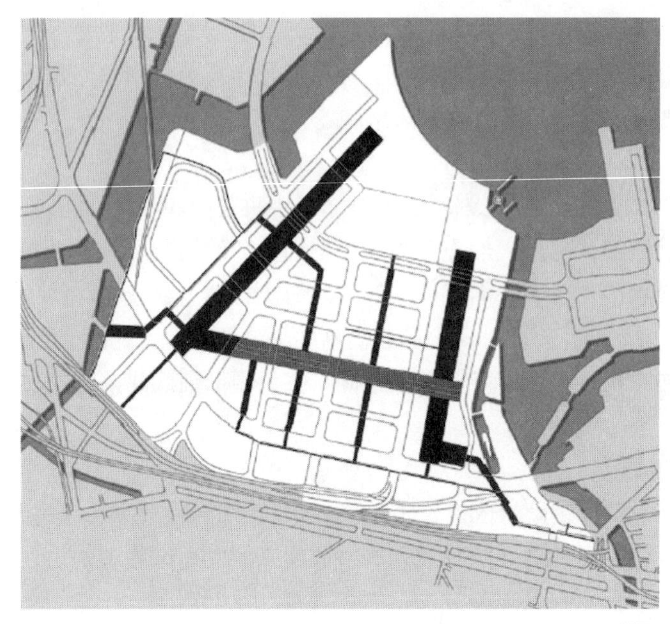

图 4.6-6　MM21 地区的步行道路系统

图 4.6-7　MM21 地区步行空间系统中的街头广场

图 4.6-8　日本丸纪念公园

图 4.6–9　连通建筑二层的步行者专用通道与建筑底层的色彩与材料

图 4.6–10　临海地区的建筑天际线与色彩控制

图 4.6–11　改造为下沉广场的石造码头 2 号

图 4.6-12　临海公园绿地

图 4.6-13　MM21 地区的滨海步行道

4.6.4.2　巴黎德芳斯城市副中心区设计

德芳斯地区位于巴黎城市的西侧，与巴黎老城区隔塞纳河遥遥相望。德芳斯地区在古代曾经是通往法国西部的要冲和经济产业的中心，这里中小型企业工厂林立、住宅老化，工业区与居住区混杂在一起，是巴黎近郊环境最恶劣的地区之一。

巴黎作为法国的首都，是法国政治、经济、文化的中心。同时，它也是一座世界闻名的历史古都，一直保留着比较完整的历史性格局与风貌，各类遗产古迹众多。二战后，随着经济的发展，开发建设和保护之间的矛盾越来越突出。市区内缺乏集中的、成规模的中枢性商务设施区，造成城市功能混乱并且妨害了企业的发展。在此背景下，政府希望将在德芳斯地区建设以商务贸易功能为主的城市副中心，吸纳日益增长的老城区人口，缓解老城区的开发压力。

德芳斯地区的大规模建设开始于 1960 年代。其总体结构为：向西越过塞纳河延长巴黎的东西向历史轴线，在该轴线上建立了功能高度分离的交通枢纽设施群，作为德芳斯地区的主要发展轴线。沿该轴线规划了 A 区和 B 区，A 区集中了塔状商务办公建筑群，B 区为高层居住建筑，A 区和 B 区之间为城市公园和交通枢纽设施。A、B 两区住宅用地面积 400ha，公共用地面积 100ha，都市公园面积 72ha，其他用地 100ha。

A 区的商务办公建筑基本采取高层、大规模的形态，其后面是围绕公园建设的住宅区。B 区的居住用地分为 3 个区，实行不同的建筑密度规定。交通枢纽中心分为 4 层，顶层为广场和步行专用空间，地下层分别用于机动车交通和轨道交通（图 4.6–14~ 图 4.6–16）。

4.6.4.3 纽约巴特利花园城市设计

巴特利花园城市（Battery Park City）位于纽约曼哈顿岛最南端，紧邻巴特利公园（Battery Park）。该地段是美国东海岸最早发展起来的港湾设置群。由于建设年代久远，二战后，该地段的设施（码头、栈桥等）老化非常严重。1967 年，纽约市曼哈顿建设局对曼哈顿岛最南端进行了重建规划，决定拆除老旧的港湾设施，建设集商务、居住于一体的巴特利花园城市。1968 年设置了巴特利花园城市管理局（Battery Park City Authority），吸收民间资本进行大规模开发。

巴特利花园城市由商务商业区和居住区两大部分构成。商务商业区位于南端，总面积 4.9ha，其中绿地面积 2.0ha。居住区面积 36.9ha，其中绿地面积 9.0ha。规划将空间分为 3 层，底层集中了机动车交通量比较大的物流仓库、停车场等设施，中间层集中了公共交通设施和连接各个开敞空间的步行道路。沿哈德逊河的公共步行道布置在底层和中间层之间。商务空间和居住空间集中在最高层上。这种分层方式可以最大限度地保护哈德逊河景观，保证居民和工作人员享受到自然风景。

居住区东端最靠近世界贸易中心大厦的地方，布置了高层居住建筑，形成连续的天际线。商务商业区 3 栋平面呈六角形的高层建筑，以正三角形布置在中心地带。六角形的高层建筑的高度各有不同，最高的 285m，其次的 250m，最低的 210m（图 4.6–17~ 图 4.6–20）。

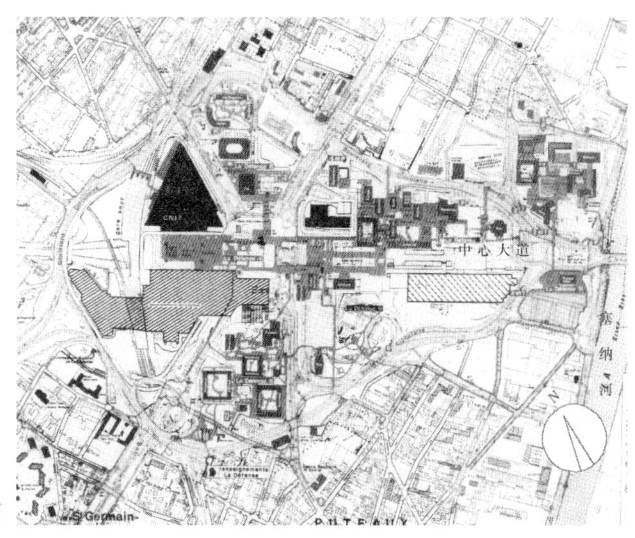

图 4.6–14　德芳斯城市副中心区平面

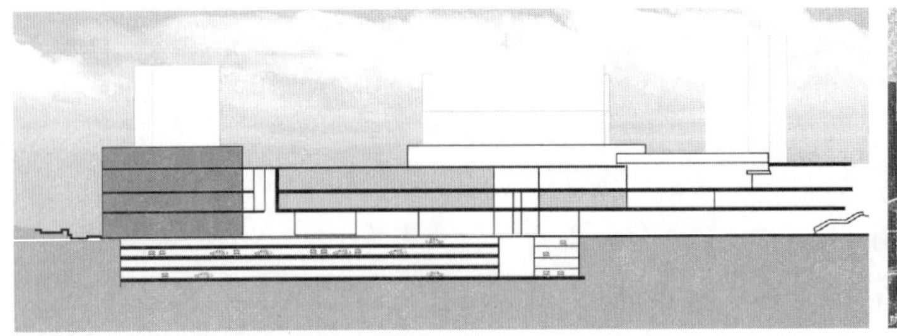

图 4.6-15　德芳斯，与地下交通设施一体化的购物中心断面

图 4.6-16　德芳斯 A 区照片

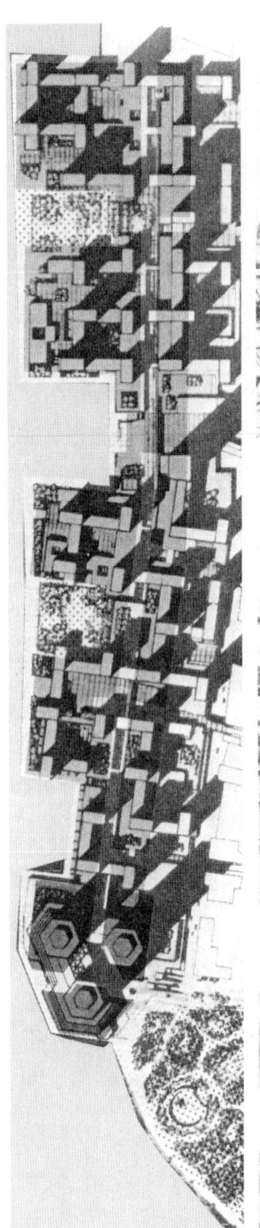

图 4.6-18　巴特利花园城市透视表现图

图 4.6-19　巴特利花园城市步行商业街透视表现图

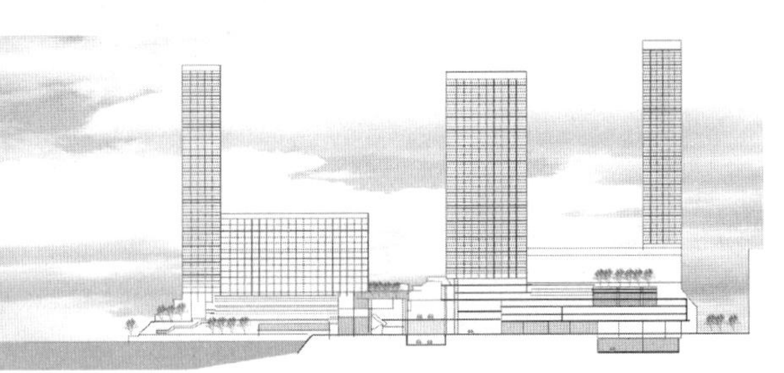

图 4.6-17　巴特利花园城市平面

图 4.6-20　巴特利花园城市断面

附录

附录 1　我国的城市规划体系

1.1　城市规划的概念、作用和任务

我国的城市是由国家行政建制设立的市和镇组成，其实质是以非农业产业和非农业人口集聚为主要特征的居民点。根据国家规定，县政府所在地，或者非农业人口 2000 人以上的乡政府所在地可以设置为“镇”。非农业人口不少于 80000 人，同时年国民生产总值 2 亿元以上的可以设置为“市”。

城市规划是对一定时期内城市的经济和社会发展、土地利用、空间布局以及各项建设的综合部署、具体安排和实施管理。城市规划的作用体现在：作为国家对城市发展的宏观调控手段，体现国家对城市的基本政策，通过对土地使用的调整和空间的安排，改善城市各个要素的空间组合结构关系，最终达到指导、规范、促进城市健康发展的目的。

城市规划的主要任务是：合理配置空间资源，提高城市运作效率，确保经济和社会发展与生态环境相互协调，增强可持续发展，建立各种引导机制和控制规则，确保建设活动与发展目标相互一致，通过信息提供，促进城市房地产市场的有序与健康发展。

1.2　城市规划体系的内容与组成

城市规划体系包括规划法规、规划行政和规划运作三个部分。规划法规是规划体系的法制基础，为规划行政和运作提供法定依据和法定程序。规划行政是各级规划行政管理机构的设置以及其在规划编制和实施方面的权力义务。规划运作包括规划编制和规划实施两个阶段。

1.2.1　规划法规

法规是城市规划体系的基础。我国的法律体系是由宪法、法律、行政法规和规章、地方性法规和规章组成。宪法是国家的根本大法，是其他立法的依据。法律是宪法的具体表现。法律与宪法都是由国家立法机构——全国人民代表大会制定并通过。行政法规是中央政府制定的规范性文件的总称。行政规章是中央政府的行政主管部门制定的规范性文件的总称。地方性法规是地方立法机构——地方人民代表大会所制定的规范性文件的总称。地方性规章是地方政府所制定的规范性文件的总称。

城市规划法规体系包括主干法及从属法规、专项法、相关法。

（1）主干法及从属法规

主干法是城市规划法规体系的核心，由国家和地方立法机构制定。主干法的内容是规划行政、编制和运作方面的法律条款，明确城市规划行政主管部门及其权力义务、规划编制内容和程序、规划实施的内容和程序，以及赔偿、上诉、处罚方面的程序等。主干法具有纲领性和原则性的特点，不会对细节作出具体规定，一般有从属法规明确具体的实施细则。

在我国，全国人民代表大会制定的《中华人民共和国城乡规划法》（以下简称《城乡规划法》）是主干法，国务院制定的行政法规（如《风景名胜区条例》《村庄和集镇规划建设管理条例》），以及住房和城乡建设部制定的部门规章（如《城市规划编制办法》《省域城镇体系规划编制审批办法》等）是从属法规。在地方上，各地人民代表大会制定的城市规划条例是主干法，各个地方的城市规划管理部门制定的地方性规章是从属法规。

在英国，1990年制定的《城乡规划法》是主干法，各类城市规划条例如用途类别条例、发展规划条例、听证程序条例、一般许可开发条例等对《城乡规划法》的细节进行规定和补充，属于从属法规。德国的主干法是1987年通过的《联邦建设法典》。在日本，《都市计画法》是国家城市法规体系的主干法，《市街地建筑物法》和《建筑基准法》等是从属法规。

（2）专项法

专项法是针对城市规划中的特定议题进行的立法。由于主干法具有的普遍适用原则，无法全部覆盖特定的议题，就需要有专项法进行补充。如日本的《都市公园法》《古都保护法》，英国的《内城法》《国家公园法》等，都是作为专项法，针对特定对象和特定内容进行的规划规定。

（3）相关法

有些立法不是完全针对城市规划的，但是其内容涉及城市物质空间管理方面的内容，对城市规划产生一定的影响，称为城市规划相关法。如我国的《中华人民共和国土地管理法》《中华人民共和国环境保护法》等。美国的《国家环境政策法》也是重要的规划相关法。

在我国，除了规划法规以外，城市规划行政主管部门还制定各类技术规范和技术标准，对规划设计进行技术指导和约束。

我国国家级的城市规划法规与技术规范一览表 **附表1**

法规性质	法规名称
主干法	《城乡规划法》
从属法规	《城市规划编制办法》《省域城镇体系规划编制审批办法》《城市国有土地使用权出让转让规划管理办法》《建设项目选址规划管理办法》《村庄和集镇规划建设管理条例》《风景名胜区条例》、《城建监察规定》《城市地下空间开发利用管理规定》《停车场建设和管理暂行规定》《城市规划编制单位资质管理规定》《城市规划编制办法实施细则》《建制镇规划建设管理办法》《历史文化名城保护规划编制要求》《城市抗震防灾规划管理规定》《城市消防规划建设管理规定》
相关法规	《中华人民共和国土地管理法》、《中华人民共和国环境保护法》、《中华人民共和国文物保护法》、《中华人民共和国房地产管理法》、《中华人民共和国水法》、《中华人民共和国军事设施保护法》、《中华人民共和国人民防空法》、《中华人民共和国广告法》、《中华人民共和国城镇国有土地使用权出让和转让暂行条例》、《城市绿化条例》、《中华人民共和国建筑法》、《中华人民共和国森林法》、《中华人民共和国公路法》、《城市道路管理条例》、《基本农田保护条例》、《中华人民共和国水污染防治法》、《中华人民共和国大气污染防治法》、《中华人民共和国水土保持法》、《中华人民共和国保守国家秘密法》、《中华人民共和国行政诉讼法》、《中华人民共和国行政复议法》、《中华人民共和国行政处罚法》、《中华人民共和国国家赔偿法》
技术规范	《城市用地分类与规划建设用地分类标准》、《城市居住区规划设计规范》、《城市道路交通规划设计规范》、《城市工程管线综合规划规范》、《城市防洪工程设计规范》、《建筑设计防火规范》、《城市给水工程规划规范》、《城市电力规划规范》、《城市热力网设计规范》、《城市燃气设计规范》、《建筑抗震设计规范》、《构筑物抗震设计规范》、《村镇规划标准》、《防洪标准》、《高层民用建筑设计防火规范》、《城市道路和建筑物无障碍设计规范》、《城市用地竖向规划规范》、《城市排水工程规划规范》、《乡镇集贸市场规划设计规范》、《城市道路绿化规划与设计规范》、《风景名胜区规划规范》、《城市环境卫生设施设置标准》、《公园设计规范》、《住宅设计规范》

1.2.2 规划行政

规划行政指各级规划行政管理机构的设置及其在规划编制和规划实施方面的权力和义务。世界各国的规划行政体系分为两种基本类型：中央集权和地方自治。英国的规划行政体系分为3级，分别是中央政府、郡政府和区政府，中央政府的权力较大，有权干预地方规划，并且受理规划上诉，是典型的中央集权类型。美国的规划行政为地方自治类型，没有国家层面的规划体系，规划权在州政府和地方政府，联邦政府没有规划立法权，只能通过财政手段进行影响。

我国城市规划实行分级制度。住房和城乡建设部作为国务院城市规划行政主管部门主管全国的城市规划工作，县级以上的地方政府的城市规划行政主管部门主管相应行政区域内的城市规划工作。根据《城乡规划法》，各级城市人民政府负责组织编制城市规划。县级人民政府所在地镇的城市规划，由县级人民政府负责组织编制。

在规划的审批方面，《城乡规划法》规定：直辖市的城市总体规划，由直辖市人民政府报国务院审批。省、自治区人民政府所在地的城市以及国务院确定的城市的总体规划，由省、自治区人民政府审查同意后，报国务院审批。其他城市的总体规划，由城市人民政府报省、自治区人民政府审批。城市、县人民政府组织编制的总体规划，在报上一级人民政府审批前，应当先经本级人民代表大会常务委员会审议，常务委员会组成人员的审议意见交由本级人民政府研究处理。城市人民政府城乡规划主管部门根据城市总体规划的要求，组织编制城市的控制性详细规划，经本级人民政府批准后，报本级人民代表大会常务委员会和上一级人民政府备案。城市分区规划由城市人民政府审批，城市详细规划由城市人民政府审批。编制分区规划的城市的详细规划，除重要的详细规划由城市人民政府审批外，由城市人民政府城市规划行政主管部门审批。

《城乡规划法》还规定：如果城市总体规划需要调整，城市人民政府需要报同级人民代表大会常务委员会和原批准机关备案。但是，涉及城市性质、规模、发展方向和总体布局重大变更的，须经同级人民代表大会或者其常务委员会审查同意后报原批准机关审批。

1.2.3 规划运作

城市规划的运作包括规划编制和规划实施（或者称为“开发控制”）两个阶段。

（1）规划编制

各个国家和地区的城市规划编制基本上可以分为城市发展规划和开发控制规划2个层面。城市发展规划又称为战略性发展规划，制定城市中长期的发展战略目标和战略策略，以及土地、交通、环境、基础设施方面的发展准则，为开发控制规划奠定基本思路和框架。开发控制规划是城市建设和规划实施的法定依据，又称为“法定规划”。

国外的城市发展规划主要有：日本的都市圈规划和国土设计、英国的结构规划、德国的城市土地利用规划、美国的综合规划、新加坡的概念规划等。开发控制规划主要有：日本的地区规划、德国的分区建造规划、美国的区划条例、新加坡的开发指导规划等。

根据我国的城市规划法规规定，城市总体规划是战略性发展规划，控制性详细规划是城市建设的法定依据，是开发控制规划。

（2）规划实施

规划的实施又称为开发控制，包括通则式和判例式两种基本类型。实行通则式开发控制的国家地区，法定规划是开发建设的唯一依据，其各项规定非常具体，规划部门的人员在审理开发申请个案时几乎不享有自由裁量权；判例式开发控制则相反。在实行判例式开发控制的国家地区，法定规划是开发建设的主要依据，规划部门的人员在审理开发申请个案时，享有较大的自由裁量权，可以附加一些特定的规划条件，甚至修改法定规划的某些规定。相比较而言，通则式开发控制具有明确、客观的特点，而判例式开发控制具有适应、灵活的特点。

美国、德国、日本实行通则式开发控制，英国、新加坡、中国香港实行判例式开发控制。

我国的控制性详细规划（或者规划管理技术规定）是开发控制的直接依据。城市规划的实施采取审批制，规划部门在控制性详细规划和规划管理技术规定以外，针对开发申请个案，有权力提出特定的规划设计条件，类似于英国的判例式开发控制。

1.3 各级城市规划编制的内容

我国的城市规划分为总体规划和详细规划两个层次。总体规划之前，有的城市人民政府可以组织编制城镇体系规划和城市规划纲要，作为总体规划的依据。大中城市在总体规划的基础上，可以进一步编制专项规划和分区规划。详细规划分为控制性详细规划和修建性详细规划 2 种类型。

1.3.1 城镇体系规划编制的内容

城镇体系规划是对区域内城镇发展的战略性规划，其目的是通过对区域范围内的城镇体系的研究，明确不同城镇的相互地位、相互作用和联系、主要功能，确定城镇体系发展的协调性原则和措施。根据《省域城镇体系规划编制审批办法》，城镇体系规划的具体内容包括：

（1）分析评价现行省域城镇体系规划实施情况，明确规划编制原则、重点和应当解决的主要问题。

（2）按照全国城镇体系规划的要求，提出本省、自治区在国家城镇化与区域协调发展中的地位和作用。

（3）综合评价土地资源、水资源、能源、生态环境承载能力等城镇发展支撑条件和制约因素，提出城镇化进程中重要资源、能源合理利用与保护、生态环境保护和防灾减灾的要求。

（4）综合分析经济社会发展目标和产业发展趋势、城乡人口流动和人口分布趋势、省域内城镇化和城镇发展的区域差异等影响本省、自治区城镇发展的主要因素，提出城镇化的目标、任务及要求。

（5）按照城乡区域全面协调可持续发展的要求，综合考虑经济社会发展与人口资源环境条件，提出优化城乡空间格局的规划要求，包括省域城乡空间布局，城乡居民点体系和优化农村居民点布局的要求；提出省域综合交通和重大市政基础设施、公共设施布局的建议；提出需要从省域层面重点协调、引导的地区，以及需要与相邻省（自治区、直辖市）共同协调解决的重大基础设施布局等相关问题。

（6）按照保护资源、生态环境和优化省域城乡空间布局的综合要求，研究提出适宜建设区、限制建设区、禁止建设区的划定原则和划定依据，明确限制建设区、禁止建设区的基本类型。

规划成果具体包括：

（1）明确全省、自治区城乡统筹发展的总体要求。包括城镇化目标和战略，城镇化发展质量目标及相关指标，城镇化途径和相应的城镇协调发展政策和策略；城乡统筹发展目标、城乡结构变化趋势和规划策略；根据省、自治区内的区域差异提出分类指导的城镇化政策。

（2）明确资源利用与资源生态环境保护的目标、要求和措施。包括土地资源、水资源、能源等的合理利用与保护，历史文化遗产的保护，地域传统文化特色的体现，生态环境保护。

（3）明确省域城乡空间和规模控制要求。包括中心城市等级体系和空间布局；需要从省域层面重点协调、引导地区的定位及协调、引导措施；优化农村居民点布局的目标、原则和规划要求。

（4）明确与城乡空间布局相协调的区域综合交通体系。包括省域综合交通发展目标、策略及综合交通设施与城乡空间布局协调的原则，省域综合交通网络和重要交通设施布局，综合交通枢纽城市及其规划要求。

（5）明确城乡基础设施支撑体系。包括统筹城乡的区域重大基础设施和公共设施布局原则和规划要求，中心镇基础设施和基本公共设施的配置要求；农村居民点建设和环境综合整治的总体要求；综合防灾与重大公共安全保障体系的规划要求等。

（6）明确空间开发管制要求。包括限制建设区、禁止建设区的区位和范围，提出管制要求和实现空间管制的措施，为省域内各市（县）在城市总体规划中划定“四线”等规划控制线提供依据。

（7）明确对下层次城乡规划编制的要求。结合本省、自治区的实际情况，综合提出对各地区在城镇协调发展、城乡空间布局、资源生态环境保护、交通和基础设施布局、空间开发管制等方面的规划要求。

（8）明确规划实施的政策措施。包括城乡统筹和城镇协调发展的政策；需要进一步深化落实的规划内容；规划实施的制度保障，规划实施的方法。

省、自治区人民政府城乡规划主管部门根据本省、自治区实际，可以在省域城镇体系规划中提出与相邻省、自治区、直辖市的协调事项，近期行动计划等规划内容。必要时可以将本省、自治区分成若干区，深化和细化规划要求。

1.3.2 总体规划纲要编制的内容

总体规划纲要应包括以下内容：

（1）市域城镇体系规划纲要，内容包括：提出市域城乡统筹发展战略；确定生态环境、土地和水资源、能源、自然和历史文化遗产保护等方面的综合目标和保护要求，提出空间管制原则；预测市域总人口及城镇化水平，确定各城镇人口规模、职能分工、空间布局方案和建设标准；原则确定市域交通发展策略。

（2）提出城市规划区范围。

（3）分析城市职能、提出城市性质和发展目标。

（4）提出禁建区、限建区、适建区范围。

（5）预测城市人口规模。

（6）研究中心城区空间增长边界，提出建设用地规模和建设用地范围；

（7）提出交通发展战略及主要对外交通设施布局原则。

（8）提出重大基础设施和公共服务设施的发展目标。

（9）提出建立综合防灾体系的原则和建设方针。

1.3.3 城市总体规划编制的强制性内容

城市总体规划的强制性内容包括：

（1）城市规划区范围。

（2）市域内应当控制开发的地域。包括：基本农田保护区，风景名胜区，湿地、水源保护区等生态敏感区，地下矿产资源分布地区。

（3）城市建设用地。包括：规划期限内城市建设用地的发展规模，土地使用强度管制区划和相应的控制指标（建设用地面积、容积率、人口容量等）；城市各类绿地的具体布局；城市地下空间开发布局。

（4）城市基础设施和公共服务设施。包括：城市干道系统网络、城市轨道交通网络、交通枢纽布局；城市水源地及其保护区范围和其他重大市政基础设施；文化、教育、卫生、体育等方面主要公共服务设施的布局。

（5）城市历史文化遗产保护。包括：历史文化保护的具体控制指标和规定；历史文化街区、历史建筑、重要地下文物埋藏区的具体位置和界线。

（6）生态环境保护与建设目标，污染控制与治理措施。

（7）城市防灾工程。包括：城市防洪标准、防洪堤走向；城市抗震与消防疏散通道；城市人防设施布局；地质灾害防护规定。

城市总体规划的成果应当包括规划文本、图纸及附件（说明、研究报告和基础资料等）。在规划文本中应当明确表述规划的强制性内容。

1.3.4 城市分区规划编制的内容

城市分区规划的目的是：根据总体规划的要求，进一步对城市土地利用、人口分布和公共设施、城市基础设施的配置作出安排，为详细规划的编制打好基础。编制分区规划，应当综合考虑城市总体规划确定的城市布局、片区特征、河流道路等自然和人工界限，结合城市行政区划，划定分区的范围界限。

分区规划应该包括以下内容：

（1）确定分区的空间布局、功能分区、土地使用性质和居住人口分布。

（2）确定绿地系统、河湖水面、供电高压线走廊、对外交通设施用地界线和风景名胜区、文物古迹、历史文化街区的保护范围，提出空间形态的保护要求。

（3）确定市、区、居住区级公共服务设施的分布、用地范围和控制原则；

（4）确定主要市政公用设施的位置、控制范围和工程干管的线路位置、管径，进行管线综合。

（5）确定城市干道的红线位置、断面、控制点坐标和标高，确定支路的走向、宽度，确定主要交叉口、广场、公交站场、交通枢纽等交通设施的位置和规模，确定轨道交通线路走向及控制范围，确定主要停车场规模与布局。

分区规划的成果应当包括规划文本、图件，以及包括相应说明的附件。主要图纸包括：

规划分区位置图、分区现状图、分区土地利用及建筑容量规划图、各项专业规划图。图纸比例为 1:5000。

1.3.5　城市控制性详细规划编制的内容

编制详细规划的目的在于：根据总体规划或者分区规划，详细规定建设用地的各项控制指标和其他规划管理要求，或者直接对建设作出具体的安排和规划设计。详细规划包括控制性详细规划和修建性详细规划两种。

控制性详细规划是规划管理的依据，其目的是控制建设用地性质、使用强度和空间环境，指导修建性详细规划，在规划体系中具有承上启下的作用。控制性详细规划的主要内容为：

（1）确定规划范围内不同性质用地的界线，确定各类用地内适建，不适建或者有条件地允许建设的建筑类型。

（2）确定各地块建筑高度、建筑密度、容积率、绿地率等控制指标；确定公共设施配套要求、交通出入口方位、停车泊位、建筑后退红线距离等要求。

（3）提出各地块的建筑体量、体型、色彩等城市设计指导原则；

（4）根据交通需求分析，确定地块出入口位置、停车泊位、公共交通场站用地范围和站点位置、步行交通以及其他交通设施。规定各级道路的红线、断面、交叉口形式及渠化措施、控制点坐标和标高。

（5）根据规划建设容量，确定市政工程管线位置、管径和工程设施的用地界线，进行管线综合。确定地下空间开发利用具体要求。

（6）制定相应的土地使用与建筑管理规定。

控制性详细规划确定的各地块的主要用途、建筑密度、建筑高度、容积率、绿地率、基础设施和公共服务设施配套规定应当作为强制性内容。控制性详细规划成果应当包括规划文本、图件和附件。图件由图纸和图则两部分组成，规划说明、基础资料和研究报告收入附件。图纸包括规划地区现状图、用地规划图、地块指标控制图、道路交通和竖向规划图、工程管网规划图、地块划分图，图纸比例为 1:1000~1:2000。

1.3.6　城市修建性详细规划编制的内容

修建性详细规划是针对当前要进行建设的地区，对各个物质要素进行空间布置，指导各项建筑和工程设施的设计和施工。修建性详细规划的主要内容为：

（1）建设条件分析及综合技术经济论证。

（2）建筑、道路和绿地等的空间布局和景观规划设计，布置总平面图。

（3）对住宅、医院、学校和托幼等建筑进行日照分析。

（4）根据交通影响分析，提出交通组织方案和设计。

（5）市政工程管线规划设计和管线综合。

（6）竖向规划设计。

（7）估算工程量、拆迁量和总造价，分析投资效益

修建性详细规划成果应当包括规划说明书、图纸。图纸内容为规划地段位置图、规划地段现状图、规划总平面图、道路交通规划图、竖向规划图、市政设施规划图、绿化景观规划图、透视图或者鸟瞰图等。图纸比例为 1:500~1:2000。

1.4 城市规划的实施

我国城市规划的实施和管理包括 3 个内容：建设项目选址管理、建设用地管理和建设工程管理。通过颁发建设项目选址意见书、建设用地规划许可证和建设工程规划许可证（简称为“一书两证”）对开发建设行为进行审批。

1.4.1 建设项目选址管理

合理选择建设项目的建设地址是城市规划实施的首要环节。《城乡规划法》规定：按照国家规定需要有关部门批准或者核准的建设项目，以划拨方式提供国有土地使用权的，建设单位在报送有关部门批准或者核准前，应当向城乡规划主管部门申请核发选址意见书。建设项目选址管理的主要内容为:选择建设用地地址、核定土地使用性质、核定容积率和建筑密度。合理的建设项目选址管理有利于增强政府对城市建设行为的宏观调控能力，并且促进建设项目前期工作的顺利进行。

1.4.2 建设用地管理

建设用地管理是建设项目选址管理的继续。选址确定后，城市规划行政管理部门依法确定建设用地范围和面积，提出土地使用要求和规划设计条件，核发建设用地规划许可证。根据《城乡规划法》规定，建设单位在取得建设用地规划许可证后，方可向县级以上地方人民政府土地主管部门申请用地，经县级以上人民政府审批后，由土地主管部门划拨土地。建设用地管理阶段主要审核的内容为：控制土地使用的性质和土地使用强度；确定建设用地范围；调整城市用地布局；核定土地使用其他规划管理的要求。

1.4.3 建设工程管理

建设工程管理是城市规划行政管理部门依法对建设工程进行管理，使其符合城市规划的要求的过程。根据《城乡规划法》，在城市、镇规划区内进行建筑物、构筑物、道路、管线和其他工程建设的，建设单位或者个人应当向城市、县人民政府城乡规划主管部门或者省、自治区、直辖市人民政府确定的镇人民政府申请办理建设工程规划许可证。

在建设工程管理中，对设计方案的审核主要内容为：建筑物使用性质、容积率、建筑密度、建筑高度、建筑间距、建筑退让、建设基地的绿地率、基地的出入口、停车和交通组织、基地标高、建筑环境管理、各类公建指标和无障碍设施控制等。

附录 2 《城市绿线管理办法》

《城市绿线管理办法》已在 2002 年 9 月 9 日建设部第 63 次常务会议审议通过，自 2002 年 11 月 1 日起施行。

第一条　为建立并严格实行城市绿线管理制度，加强城市生态环境建设，创造良好的人居环境，促进城市可持续发展，根据《中华人民共和国城乡规划法》《城市绿化条例》等法律法规，制定本办法。

第二条　本办法所称城市绿线，是指城市各类绿地范围的控制线。本办法所称城市，是指国家 按行政建制设立的直辖市、市、镇。

第三条　城市绿线的划定和监督管理，适用本办法。

第四条　国务院建设行政主管部门负责全国城市绿线管理工作。省、自治区人民政府建设行政主管部门负责本行政区域内的城市绿线管理工作。城市人民政府规划、园林绿化行政主管部门，按照职责分工负责城市绿线的监督和管理工作。

第五条　城市规划、园林绿化等行政主管部门应当密切合作，组织编制城市绿地系统规划。城市绿地系统规划是城市总体规划的组成部分，应当确定城市绿化目标和布局，规定城市各类绿地的控制原则，按照规定标准确定绿化用地面积，分层次合理布局公共绿地，确定防护绿地、大型公共绿地等的绿线。

第六条　控制性详细规划应当提出不同类型用地的界线、规定绿化率控制指标和绿化用地界线的具体坐标。

第七条　修建性详细规划应当根据控制性详细规划，明确绿地布局，提出绿化配置的原则或者方案，划定绿地界线。

第八条　城市绿线的审批、调整，按照《中华人民共和国城乡规划法》《城市绿化条例》的规定进行。

第九条　批准的城市绿线要向社会公布，接受公众监督。

第十条　城市绿线范围内的公共绿地、防护绿地、生产绿地、居住区绿地、单位附属绿地、道路绿地、风景林地等，必须按照《城市用地分类与规划建设用地标准》《公园设计规范》等标准，进行绿地建设。

第十一条　城市绿线内的用地，不得改作他用，不得违反法律法规、强制性标准以及批准的规划进行开发建设。

有关部门不得违反规定，批准在城市绿线范围内进行建设。

因建设或者其他特殊情况，需要临时占用城市绿线内用地的，必须依法办理相关审批手续。

在城市绿线范围内，不符合规划要求的建筑物、构筑物及其他设施应当限期迁出。

第十二条　任何单位和个人不得在城市绿地范围内进行拦河截溪、取土采石、设置垃圾堆场、排放污水以及其他对生态环境构成破坏的活动。

近期不进行绿化建设的规划绿地范围内的建设活动，应当进行生态环境影响分析，并按照《中华人民共和国城乡规划法》的规定，予以严格控制。

第十三条　居住区绿化、单位绿化及各类建设项目的配套绿化都要达到《城市绿化规划建设指标的规定》的标准。

各类建设工程要与其配套的绿化工程同步设计，同步施工，同步验收。达不到规定标准的，不得投入使用。

第十四条　城市人民政府规划、园林绿化行政主管部门按照职责分工，对城市绿线的控制和实施情况进行检查，并向同级人民政府和上级行政主管部门报告。

第十五条　省、自治区人民政府建设行政主管部门应当定期对本行政区域内城市绿线的管理情况进行监督检查，对违法行为，及时纠正。

第十六条　违反本办法规定，擅自改变城市绿线内土地用途、占用或者破坏城市绿地的，由城市规划、园林绿化行政主管部门，按照《中华人民共和国城乡规划法》《城市绿化条例》的有关规定处罚。

第十七条　违反本办法规定，在城市绿地范围内进行拦河截溪、取土采石、设置垃圾堆场、排放污水以及其他对城市生态环境造成破坏活动的，由城市园林绿化行政主管部门责令改正，并处一万元以上三万元以下的罚款。

第十八条　违反本办法规定，在已经划定的城市绿线范围内违反规定审批建设项目的，对有关责任人员由有关机关给予行政处分；构成犯罪的，依法追究刑事责任。

第十九条　城镇体系规划所确定的，城市规划区外防护绿地、绿化隔离带等的绿线划定、监督和管理，参照本办法执行。

第二十条　本办法自二○○二年十一月一日起施行。

附录3　相关术语汇总解释

景观类

（1）景观

风光景色，或指地理学中的整体概念、类型概念、区域概念。

（2）城市景观

城市的物质空间形态。

（3）景观规划设计

基于科学与艺术的观点与方法，探究人与自然的关系，以协调人地关系和可持续发展为根本目标进行的空间规划、设计以及管理。

（4）景观分析

基于生态学、环境科学、美学等诸方面对景观对象、开发活动的环境影响进行预先分析和综合评估，明确将损失度最小化的设计方针。制作环境评价图，作为规划设计的依据。

（5）景观规划

根据社会和自然状况以及环境评价图，将规划区分成几个功能区。确定总体的各个功能区的景观建设基本方针、目标、措施。大致地反映未来空间发展的景观面貌。

（6）景观设计

对各个地区的未来空间面貌进行具体的表现，制定具体的景观建设措施、目标。

（7）景观管理

对创造出的景观和需要保护的景观进行长期的管理，以确保景观价值的延续性。

（8）城市绿化 urban afforestation

城市中栽种植物和利用自然条件以改善城市生态、保护环境，为居民提供游憩场地和美化城市景观的活动。

（9）城市绿地系统 urban green space system

城市中各种类型和规模的绿化用地组成的整体。

（10）公共绿地 public green space

城市中向公众开放的绿化用地，包括其范围内的水域。

城市类

（11）居民点 settlement

人类按照生产和生活需要而形成的集聚定居地点。按性质和人口规模，居民点分为城市和乡村两大类。

（12）城市（城镇）city

以非农业和非农业人口聚集为主要特征的居民点。包括按国家行政建制设立的市和镇。

（13）市

经国家批准设市建制的行政地域。

（14）镇 town

经国家批准设镇建制的行政地域。

（15）市域 administrative region of a city

城市行政管辖的全部地域。

（16）城市化 urbanization

人类生产和生活方式由乡村型向城市型转化的历史过程，表现为乡村人口向城市人口转化以及城市不断发展和完善的过程。又称城镇化、都市化。

（17）城市化水平 urbanization level

衡量城市化发展程度的数量指标，一般用一定地域内城市人口占总人口比例来表示。

（18）城市群 agglomeration

一定地域内城市分布较为密集的地区。

（19）城镇体系 urban system

一定区域内在经济、社会和空间发展上具有有机联系的城市群体。

（20）卫星城（卫星城镇）satellite town

在大城市市区外围兴建的、与市区既有一定距离又相互间密切联系的城市。

居住区与住宅类

（21）居住区用地

住宅用地、公建用地、道路用地和公共绿地等四项用地的总称。

（22）住宅用地

住宅建筑基底占地及其四周合理间距内的用地（含宅间绿地和宅间小路等）的总称。

（23）（居住区）公共服务设施用地

一般称公建用地，是与居住人口规模相对应配建的、为居民服务和使用的各类设施的用地，应包括建筑基底占地及其所属场院、绿地和配建停车场等。

（24）（居住区）道路用地

居住区道路、小区路、组团路及非公建配建的居民汽车地面停放场地。

（25）居住区（级）道路

一般用以划分小区的道路。在大城市中通常与城市支路同级。

（26）小区（级）路

一般用以划分组团的道路。

（27）组团（级）路

上接小区路、下连宅间小路的道路。

（28）宅间小路

住宅建筑之间连接各住宅入口的道路。

（29）（居住区）公共绿地

满足规定的日照要求、适合于安排游憩活动设施的、供居民共享的集中绿地，应包括居住区公园、小游园和组团绿地及其他块状带状绿地等。

（30）配建设施

与人口规模或与住宅规模相对应配套建设的公共服务设施、道路和公共绿地的总称。

（31）公共活动中心

配套公建相对集中的居住区中心、小区中心和组团中心等。

（32）建筑线

一般称建筑控制线，是建筑物基底位置的控制线。

（33）日照间距系数

根据日照标准确定的房屋间距与遮挡房屋檐高的比值。

（34）建筑小品

既有功能要求，又具有点缀、装饰和美化作用的、从属于某一建筑空间环境的小体量建筑、游憩观赏设施和指示性标志物等的统称。

（35）住宅平均层数（层）

住宅总建筑面积与住宅基底总面积的比值。

（36）高层住宅（大于等于10层）比例（%）

高层住宅总建筑面积与住宅总建筑面积的比率。

（37）中高层住宅（7~9层）比例（%）

中高层住宅总建筑面积与住宅总建筑面积的比率。

（38）（居住区）人口毛密度（人/hm^2）

每公顷居住区用地上容纳的规划人口数量。

（39）（居住区）人口净密度（人/hm^2）

每公顷住宅用地上容纳的规划人口数量。

（40）住宅建筑套毛密度（套/hm^2）

每公顷居住区用地上拥有的住宅建筑套数。

（41）住宅建筑套净密度（套/hm^2）

每公顷住宅用地上拥有的住宅建筑套数。

（42）住宅建筑面积毛密度（万m^2/hm^2）

每公顷居住区用地上拥有的住宅建筑面积。

（43）住宅建筑面积净密度（万m^2/hm^2）

每公顷住宅用地上拥有的住宅建筑面积

（44）建筑面积毛密度

也称容积率，是每公顷居住区用地上拥有的各类建筑的建筑面积（m^2/hm^2）或以居住区总建筑面积（万m^2）与居住区用地（万m^2）的比值表示。

（45）住宅建筑净密度

住宅建筑基底总面积与住宅用地面积的比率（%）。

（46）（居住区）建筑密度

居住区用地内，各类建筑的基底总面积与居住区用地的比率（%）。

（47）（居住区）绿地率

居住区用地范围内各类绿地面积的总和占居住区用地的比率（%）。

绿地应包括：公共绿地、宅旁绿地、公共服务设施所属绿地和道路绿地（即道路红线内的绿地），其中包括满足当地植树绿化覆土要求、方便居民出入的地下或半地下建筑的屋顶绿地，不应包括屋顶、晒台的人工绿地。

（48）（居住区）停车率

指居住区内居民车的停车数量与居住户数的比率（%）。

（49）（居住区）地面停车率

居民汽车的地面停车位数量与居住户数的比率（%）。

（50）拆建比

拆除的原有建筑总面积与新建的建筑总面积的比值。

（51）住宅 residential buildings

供家庭居住使用的建筑。

（52）套型 dwelling size

按不同使用面积、居住空间组成的成套住宅类型。

（53）居住空间 habitable space

系指卧室、起居室（厅）的使用空间。

（54）卧室 bed room

供居住者睡眠、休息的空间。

（55）起居室（厅）living room

供居住者会客、娱乐、团聚等活动的空间。

（56）厨房 kitchen

供居住者进行炊事活动的空间。

（57）卫生间 bathroom

供居住者进行便溺、洗浴、盥洗等活动的空间。

（58）使用面积 usable area

房间实际能使用的面积，不包括墙、柱等结构构造和保温层的面积。

（59）标准层 typical floor

平面布置相同的住宅楼层。

（60）层高 storey height

上下两层楼面或楼面与地面之间的垂直距离。

（61）室内净高 interior net storey height

楼面或地面至上部楼板底面或吊顶底面之间的垂直距离。

（62）平台 terrace

供居住者进行室外活动的上人屋面或住宅底层地面伸出室外的部分。

（63）过道 passage

住宅套内使用的水平交通空间。

（64）跃层住宅 duplex apartment

套内空间跨跃两楼层及以上的住宅。

（65）自然层数 natural storeys

按楼板、地板结构分层的楼层数。

（66）中间层 middle–floor

底层和最高住户入口层之间的中间楼层。

（67）单元式高层住宅 tall building of apartment

由多个住宅单元组合而成，每单元均设有楼梯、电梯的高层住宅。

（68）塔式高层住宅 apartment of tower building

以共用楼梯、电梯为核心布置多套住房的高层住宅。

（69）通廊式高层住宅 galery tall building of apartment

由共用楼梯、电梯通过内、外廊进入各套住宅的高层住宅。

（70）走廊 gallery

住宅套外使用的水平交通空间。

（71）地下室 basement

房间地面低于室外地平面的高度超过该房间净高的 1/2 者。

（72）半地下室 semi–basement

房间地面低于室外地平面的高度超过该房间净高的 1/3，且不超过 1/2 者。

城市规划设计类

（73）城镇体系规划 urban system planning

一定地域范围内，以区域生产力合理布局和城镇职能分工为依据，确定不同人口规模等级和职能分工的城镇的分布和发展规划。

（74）城市规划 urban planning

对一定时期内城市的经济和社会发展、土地利用、空间布局以及各项建设的综合部署、具体安排和实施管理。

（75）城市设计 urban design

对城市体型和空间环境所作的整体构思和安排，贯穿于城市规划的全过程。

（76）城市总体规划纲要 master planning outline

确定城市总体规划的重大纲领性文件，是编制城市总体规划的依据。

（77）城市规划区 urban planning area

城市市区、近郊区以及城市行政区域内其他因城市建设和发展需要实行规划控制的区域。

（78）城市建成区 urban built–up area

城市行政区内实际已成片开发建设、市政公用设施和公共设施基本具备的地区。

（79）开发区 development area

由国务院和省级人民政府确定设立的实行国家特定优惠政策的各类开发建设地区的统称。

（80）旧城改建 urban redevelopment

对城市旧区进行的调整城市结构、优化城市用地布局、改善和更新基础设施、保护城市历史风貌等的建设活动。

（81）城市基础设施 urban infrastructure

城市生存和发展所必须具备的工程性基础设施和社会性基础设施的总称。

（82）城市总体规划 master plan，comprehensive planning

对一定时期内城市性质、发展目标、发展规模、土地利用、空间布局以及各项建设和综合部署和实施措施。

（83）分区规划 district planing

在城市总体规划的基础上，对局部地区的土地利用、人口分布、公共设施、城市基础设施的配置等方面所作的进一步安排。

（84）近期建设规划 immediate plan

在城市总体规划中，对短期内建设目标、发展布局和主要建设项目的实施所作的安排。

（85）城市详细规划 detailed plan

以城市总体规划或分区规划为依据，对一定时期内城市局部地区的土地利用、空间环境和各项建设用地所作的具体安排。

（86）控制性详细规划 regulatory plan

以城市总规划或分区规划为依据，确定建设地区的土地使用性质和使用强度的控制指标、道路和工程管线控制性位置以及空间环境控制的规划要求。

（87）修建性详细规划 site plan

以城市总体规划、分区规划或控制性详细规划为依据，制订用以指导各项建筑和工程设施的设计和施工的规划设计。

（88）城市规划管理 urban planning administration

城市规划编制、审批和实施等管理工作的统称。

（89）城市发展战略 strategy for urban development

对城市经济、社会、环境的发展所作的全局性、长远性和纲领性的谋划。

（90）城市职能 urban function

城市在一定地域内的经济、社会发展中所发挥的作用和承担的分工。

（91）城市性质 designated function of city

城市在一定地区、国家以至更大范围内的政治、经济、与社会发展中所处的地位和所担负的主要职能。

（92）城市规模 city size

以城市人口和城市用地总量所表示的城市的大小。

（93）城市发展方向 direction for urban development

城市各项建设规模扩大所引起的城市空间地域扩展的主要方向

（94）城市发展目标 goal for urban development

在城市发展战略和城市规划中所拟定的一定时期内城市经济、社会、环境的发展所应达到的目的和指标。

（95）城市人口结构 urban population structure

一定时期内城市人口按照性别、年龄、家庭、职业、文化、民族等因素的构成状况。

（96）城市人口年龄构成 age composition

一定时间城市人口按年龄的自然顺序排列的数列所反映的年龄状况，以年龄的基本特征划分的各年龄组人数占总人口的比例表示。

（97）城市人口增长 urban population growth

在一定时期内由出生、死亡和迁入、迁出等因素的消长，导致城市人口数量增加或减少的变动现象。

（98）城市人口增长率 urban population growth rate

一年内城市人口增长的绝对数量与同期该城市年平均总人口数之比。

（99）城市人口自然增长率 natural growth rate

一年内城市人口因出生和死亡因素的消长，导致人口增减的绝对数量与同期该城市年平均人口数之比。

（100）城市人口机械增长率 mechanical growth rate of population

一年内城市人口因迁入和迁出因素的消长，导致人口增减的绝对数量与同期该城市年平均总人口数之比。

（101）城市人口预测 urban population forecast

对未来一定时期内城市人口数量和人口构成的发展趋势所进行的测算。

（102）城市用地 urban land

按城市中土地使用的主要性质划分的居住用地、公共设施用地、工业用地、仓储用地、对外交通用地、道路广场用地、市政公用设施用地、绿地、特殊用地、水域和其他用地的统称。

（103）居住用地 residential land

在城市中包括住宅及相当于居住小区及小区级以下的公共服务设施、道路和绿地等设施的建设用地。

（104）公共设施用地 public facilities

城市中为社会服务的行政、经济、文化、教育、卫生、体育、科研及设计等机构或设施的建设用地。

（105）工业用地 industrial land

城市中工矿企业的生产车间、库房、堆场、构筑物及其附属设施（包括其专用的铁路、码头和道路等）的建设用地。

（106）仓储用地 warehouse land

城市中仓储企业的库房、堆场和包装加工车间及其附属设施的建设用地。

（107）对外交通用地 intercity transportation land

城市对外联系的铁路、公路、管道运输设施、港口、机场及其附属设施的建设用地。

（108）道路广场用地 roads and squares

城市中道路、广场和公共停车场等设施的建设用地。

（109）市政公用设施用地 municipal utilities

城市中为生活及生产服务的各项基础设施的建设用地，包括：供应设施、交通设施、邮电设施、环境卫生设施、施工与维修设施、殡葬设施及其他市政公用设施的建设用地。

（110）绿地 green space

城市中专门用以改善生态、保护环境、为居民提供游憩场地和美化景观的绿化用地。

（111）公园 park

城市中具有一定的用地范围和良好的绿化及一定服务设施，供群众游憩的公共绿地。

（112）绿带 green belt

在城市组团之间、城市周围或相邻城市之间设置的用以控制城市扩展的绿色开敞空间。

（113）专用绿地 specified green space

城市中行政、经济、文化、教育、卫生、体育、科研、设计等机构或设施，以及工厂和部队驻地范围内的绿化用地。

（114）防护绿地 green buffer

城市中用于具有卫生、隔离和安全防护功能的林带及绿化用地。

（115）特殊用地 specially-designated land

一般指军事用地、外事用地及保安用地等特殊性质的用地。

（116）水域和其他用地 waters and miscellaneous

城市范围内包括耕地、园地、林地、牧草地、村镇建设用地、露天矿用地和弃置地，以及江、河、湖、海、水库、苇地、滩涂和渠道等常年有水或季节性有水的全部水域。

（117）保留地 reserved land

城市中留待未来开发建设的或禁止开发的规划控制用地。

（118）城市用地评价 urban landuse evaluation

根据城市发展的要求，对可能作为城市建设用地的自然条件和开发的区位条件所进行的工程评估及技术经济评价。

（119）城市用地平衡 urban landuse balance

根据城市建设用地标准和实际需要，对各类城市用地的数量和比例所作的调整和综合平衡。

（120）城市结构 urban structure

构成城市经济、社会、环境发展的主要要素，在一定时间形成的相互关联、相互影响与相互制约的关系。

（121）城市布局 urban layout

城市土地利用结构的空间组织及其形式和状态。

（122）城市形态 urban morphology

城市整体和内部各组成部分在空间地域的分布状态。

（123）城市功能分区 functional districts

将城市中各种物质要素，如住宅、工厂、公共设施、道路、绿地等按不同功能进行分区布置组成一个相互联系的有机整体。

（124）工业区 industrial districts

城市中工业企业比较集中的地区。

（125）居住区 residential district

城市中由城市主要道路或片段分界线所围合，设有与其居住人口规模相应的、较完善的、能满足该区居民物质与文化生活所需的公共服务设施的相对独立的居住生活聚居地区。

（126）商业区 commercial

城市中市级或区级商业设施比较集中的地区。

（127）文教区 institutes and colleges district

城市中大专院校及科研机构比较集中的地区。

（128）中心商务区 central business district（CBD）

大城市中金融、贸易、信息和商务办公活动高度集中，并附有购物、文娱、服务等配套设施的城市中综合经济活动的核心地区。

（129）仓储区 warehouse district

城市中为储藏城市生活或生产资料而比较集中布置仓库、储料棚或储存场地的独立地区或地段。

（130）综合区 mixed-use district

城市中根据规划可以兼容多种不同使用功能的地区。

（131）风景区 scenic zone

城市范围内自然景物、人文景物比较集中，以自然景物为主体，环境优美，具有一定规模，可供人们游览、休息的地区。

（132）市中心 civic center

城市中重要市级公共设施比较集中、人群流动频繁的公共活动地段。

（133）副中心 sub-civic center

城市中为分散市中心活动强度的、辅助性的次于市中心的市级公共活动中心。

（134）居住区规划 residential district planning

对城市居住区的住宅、公共设施、公共绿地、室外环境、道路交通和市政公用设施所进行的综合性具体安排。

（135）居住小区 residential quarter

城市中由居住区级道路或自然分界线所围合，以居民基本生活活动不穿越城市主要交通线为原则，并设有与其居住人口规模相应的、满足该区居民基本的物质与文化生活所需的公共服务设施的居住生活聚居地区。

（136）居住组团 housing cluster

城市中一般被小区道路分隔，设有与其居住人口规模相应的、居民所需的基层公共服务设施的居住生活聚居地。

交通类

（137）城市交通 urban transportation

城市范围内采用各种运输方式运送人和货物的运输活动，以及行人的流动。

（138）城市对外交通 intercity transportation

城市与城市范围以外地区之间采用各种运输方式运送旅客和货物的运输活动。

（139）城市交通预测 urban transportation forecast

根据规划期末城市的人口和用地规模、土地使用状况和社会、经济发展水平等因素，对客、货运输的发展趋势、交通方式的构成、道路的交通量等进行定性和定量的分析估算。

（140）城市道路系统 urban road system

城市范围内由不同功能、等级、区位的道路以及不同形式的交叉口和停车场设施，以一定方式组成的有机整体。

（141）城市道路网 urban road network

城市范围内由不同功能、等级、区们的道路，以一定的密度和适当的形式组成的网络结构。

（142）快速路 express way

城市道路中设有中央分隔带，具有四条以上机动车道，全部或部分采用立体交叉与控制出入，供汽车以较高速度行驶的道路。又称汽车专用道。

（143）城市道路网密度 density of urban road network

城市建成区或城市某一地区内平均每平方公里城市用地上拥有的道路长度。

（144）大运量快速交通 mass rapid transit

城市地区采用地面、地下或高架交通设施，以机动车辆大量、快速、便捷运送旅客的公共交通运输系统。

（145）步行街 pedestrian street

专供步行者使用，禁止通行车辆或者只准通行特种车辆的道路。

工程类

（146）城市给水 water supply

由城市给水系统对城市生产、生活、消防和市政管理等所需用水进行供给的给水方式。

（147）城市用水 water consumption

城市生产、生活、消防和市政管理等活动所需用水的统称。

（148）城市给水工程 water supply engineering

为城市提供生产、生活等用水而兴建的，包括原水的取集、处理以及成品水输配等各项工程设施。

（149）给水水源 water sources

给水工程取用的原水水体。

（150）水源选择 water sources selection

根据城市用水需求和给水工程设计规范，对给水水源的位置、水量、水质及给水工程设施建设的技术经济条件等进行综合评价，并对不同水源方案进行比较，作出方案选择。

（151）水源保护 protection of water sources

保护城市给水水源不受污染的各种措施。

（152）城市给水系统 water supply system

城市给水的取水、水质处理、输水和配水等工程设施以一定方式组成的总体。

（153）城市排水 sewerage

由城市排水系统收集、输送、处理和排放城市污水和雨水的排水方式。

（154）城市污水 sewage

排入城市排水系统中的生活污水、生产废水、生产污水和径流水的统称。

（155）生活污水 domestic sewage

居民在工作和生活中排出的受一定污染的水。

（156）生产废水 industrial wastewater

生产过程中排出的未受污染或受轻微污染以及水温稍有升高的水。

（157）生产污水 polluted industrial wastewater

生产过程中排出的被污染的水，以及排放后造成热污染的水。

（158）城市排水系统 sewerage system

城市污水和雨水的收集、输送、处理和排放等工程设施以一定方式组成的总体。

（159）分流制 separate system

用不同管渠分别收集和输送城市污水和雨水的排水方式。

（160）合流制 combined system

用同一管渠收集和输送城市污水和雨水的排水方式。

（161）污水处理 sewage treatment，wastewater treatment

为使污水达到排入某一水体或再次使用的水质要求而进行净化的过程。

（162）城市供电电源 power source

为城市各种用户提供电能的城市发电厂或从区域性电力系统接受电能的电源变电站（所）。

（163）城市用电负荷 electrical load

城市市域或局部地区内，所在用户在某一时刻实际耗用的有功功率。

（164）高压线走廊 high tension corridor

高压架空输电线路行经的专用通道。

（165）城市供电系统 power supply system

由城市供电电源，输配电网和电能用户组成的总体。

（166）城市通信 communication

城市范围内、城市与城市之间、城乡之间各种信息的传输和交换。

（167）城市通信系统 communication system

城市范围内、城市与城市之间、城乡之间信息的各个传输交换系统的工程设施组成的总体。

（168）城市集中供热 district heating

利用集中热源，通过供热管网等设施向热能用户供应生产或生活用热能的供热方式。又称区域供热。

（169）城市供热系统 district heating system

由集中热源、供热管网等设施和热能用户使用设施组成的总体。

（170）城市燃气 gas

供城市生产和生活作燃料使用的天然气、人工煤气和液化石油气等气体能源的统称。

（171）城市燃气供应系统 gas supply system

由城市燃气供应源、燃气输配设施和用户使用设施组成的总体。

（172）城市防灾 urban disaster prevention

为抵御和减轻各种自然灾害和人为灾害及由此而引起的次生灾害，对城市居民生命财产和各项工程设施造成危害的损失所采取的各种预防措施。

（173）竖向规划 vertical planning

城市开发建设地区（或地段）为满足道路交通、地面排水、建筑布置和城市景观等方面的综合要求，对自然地形进行利用、改造、确定坡度、控制高程和平衡土方等而进行的规划设计。

（174）城市工程管线综合 integrated design for utilities pipelines

统筹安排城市建设地区各类工程管线的空间位置，综合协调工程管线之间以及与城市其他各项工程之间的矛盾进行的规划。

生态环境类

（175）城市生态系统 city ecosystem

在城市范围内，由生物群落及其生存环境共同组成的动态系统。

（176）城市生态平衡 balance of city ecosystem

在城市范围内生态系统发展到一定阶段，其构成要素之间的相互关系所保持的一种相对稳定的状态。

（177）城市环境污染 city environmental pollution

在城市范围内，由于人类活动造成的水污染、大气污染、固体废弃物污染、噪声污染、热污染和放射污染等的总称。

（178）城市环境质量 city environmental quality

在城市范围内，环境的总体或环境的某些要素（如大气、水体等），对人群的生存和繁衍以及经济、社会发展的适宜程度。

（179）城市环境质量评价 city environmental quality assessment

根据国家为保护人群健康和生存环境，对污染物（或有害因素）容许含量（或要求）所作的规定，按一定的方法对城市的环境质量所进行的评定、说明和预测。

（180）城市环境保护 city environmental protection

在城市范围内，采取行政的、法律的、经济的、科学技术的措施，以求合理利用自然资源，防治环境污染，以保持城市生态平衡，保障城市居民的生存和繁衍以及经济、社会发展具有适宜的环境。

历史保护类

（181）历史文化名城 historic city

经国务院或省级人民政府核定公布的，保存文物特别丰富、具有重大历史价值和革命意义的城市。

（182）历史地段 historic site

城市中文物古迹比较集中连片，或能完整地体现一定历史时期的传统风貌和民族地方特色的街区或地段。

（183）历史文化保护区 conservation of historic sites

经县级以上人民政府核定公布的，应予以重点保护的历史地段。

（184）历史地段保护 conservation of historic sites

对城市中历史地段及其环境的鉴定、保存、维护、整治以及必要的修复和复原的活动。

（185）历史文化名城保护规则 conservation plan of historic cities

以确定历史文化名城保护的原则、内容和重点，划定保护范围，提出保护措施为主要内容的规划。

规划法规、管理类

（186）城市规划法规 legislation on urban planning

按照国家立法程序所制定的关于城市规划编制、审批和实施管理的法律、行政法规、部门规章、地方法规和地方规章的总称。

（187）规划审批程序 procedure for approval of urban plan

对已编制完成的城市规划，依据城市规划法规所实行的分级审批过程和要求。

（188）城市规划用地管理 urban planning land use administration

根据城市规划法规和批准的城市规划，对城市规划区内建设项目用地的选址、定点和范围的划定，总平面审查，核发建设用地规划许可证等各项管理工作的总称。

（189）选址意见书 permission notes for location

城市规划行政主管部门依法确认其建设项目位置和用地范围的法律凭证。

（190）建设用地规划许可证 land use permit

经城市规划行政主管部门依法确认其建设项目位置和用地范围的法律凭证。

（191）城市规划建设管理 urban planning and development control

根据城市规划法规和批准的城市规划，对城市规划区的各项建设活动所实行的审查监督以及违法建设行为的查处等各项管理工作的统称。

（192）建设工程规划许可证 building permit

城市规划行政主管部门依法核发的有关建设工程的法律凭证。

其他类

（193）建筑面积密度 total floor space per hectare plot

每公顷建筑用地上容纳的建筑物的总建筑面积。

（194）容积率 plot ratio，floor area ratio

一定地块内，总建筑面积与建筑用地面积的比值。

（195）建筑密度 building density，building coverage

一定地块内所有建筑物的基底总面积占用地面积的比例。

（196）道路红线 boundary lines of roads

规划的城市道路路幅的边界线。

（197）建筑红线 building ling

城市道路两侧控制沿街建筑物（如外墙、台阶等）靠临街面的界线。又称建筑控制线。

（198）建筑间距 building interval

两栋建筑物或构筑物外墙之间的水平距离。

（199）日照标准 insolation standard

根据各地区的气候条件和居住卫生要求确定的，居住建筑正面向阳房间在规定的日照标准日获得的日照量，是编制居住区规划确定居住建筑间距的主要依据。

（200）城市道路面积率 urban road area ratio

城市一定地区内，城市道路用地总面积占该地区总面积的比例。

（201）绿地率 greening rate

城市一定地区内各类绿化用地总面积占该地区总面积的比例。

参考文献

[1]《公园设计规范》GB51192—2016.

[2]《城市居住区规划设计规范》GB50180—93（2016 年版）.

[3]《城市绿地分类标准》CJJ/T85—2002.

[4]《城市规划基本术语标准》GB/T50280—98.

[5] 熊玉娟 . 景观植物在园林造景中的应用研究 [J]. 江西建材，2014,（23）:212.

[6] 胡江，陈云文，杨玉梅 . 植物景观设计观念与方法的反思——以植物材料的质感研究为例 [J]. 山东林业科技，2004,（04）:52-54.

[7] 周道瑛 . 园林植物种植设计 [M]. 北京 ：中国林业出版社，2008.

[8] 马军山 . 现代园林种植设计研究 [D]. 北京林业大学，2005.

[9] 顾朝林等 . 经济全球化与中国城市发展 [M]，商务印书馆 .1999.

[10] 刘肖骢 . 康慕谊 . 试析我国城市绿地系统的功能及其发展对策—以北京市为例 [J]. 中国人口资源与环境 . 2001. 11（4）: 87-89.

[11] 吴效军 . 新时期城市绿地系统规划的基本思路和方法研究 [J]. 现代城市研究 . 2001. 6: 24-26.

[12] 霍华德 . 明日的田园城市 [M]. 北京 : 商务印书馆 . 2000.

[13] 王秉洛 . 城市绿地系统生物多样性保护的特点和任务 [J]. 中国园林 . 1998.14（55）: 4-7

[14] 欧阳志云 . 李伟峰，Juergen P 等 . 大城市绿化控制带的结构与生态功能 [J]. 城市规划 : 2004.4: 41-45.

[15] 谢涤湘 . 宋建，魏清泉等 . 我国环城绿带建设初探 [J]. 城市规划 . 2004.4: 46-49.

[16] 袁东生 . 应用遥感技术进行城市绿化现状调查的研究 [J]. 中国园林 . 2001.17（77）: 74-76.

[17] 白林波，吴文友，吴泽民等 . RS 和 GIS 在合肥市绿地系统调查中的应用 [J]. 西北林学院学报 . 2001.16（1）: 59-63.

[18] 许浩 . 国外城市绿地系统规划 [M]. 中国建筑工业出版社，2003.

[19] 许浩 . 对日本近代城市公园绿地历史发展的探讨 [J]. 中国园林 2002/3，57-60.

[20] 许浩 . 日本三大都市圈规划及其对我国区域规划的借鉴意义 [J]. 城市规划汇刊，2004/5，73-76.

[21] 许浩 . Extracting the Ploblem of Chinese Urban Green Space Planning based on Ananlysis of urban greenspace[D]. 日本筑波大学，2002.

[22] 日本公园百年史刊行会 . 日本公园百年史 [M]. 第一法规出版株式会社，1978.

[23] 同济大学建筑城规学院等，《城市规划资料集》第一分册总论 [M]. 中国建筑工业出版社，2003.

[24] 江苏省城市规划设计研究院 .《城市规划资料集》第四分册控制性详细规划 [M]. 中国建筑工业出版社，2003.
[25] 李德仁 . 地球空间信息学的机遇 [J]. 武汉大学学报・信息科学版，2004，29（9）：753–756.
[26] 许学强等 . 城市地理学 [M]. 北京 ：高等教育出版社，1997.
[27] 吴家骅 . 景观形态学 [M]. 北京 ：中国建筑工业出版社，1999.
[28] 俞孔坚 . 李迪华主编 . 景观设计：专业、学科与教育 [M]. 北京：中国建筑工业出版社，2003.
[29] 唐子来等编译 . 法国城市规划中的设计控制 [J]. 城市规划，2003/2，87–91.
[30] 唐子来等编译 . 西班牙城市规划中的设计控制 [J]. 城市规划，2003/10，72–74.
[31] 王建国 . 现代城市设计理论和方法 [M]. 南京 ：东南大学出版社，2001.
[32] 孟兆祯 . 园林设计之于城市景观 [J]. 中国园林，2002/4，13–16.
[33] 全国城市规划执业制度管理委员会 . 城市规划法规文件汇编 [M]. 北京 ：中国建筑工业出版社，2000.
[34] 全国城市规划执业制度管理委员会 . 城市规划原理 [M]. 北京 ：中国建筑工业出版社，2000.
[35] 邬建国 . 景观生态学 [M]. 北京 ：高等教育出版社，2000.
[36] 田代顺孝 . 緑のパッチワーク [M]. 东京 ：日本技术书院，1998. 201–218.
[37] 鈴木雅和编 . ランドスケープ GIS[M]. 东京 ：ソフトサイエンス社 .2003.
[38] 石田頼房 . 日本近代都市計画の百年 [M]. 东京 ：自治体研究社，1987.
[39] 日本造园学会 . ランドスケープデザイン [M]. 东京 ：技报堂，1998.
[40] 日本造园学会 . ランドスケープの計画 [M]. 东京 ：技报堂，1998.
[41] 日本造园学会 . ランドスケープの展開 [M]. 东京 ：技报堂，1998.
[42] SD 编集部 . 都市デザイン ｜横浜その発想と展開 [M]. 东京 ：鹿岛出版会，1993.
[43] 西村幸夫 . 都市の風景計画 [M]. 京都 ：学芸出版社，2000.
[44] 西村幸夫 . 日本の風景計画 [M]. 京都 ：学芸出版社，2003.
[45] 卢原义信 . 街並みの美学 [M]. 东京 ：岩波书店，1990.
[46] 黒川纪章 . 黒川紀章—都市デザインの思想と手法 [M]. 东京 ：彰国社，1995.
[47] 田畑貞寿 . 緑資産と環境デザイン論 [M]. 东京 ：技报堂，1999.
[48] 北村信正 . 造園実務集成—計画と設計の実際 [M]. 东京 ：技报堂，1972.
[49] 迈克・克朗 . 文化地理学 [M]. 南京 ：南京大学出版社，2003.
[50] 都市史図集編集委員会 . 都市史図集 [M]. 東京 ：彰国社，1999.
[51] スペースシステム研究会，都市空間の計画技法 [M]. 東京 ：彰国社，1979.
[52] 日本土木学会，街路の景観設計 [M]. 东京 ：技报堂，1985.
[53] Edmund N. bacon.Design of cities[M].Penguin USA，1976.
[54] Sutherland Lyall.Designing the new landscape[M].W W Norton & Co，1998.
[55] Haruto Kobayashi.Contemporary landscape in the world[M].Process Architecture co.，Ltd.，，1990.
[56] 罗豪才编 . 行政法论丛 [M]. 北京 ：法律出版社，2003.

[57] 東京都都市計画局編 . 都市計画百年，都政情報センター管理部事業課 [M].1992.
[58] 贝纳沃罗 . 世界城市史 [M]. 北京：高等教育出版社，2000.
[59] 石川幹子 . 都市と緑地 [M]. 东京：岩波書店，2001.
[60] 叶俊荣 . 环境政策与法律 [M]. 北京：中国政法大学出版社，2003.
[61] Elizabethbarlow Rogers.Landscape design，A cultural and Architectural History[M]. New York: Harry N. Abrams，Incorporated[M]. New York，2001.
[62] Charles W. Harris ，Nicholas T. Dines[M]. Time Saver Standards for Landscape Architecture: design and Construction data[M].Mcgraw-Hill，1998.
[63] Klaus Uhlig.Pedestrian Areas-From Malls to Complete Networks[M].New York:Architectural Book Pablishing Co.1979.
[64] 日本建築学会 . コンパクト建築設計資料集成 [M]. 东京：丸善株式会社，1994.
[65] 中国建筑标准设计研究院，城市建设研究院风景园林所编 . 国家建筑标准设计图集 环境景观 – 绿化种植设计 [M]. 北京：中国建筑标准设计研究院，2003.
[66] 周维权 . 中国古典园林史（第二版）[M]. 北京：清华大学出版社，1999.
[67] 郑毅主编 . 城市规划设计手册 [M]. 北京：中国建筑工业出版社，2000.
[68] 吴明伟等 . 城市中心区规划 [M]. 南京：东南大学出版社，1999.
[69] 邹德侬等 . 中国现代建筑史 [M]. 北京：机械工业出版社，2003.
[70] 沈玉麟 . 外国城市建设史 [M]. 北京：中国建筑工业出版社，1989.
[71] 叶兆言 . 老南京 [M]. 南京：江苏美术出版社，1998.
[72] 王向荣等 . 西方现代景观设计的理论与实践 [M]. 北京：中国建筑工业出版社，2002
[73] 陈有民主编 . 园林树木学 [M]. 北京：中国林业出版社，1990.
[74] 普雷斯顿・詹姆斯 . 地理学思想史 [M]. 北京：商务印书馆，1982.
[75] 许浩 . 景观规划与法规体系研究 [J]. 建筑师，2005，116，28-31.
[76] 江锦康 . 对数字地球的几点认识 [J]. 地理信息世界，2003/3，1-3.
[77] 许浩 . 3S 技术在日本筑波山梅林公园规划上的应用 [J]. 中国园林，2005/3，17-19.
[78] 许浩 . 利用高精度卫星图片分析日本东京都中心区绿地 [J]. 中国园林，2003/9，67~69.
[79] 2001-050-02 课题组 . 数字中国地理空间基础框架的基本含义与总体框架 [J]. 地理信息世界，2002/4，12~15.
[80] 肖学年，张坤 . 我国测绘和基础地理信息技术标准现状综述 [J]. 地理信息世界，2003/5，29-30.
[81] 景贵飞 . 当前网络空间信息技术发展的战略需求分析和建议 [J]. 地理信息世界，2003/6，5-11.
[82] 吴立新，龚健雅、徐磊等 . 关于空间数据与空间数据模型的思考 [J]. 地理信息世界，2005/2，41-46.
[83] Tutui Y. Environmental information analysis with GISP[J]. Landscape Research Japan. 2001/3，216-219.

[84] Masuda N. landscape planning using GIS: an educational program by GSD at Harvard University. Landscape Research Japan[J]. 2001/3，212–215.
[85] Suzuki M，Fujita H，Ueshima K，et al. Frameworks of geographic information system for yoshinogari historical park. Papers and Proceedings of the Geographic Information Systems Association[J]. 1997/6，163–168.
[86] 雪东，李敏，张宏利等 . 遥感技术在广州市城市绿地系统总体规划中的应用 [J]. 测绘科学，2001/4，42~44.
[87] 韩红霞，高峻，刘广亮 . 遥感和 GIS 支持下的城市植被生态效益评价 [J]. 应用生态学报，2003/12，2301–2304.
[88] 方浴 . GIS 软件技术发展与探讨研究 [J]. 地理信息世界，2001/1，2–6.
[89] 刘利，钟耳顺 . 我国地理信息产业发展特征 [J]. 地理信息世界，2004/4，18–22.
[90] 郑家星 . 日式园林常用造园手法应用及意境初探 [J]. 中国园艺文摘，2013，29（11）：130–131.
[91] 王凤珍 . 现代园林植物种植设计发展趋势研究 [J]. 生态经济，2011，（07）:171–173 .
[92] 陈有民 . 园林树木学 [M]. 北京：中国林业出版社 2006:13–14.
[93] 陈波 . 杭州西湖园林植物配置研究 [D]. 浙江大学，2006.
[94] 李根有，屠娟丽，哀建国，周文声，陈超龙 . 山体断面绿化植物的选择、配置及种植措施 [J]. 浙江林学院学报，2002，（01）:97–101.
[95] 芦建国，冉冰，杨琴军 . 城市公园水景的植物设计方法研究 [J]. 西北林学院学报，2014，29（05）:232–236.
[96] 臧德奎 园林植物造景 [M]. 北京：中国林业出版社，2007.